シリーズ/情報科学の数学

増補改訂版
グラフ理論

恵羅 博　土屋 守正

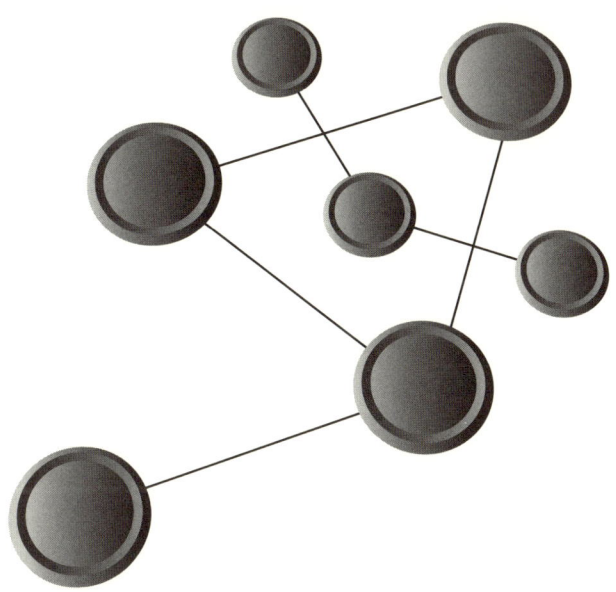

産業図書

増補改訂版への序文

　本書「グラフ理論」は1996年に初版が出版され，その後刷を7回重ね現在に至っている．その間にもグラフ理論は進歩し続け，多くの応用を含む多種多様な成果が得られている．例えば，ランダムグラフの分野の発展や，マイナーに関する成果からの幾何学的グラフ理論の発展等は注目に値するであろう．

　こうした発展の中でも，この10年余りのグラフ理論の研究において特筆すべき成果の一つに，シーモア等による「強理想グラフ予想」の肯定的な解決がある(M.Chudnovsky, N.Robertson, P.Seymour, R.Thomas, The strong perfect graph theorem, Annals of Mathematics, 164(2006), 51-229). 1960年にベルジュによって提出された彩色に関する予想を肯定的に解決したことは，彩色問題に関する研究が一つの壁を越えたことを示している．さらに，彼らは理想グラフの判定のための多項式時間アルゴリズムも与えている (M.Chudnovsky, G.Cornuéjols, X.Liu, P.Seymour, K.Vušković, Recognizing Berge graphs, Combinatorica, 25(2005), 143-186). これまで個別に研究されてきた交差グラフの理論もマッキー等による統一的な研究が行われ，理論としての体系付けが行われた(T.A.McKee and F.R.McMorris, Topics in Intersection Graph Theory, SIAM(1999)).

　今回の増補改訂版では，彩色理論に関する部分を再構築し，それと同時に，交差グラフの理論を体系的に扱いまとめ直した．第4章が彩色理論を中心的に扱った章であり，第9章が交差グラフの理論を中心的に扱った章である．また，新たに得られた成果や，応用上必要性が増してきたトピックスも掲載し，最新の教育プログラムに適するように内容の最適化を図った．

　最後に，本書の原稿を読み，コメント等を寄せてくれた小川健次郎，田鎖聡史両君と東海大学理学部情報数理学科土屋ゼミナールの方々（汐谷智博，小西翔大，副島亮子，城所康久，岸田大作）に感謝いたします．

序　文

　グラフ理論は，工学，自然科学に留まらず様々な分野において数学的表現及び問題解析の手段として利用されている．それはORや回路設計から遺伝学，考古学に至るまでの幅広い分野にわたっている．一方，グラフ自体を純粋な数学的対象として扱った研究も盛んであり，離散数学の中の一分野としての地位を形成している．グラフ理論が今世紀に入って大きく発展を遂げた理由の1つに，この様な応用分野の豊富さをあげることができる．特にグラフを利用することによって問題の本質が抽出され，問題に対する展望がよくなるということは様々な場面で見られる．

　例えば，次の会議室の割り当て問題からもそれが見てとれるであろう．事務セクションに明日の会議の予定が以下のように入っている．

会議	会議の予定時間
A	9:30 ~ 11:35
B	10:00 ~ 11:00
C	11:30 ~ 13:30
D	13:00 ~ 15:00
E	9:00 ~ 10:00
F	14:30 ~ 16:30

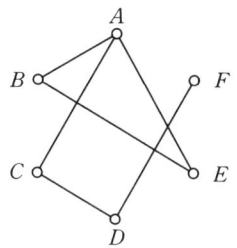

　このとき，会議に対応して点をとり，会議の時間帯に重なりがあるとき対応する点どうしを辺で結ぶことにより，図形すなわちグラフを構成する．会議の割り当てで重要なのは，開催時間に重なりがある会議を別々の会議室に割り当てることと，突然の会議や会議の延長に備えて，全体で使用する会議室の総数を少なくすることである．これらのことは，グラフの彩色にちょうど対応している．すなわち，グラフの各点に辺で結ばれた2点の色が異なるように色を付

けることに対応している．このときに必要な色の最小個数が必要な会議室の数であり，同色の点に対応する会議を同じ会議室に割り当てればよいことになる．したがって，グラフの彩色問題に関する理論を学ぶことによって，会議室問題は解決への糸口が摑める．

グラフ理論は，1736年にオイラーが"ケーニヒスベルグの橋の問題"を解決したことに始まると言われている．オイラーが取り組んだ問題は，ケーニヒスベルグの街を流れるプリューゲル川にかかった7本の橋をちょうど1回だけ通る道筋を求めるという道路の周遊性に関する問題であり，その問題を考えるときに用いた問題の抽象化の手法が，今日のグラフ理論の概念と本質的に同等のものであったのである．19世紀の中頃から現在のグラフ理論で扱われている彩色問題や周遊性問題等の様々な問題の原型が現れてきた．それらの問題は，その解決のために多くの概念と応用を生み出し，様々な分野において重要な役割を果たしている．また近年のコンピュータの発達と共に現れた，ORやアルゴリズムといった新しい分野に対応する分野もグラフ理論の中に登場してきている．

この本では，グラフ理論を次のように紹介している．第1章では，グラフの定義と基本的な概念の紹介を行ない，最短経路問題等の基本的な問題や，隣接行列等の行列によるグラフの表現について述べている．第2章では，オイラーグラフとハミルトングラフというグラフ理論の中でポピュラーな周遊性に関する問題を扱っている．また，これらの問題の応用である中国人郵便配達問題や巡回セールスマン問題についても解説している．第3章では，木という連結性に関して最小であるグラフの概念を紹介している．木は，パイプライン問題や道路の向き付け問題に現れる概念であり，さらにコンピュータのデータ構造に関連した概念でもある．第4章は彩色に関する章である．彩色問題は，冒頭で示したような会議室の割り当て問題，航空路の設定問題等の応用を豊富に持っている．さらにこの章では，グラフ理論において最も有名な問題である"地図上の国々を塗りわけ，国境の接する国どうしに異なる色が付けられるようとするとき，4色あれば必ずできることを示せ"という4色問題についても論述している．この問題は多くの人々の関心を集めたが，最終的にはアッペルとハーケンがコンピュータを用いて証明した．第5章では，近年盛んに研究され多種多様な結果や応用が知られているマッチング及び因子理論について解説してい

る．第6章では，物資の輸送問題をモデル化したネットワークの理論を扱い，この分野の有用な結果の1つである最大流‐最小カットの定理を解説している．第7章は，グラフの連結性の強さを示す1つの指標である連結度を紹介している．さらに，連結性において最も有用な定理の1つであるメンガーの定理について触れている．第8章は，現在最も活発に研究されている分野の1つである理想グラフの理論を扱っている．特にここでは，置換グラフ，3角木グラフ，比較可能グラフ，区間グラフ等の多くの実際的な応用を持ったグラフの族に触れることによって，理想グラフの理論を解説している．

この本は，理工系の大学1, 2年生向きの教科書として使用できることを目的として書いてある．また，初心者や独習者にも充分理解できるように，初歩的な集合論以外予備知識を特に前提とせずにグラフ理論の多様な側面を解説す

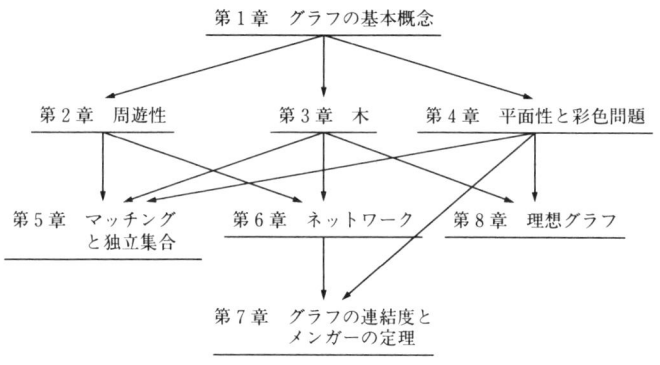

ることをめざした．各節ごとに，モチベーションを与える具体例を用いて導入を行ない，その例に沿って概念の定義をし，基本的な定理の証明を行なうという構成をとっている．ともすれば初心者にとって難解となりやすい抽象概念を，なるべく平易にかつ興味を起こさせるように解説した．一方，できる限り最新の結果も紹介し，専門分野の概説書にふさわしい水準を保つことにも努めた．また，アルゴリズム的側面を持ついくつかの問題については，論理的解説ばかりでなく，具体的に現在知られている代表的なアルゴリズムを紹介した．

本書の第1章の基本的な概念が理解できれば，第2章以降のどの章も個別に読むことが可能であるので，興味ある章から読んでいくのも1つの方法である．ただし，後の章になるほど最近よく研究されている分野を扱っているの

で，内容の抽象度がやや上がってくると思われる．本書における各章の関連を表したフローチャートを示しておくので，本書を読むときの参考にしてほしい．各節は，1回90分の講義で解説できることを目標として書いてあるが，節の後半にある最新の結果等の解説は講義で必ずしもすべて取り上げる必要はないであろう．各節ごとにある演習問題は，定義や定理の内容の確認を目的にしたものから†のついたやや難しいと思われるものまである．定理等の証明の終わりは記号□で示し，定義はすべて太字を用いた．また $|S|$ で集合 S の要素数を，ϕ で空集合を各々表している．

この本を読んで，グラフ理論についてより深い理解を求める読者には，巻末の参考文献に示した本に目を通されることを勧める．

最後に，本書の執筆を強く勧めてくださった東海大学の成嶋弘教授に厚く御礼申しあげたい．また，本書の原稿を丁寧に読み有益な意見，感想を寄せてくれた東海大学土屋ゼミナールの学生諸君にも感謝の意を表したい．

著　者

目　次

増補改訂版の序文　i

序文　iii

第1章　グラフの基本概念　……………………………………………… 1
1.1　グラフの定義と様々なグラフの例 …………………………………… 1
1.2　道と最短経路問題 ……………………………………………………… 10
1.3　次数と隣接行列 ………………………………………………………… 21

第2章　周遊性　…………………………………………………………… 29
2.1　オイラーグラフと中国人郵便配達人問題 …………………………… 29
2.2　ハミルトングラフと巡回セールスマン問題 ………………………… 37

第3章　木　………………………………………………………………… 47
3.1　木の基本的な性質と最小全域木 ……………………………………… 47
3.2　グラフの向き付けと探索に関する木 ………………………………… 55
3.3　プレフィクスコードと根付き木 ……………………………………… 61

第4章　平面性と彩色問題　……………………………………………… 69
4.1　平面的グラフとその基本的な性質 …………………………………… 69
4.2　点彩色と4色定理 ……………………………………………………… 80
4.3　点彩色のアルゴリズム ………………………………………………… 88
4.4　独立集合、被覆と監視人問題 ………………………………………… 93
4.5　理想グラフ予想 ………………………………………………………… 100
4.6　彩色の総数と染色多項式 ……………………………………………… 107

第5章 マッチングと辺彩色 ………………………………… 115
- 5.1 マッチングと結婚定理 ………………………………… 115
- 5.2 辺彩色 ………………………………………………… 126

第6章 有向グラフと比較可能グラフ ……………………… 137
- 6.1 有向グラフ …………………………………………… 137
- 6.2 比較可能グラフ ……………………………………… 144
- 6.3 置換グラフ …………………………………………… 149

第7章 ネットワーク ………………………………………… 155
- 7.1 ネットワークの定義と例 …………………………… 155
- 7.2 最大流・最小カットの定理 ………………………… 161

第8章 グラフの連結度とメンガーの定理 ………………… 171
- 8.1 連結度と辺連結度 …………………………………… 171
- 8.2 メンガーの定理とその応用 ………………………… 179

第9章 交差グラフ（交グラフ） …………………………… 187
- 9.1 交差グラフ（交グラフ） …………………………… 187
- 9.2 弦グラフ ……………………………………………… 196
- 9.3 区間グラフ …………………………………………… 205

演習問題の略解　215

参考文献　229

索引　233

1 グラフの基本概念

1.1 グラフの定義と様々なグラフの例

グラフは，様々な現象を表すモデルとして用いられ，その現象の性質の解析に利用されている．例えば，図1.1で示されている道路網や構造式のような，現象の持つ図形的なイメージを表すために用いられている．

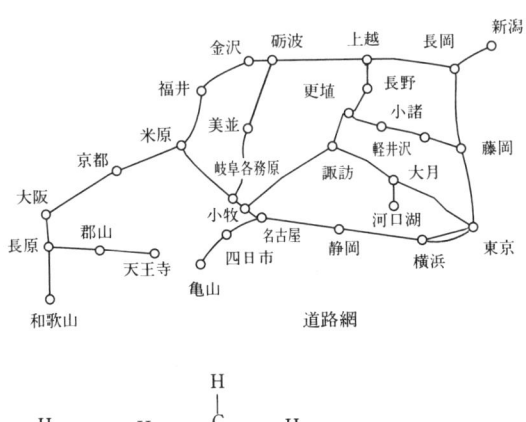

図1.1

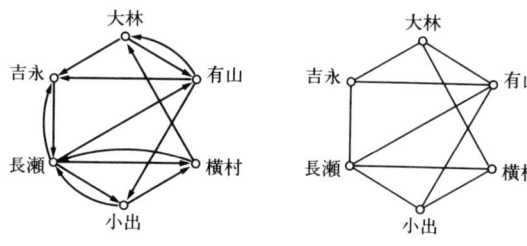

図1.2　証言に対応する図　　図1.3　証言に対応するグラフ

　また，次のような例もある．この例は，現象の持つ情報を抽象化し，分析するというグラフ理論の特性をよく示しているものである．

　ある美術館から絵が盗まれてしまった．その日，美術館に入った人は6人であり，各々の人は，その日1回だけ入館したことが入退館の記録からわかった．捜査に当たった刑事が6人に質問したところ，次のような証言が得られた．"大林さんは吉永，有山を美術館で見た．""吉永さんは長瀬を見た．""長瀬さんは吉永，有山，横村，小出を見た．""小出さんは長瀬と横村を見た．""横村君は長瀬と大林を見た．""有山さんは大林，吉永，小出を見た．"これらの証言を図示すると図1.2のようになる．ここで，6個の点はそれぞれ6人に対応し，矢印は，例えば，大林が吉永を見たと証言しているとき，かつそのときに限り，大林に対応する点から吉永に対応する点へと矢印を引いてある．

　これらの証言は，自分が美術館にいた時間帯には他人が一緒にいたと主張しているのである．しかしながら，"大林は吉永を見たといっているが，吉永は大林を見たといっていない"とか，腑に落ちない部分が多いことが図1.2のグラフよりわかる．そこでまず，6人の美術館にいた時間帯を証言に基づいて再構成してみることにする．

　図1.2において，2点が矢印で結ばれているのは，対応する2人が同じ時間帯にいたことを示している．したがって，矢印の向きに関係なく，2点が結ばれているかどうかが重要であることになる．* そこで，証言を図1.3のように表してみる．

　図1.3では，6点が6人に対応し，また2点は図1.2で矢印で結ばれている

---

* 向き付けの意義については第3章を参照．

とき線で結ばれている．ここで，例えば大林，吉永，長瀬，横村の4人に注目し，これら4人の時間帯について考えてみることにする．大林のいた時間帯と吉永のいた時間帯には重なりがあり，長瀬の時間帯は，大林の時間帯と重なりがなく吉永の時間帯とは重なりがある．ここまでを，図で表すと図1.4のようになる．

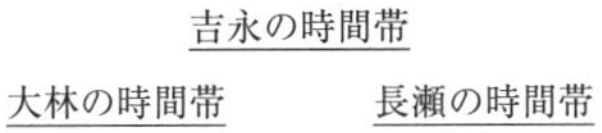

吉永の時間帯

大林の時間帯　　　　長瀬の時間帯

図1.4　入館の時間帯を表した図

吉永の時間帯と重なりがなく，大林，長瀬の時間帯と重なりがあるという横村の時間帯を設定することは，横村の美術館への入館が1回しかないという状況の下では不可能で，これら4人の入館時間帯を表す図は構成できない．これは，証言の中に矛盾があることを示している．誰の証言の中に矛盾があるかを調べるために，各々の証言を除いたときに辻褄が合うかどうかを調べて行く．例えば，図1.5は大林の証言を除いて構成したものである．

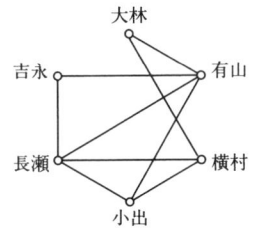

図1.5　大林の証言を除いたグラフ

このとき，大林，有山，長瀬，横村の4人の時間帯について考えると，先ほどと同様の矛盾が得られる．以下，各々の人の証言をはずしてグラフを構成すると図1.6のようになり，横村に関するもの以外には，同じような矛盾があることがわかる．

また，横村の証言をはずした図から時間帯を構成すると図1.7のようになり，横村以外の証言の中に矛盾がなかったことがわかる．

したがって，なぜ横村の証言に矛盾があったかを調べて行けば，絵を盗んだ犯人を探し出すことができるであろう．

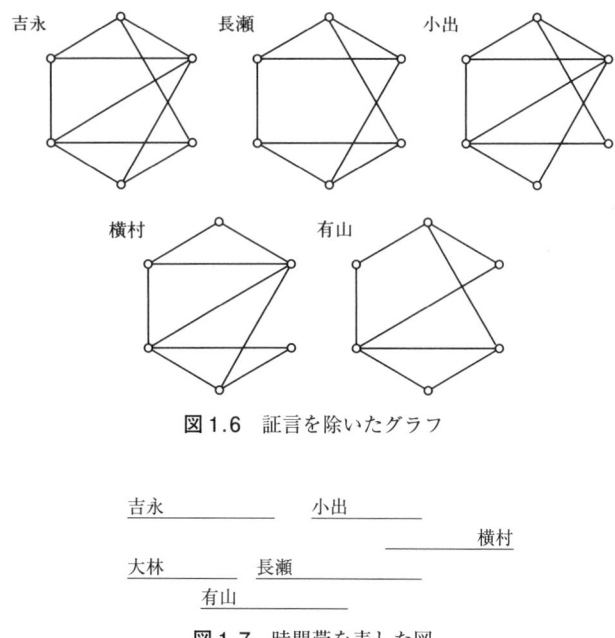

図 1.6 証言を除いたグラフ

```
吉永_____    小出_____
                           _____横村
大林_____  長瀬_____
        有山_____
```

図 1.7 時間帯を表した図

　この犯人探しの例で用いた図のように，対象物の間の関係を表したものが，この本で扱うグラフである．**グラフ G** とは，**点**あるいは**頂点**と呼ばれる要素の有限集合 $V(G)$ と，**辺**と呼ばれる $V(G)$ の相異なる 2 つの要素の非順序対を要素とする有限集合 $E(G)$ とから構成されるもののことである．先ほどの例でいうと，図 1.3 は，{大林, 吉永, 長瀬, 小出, 横村, 有山} の 6 個の点と，{{大林, 吉永}, {大林, 横村}, {大林, 有山}, {吉永, 長瀬}, {吉永, 有山}, {長瀬, 小出}, {長瀬, 横村}, {長瀬, 有山}, {小出, 横村}, {小出, 有山}} の 10 本の辺からなるグラフを図示したものである．グラフ G の点の個数 $|V(G)|=p$ を G の**位数**，辺の本数 $|E(G)|=q$ を G の**サイズ**という．位数 p，サイズ q のグラフを (p, q)-**グラフ**と呼ぶ．辺 $e=\{u, v\}$ が存在するとき，点 u, v は**隣接する**といい，点 u, v は辺 e に**接続する**という．点 u, v を辺 $e=\{u, v\}$ の**端点**という．また，辺 e, f が同一の点 v に接続しているとき，e と f は**隣接している**という．（辺 $e=\{u, v\}$ を混乱がないときには，$e=uv$ と表すこともある．）点 v の隣接点の集合を v の**近傍**といい，$N(v)$ あるいは，$N_G(v)$ で表す．図 1.1

1.1 グラフの定義と様々なグラフの例

の道路網のように，2都市間を結ぶルートが2本以上あることは，よくあることである．したがって，2点間を結ぶ辺を1本に限定せずに複数本ある場合について考える方が，現象の性質をよく反映している場合がある．そこで，次のような概念を導入する．相異なる2点を結ぶ2本以上の辺を**多重辺**といい，同一の点を結ぶ辺を**ループ**という．多重辺やループを許すグラフを**多重グラフ**といい，多重辺やループを許さないグラフを**単純グラフ**あるいは，単にグラフという．図1.8の点 u, v を結ぶ辺は多重辺，辺 e はループであり，グラフ G は多重グラフである．また，H は単純グラフである．

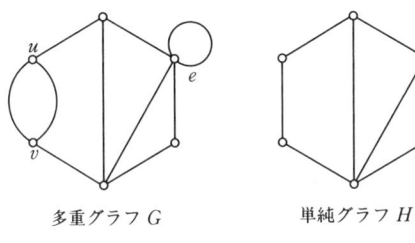

多重グラフ G 　　　単純グラフ H

図 1.8

さて，図1.9の2つのグラフ G と H は共に，8個の点と12本の辺からなるグラフであるが，これらは同じグラフであろうか，異なるグラフであろうか．H の点のラベル s, t, u, v, w, x, y, z を各々 a, b, c, d, e, f, g, h に付け換えてみると，H における各点の隣接関係は，G の同じラベルを持つ点の隣接関係と同じである．つまり，G と H は，同じグラフであると考えるのが自然である．2つのグラフが本質的に同じである．すなわち，**同型**であるとは，$V(G)$ から $V(H)$ への1対1対応 f で，

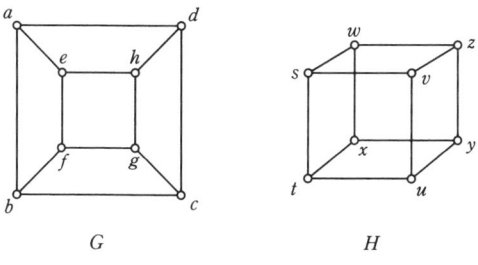

G 　　　　　　　　H

図 1.9　同型のグラフ

$$\{u, v\} \in E(G) \Leftrightarrow \{f(u), f(v)\} \in E(H)$$

を満たすものが存在することである．このとき，$G \cong H$ と表す．

前述の美術館の例では，全体の中の4点だけから作られるグラフに注目してグラフの性質を調べたが，これは，部分グラフを利用してグラフの性質を調べていることに他ならない．グラフ H がグラフ G の**部分グラフ**であるとは，H が $V(H) \subseteq V(G)$，$E(H) \subseteq E(G)$ を満たすグラフであるということである．この関係を $H \subseteq G$ で表す．特に，$V(H) = V(G)$ のとき，H を G の**全域部分グラフ**という．また，$V' \subseteq V(G)$ に対して，V' を点集合とする G の極大な部分グラフ，すなわち，V' 上の2点を結んでいる G の辺がすべて含まれているグラフを，V' によって誘導された**誘導部分グラフ**という．このグラフを，$<V'>_V$，$<V'>_G$ あるいは，$<V'>$ で表す．$E' \subseteq E(G)$ に対して，E' に属する辺の端点全体の集合を点集合とし，E' を辺集合とするグラフを E' によって誘導された**辺誘導部分グラフ**という（図1.10）．

以下で，グラフ理論を学ぶ上でよく扱われるグラフの族をいくつか紹介する．相異なる2点がすべて隣接している単純グラフを**完全グラフ**といい，n 点

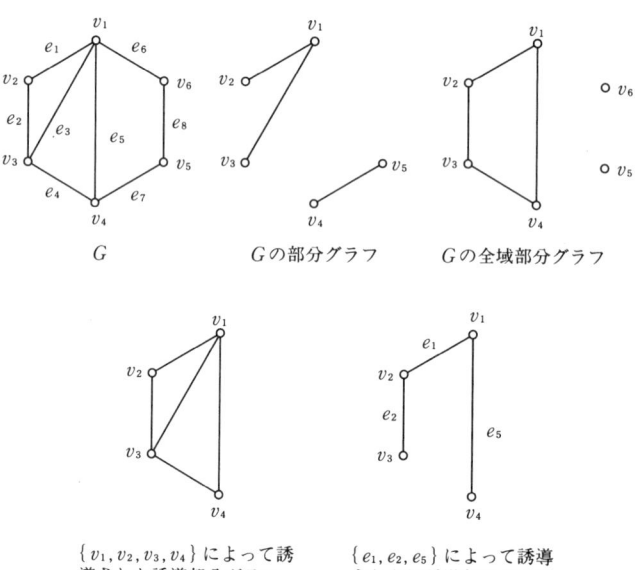

図 1.10

からなる完全グラフを K_n で表す.また,辺集合が空集合であるグラフを**空グラフ**といい,n 点からなる空グラフを N_n で表す.図1.11に,K_4,K_5,N_5 を示してある.

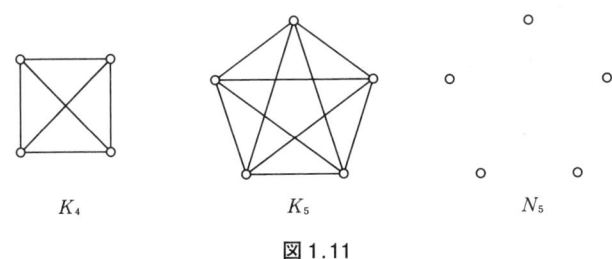

図1.11

グラフ G の点集合を2つの互いに素な集合 V_1,V_2 に分割し,G のすべての辺が V_1 の点と V_2 の点を結ぶようにできるとき,G は**2部グラフ**と呼ばれる.また,V_1,V_2 は G の**部集合**と呼ばれる.特に,V_1 の各点が,V_2 のすべての点と隣接している単純な2部グラフを**完全2部グラフ**という.$|V_1|=n$,$|V_2|=m$ である完全2部グラフを $K_{n,m}$ で表す.完全2部グラフ $K_{1,n}$ は**星グラフ**と呼ばれている.この2部グラフの概念は次のように一般化される.グラフ G の点集合が n 個の部分集合 V_1,V_2,$\cdots$,V_n に分割され,どの辺も両端点が異なる部分集合上にあるとき,G は **n 部グラフ**であるといわれる.特に,各点が自分の属している部分集合以外の点すべてと隣接しているとき,**完全 n 部グラフ**といい,$K_{p_1,p_2,\cdots,p_n}$ で表す.ただし,$|V_i|=p_i$ $(i=1,2,\cdots,n)$ である.図1.12に $K_{3,3}$ と $K_{2,3,3}$ を示してある.

点集合 $\{v_1,v_2,\cdots,v_n\}$ と辺集合 $\{\{v_i,v_{i+1}\}|i=1,2,\cdots,n-1\}$ からなるグラフを

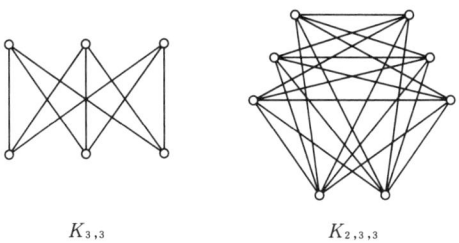

図1.12

道といい，P_nで表す．また，P_nに辺$\{v_n, v_1\}$ $(n \geq 3)$を加えたグラフを**閉路**といい，C_nで表す．C_{n-1}に新しい点vと辺$\{v, v_i\}$ $(i = 1, 2, \cdots, n-1)$ $(n \geq 4)$を加えたグラフを**車輪**といい，W_nで表す．図 1.13 にP_5, C_5, W_6を示してある．

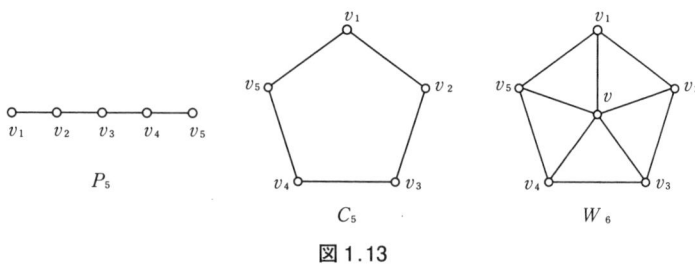

図 1.13

さて，ここまでに現れた用語を利用して，最初の例での考察を述べ直してみる．グラフから時間帯が矛盾なく構成できるかどうかは，C_4を誘導部分グラフとして含んでいるかどうかで判定でき，C_4を誘導部分グラフとして含んでいないグラフからは，確かに矛盾のない時間帯が構成されている，と述べることができる．

最後に，よく利用されているグラフの族をもう1つ紹介してこの節を終わることにする．グラフGの**補グラフ**$\overline{G}$とは，$V(\overline{G}) = V(G)$であり，2点u, vが$\overline{G}$で隣接しているのは，u, vがGで隣接していないときかつそのときに限るグラフのことである．特に，Gと$\overline{G}$が同型であるとき，Gを**自己補グラフ**という．図 1.14 にGとその補グラフ及び自己補グラフHの例が示してある．

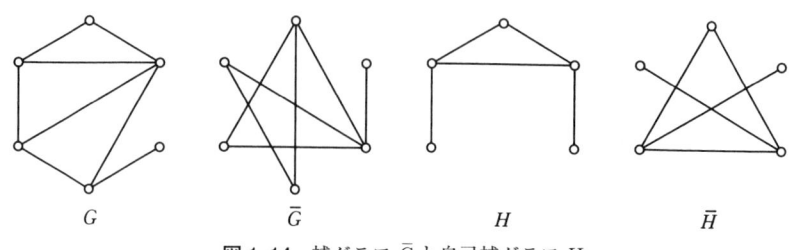

図 1.14 補グラフ$\overline{G}$と自己補グラフH

演習問題 1.1

1.1 次のグラフGに関し，以下の問いに答えよ．

(a) グラフの位数,サイズは各々いくつか.
(b) 点 v_1 と v_5 は隣接しているか.
(c) 点 v_4 と v_6 は隣接しているか.
(d) 辺 e_3 と接続している点はどれか.
(e) 点 v_3 の近傍を求めよ.
(f) ループはどれか.
(g) 多重辺はどれか.

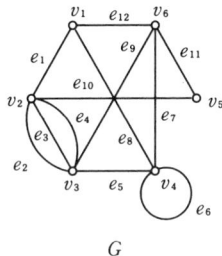

G

1.2 位数 6,サイズ 4 の単純グラフで同型でないものをすべて求めよ.

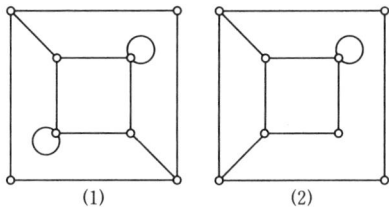

1.3 (a) 上図の (1) と (2) のグラフが同型ならばその対応を示し,同型でなければその理由を示せ.

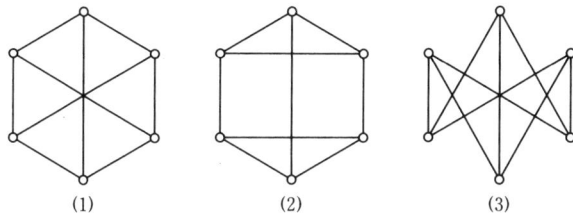

(b) 前頁の3つのグラフ(1), (2), (3)の中で同型なものはどれとどれか.

1.4 (a) 次のグラフ H は G の部分グラフであるか, 誘導部分グラフであるか.

(b) 点部分集合 $\{a, b, e, f\}$ から誘導される G の誘導部分グラフを求めよ.

(c) 辺部分集合 $\{\{a, e\}, \{e, f\}, \{b, f\}, \{f, g\}\}$ から誘導される G の辺誘導部分グラフを求めよ.

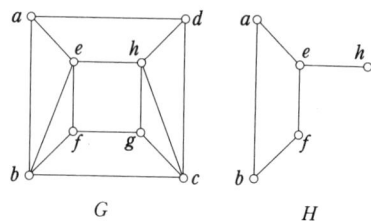

1.5 K_6, N_5, $K_{2,3}$, $K_{3,2,2}$, P_4, C_6, W_5 を描け.

1.6 K_n, N_n, $K_{n,m}$, $K_{n,m,l}$, P_n, C_n, W_n のサイズを求めよ.

1.7 次のグラフ G, H は各々2部グラフであるか.

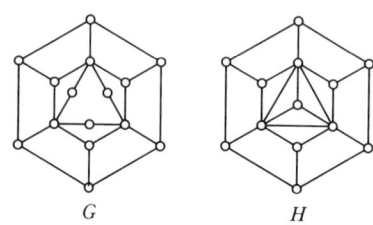

1.8 位数4の自己補グラフと, 図1.14のグラフ H 以外の位数5の自己補グラフを求めよ.

1.9† 自己補グラフの位数が $4n$ あるいは $4n+1$ であることを示せ.

1.2 道と最短経路問題

図1.15のような街の地図がある. ホテルが A 地点にあり, B 地点にショピングセンターがある. 旅行でこの街を訪れた久保田君と津田君は, お土産を買うために, ショピングセンターに出かけていった. 一応観光案内所で手に入れ

た地図を持って出かけたのではあるが，なにぶん初めての街なので，道をよく間違え，同じ道を戻ったり何度も同じ交差点を通ったりして，やっとのことでショッピングセンターにたどり着いた．山ほどのお土産を買った彼らは，来るときのような遠回りをしないで，最短経路を通って帰りたいと思いながら地図を睨んでいる．

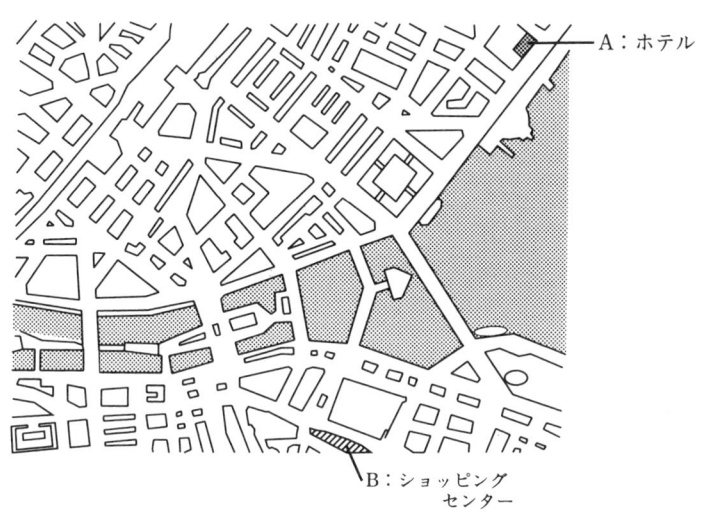

図 1.15

彼らの悩みを解決するために，以下のように，地図からグラフを構成することを考えてみる．ホテル，ショッピングセンター，及び各交差点に対応して点をとり，交差点やホテル，ショッピングセンターが道路で結ばれているとき，かつそのときに限り対応する点どうしを辺で結ぶ．図 1.16 に図 1.15 の地図に対応したグラフが示してある．久保田君，津田君がホテルからショッピングセンターへ行くときに通った道筋をグラフ上でみると，"接続している点と辺を順にたどっていく"ことに対応していることがわかり，グラフ上の接続している点と辺の列に注目することにより，久保田君達の問題解決に役立つ情報が得られそうなことがわかる．

ここで，次のような概念を導入する．グラフ G の点と辺の交互の列

$$P: v_1 e_1 v_2 e_2 v_3 e_3 \cdots v_{n-1} e_{n-1} v_n$$

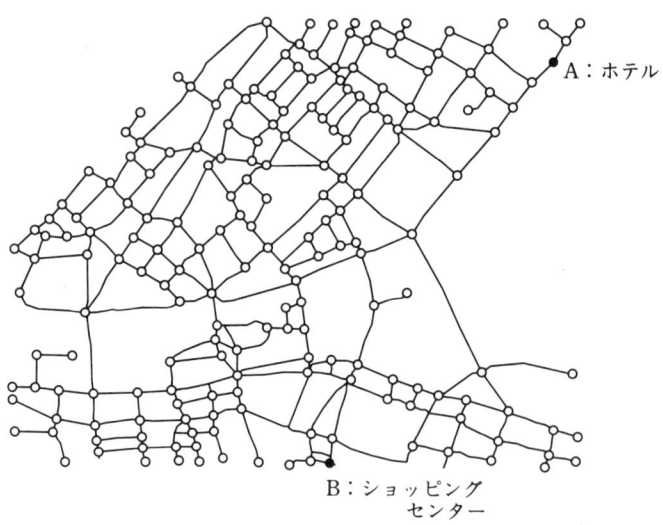

図 1.16

で各辺 e_i が v_i と v_{i+1} に接続している，すなわち，$e_i = \{v_i, v_{i+1}\}$ となるものを v_1-v_n **歩道**という．また，P に含まれている辺の本数を歩道 P の**長さ**といい，v_1 を歩道 P の**始点**，v_n を**終点**という．単純グラフのように2点間を結ぶ辺が1本しかないときは，歩道 $v_1 e_1 v_2 e_2 v_3 \cdots v_{n-1} e_n v_n$ の辺を省略して，$v_1 v_2 v_3 \cdots v_{n-1} v_n$ と表すときもある．例えば，久保田君達の通ったホテルからショピングセンターへの道筋は，ホテルに対応する点を始点とし，ショピングセンターを終点とする歩道である．同じ辺を含まない，すなわち $e_i \neq e_j (i \neq j)$ である歩道を**小道**といい，同じ点を含まない，すなわち $v_i \neq v_j (i \neq j)$ である小道を**道**という．ここで，"道⇒小道，小道⇒歩道"であるが，これらの逆は成立しないことに注意してほしい．また，歩道 P において，$v_1 = v_n$，すなわち，始点と終点が一致しているとき，P は**閉じている**という．閉じた小道は**回路**と呼ばれ，閉じた道は**閉路**と呼ばれる（図 1.17）．

　久保田君達がホテルからショッピングセンターへ行くことができたということは，ホテルに対応する点からショッピングセンターに対応する点への歩道が存在したことを意味している．u-v 歩道に重複した点があれば，歩道上のその2点の間の点と辺の列の部分はなくても，点 u から点 v へは到達可能である．すなわち，点 u から点 v へは，u-v 道が存在すれば到達可能なのである．し

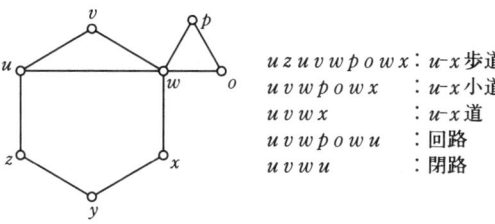

図 1.17

たがって，次のような概念が導入できる．グラフ G の2点 u, v の間に u-v 道が存在するとき，2点 u, v は**連結**しているという．また，グラフ G のすべての2点が連結しているとき，G は**連結している**．あるいは G は**連結グラフ**であるという．連結していない2点が存在するグラフを**非連結グラフ**という．

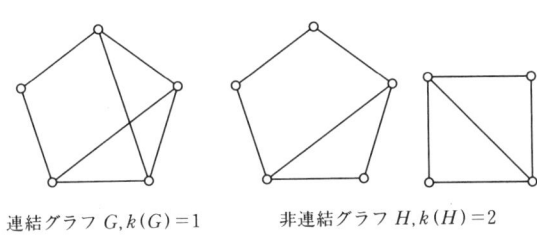

図 1.18

非連結グラフは，図 1.18 の例からもわかるように，連結グラフの集まりとみなすことができる．非連結グラフを構成している各連結グラフを**連結成分**，あるいは**成分**という．数学的にいうと以下のようになる．まず，グラフ G の2点 u, v が連結しているという関係 $u \sim v$ は，点集合 $V(G)$ 上の同値関係，すなわち，次の3つの関係を満たしている．

(1) すべての点 $v \in V(G)$ に対して，$v \sim v$．
(2) $u \sim v$ ならば，$v \sim u$．
(3) $u \sim v$ かつ $v \sim w$ ならば，$u \sim w$．

この同値関係"$\sim$"によって誘導される $V(G)$ 上の同値類 $V_1, V_2, \cdots, V_k$ に対して，各 V_i の誘導部分グラフ $<V_i>_G$ を G の連結成分という．グラフ G の連結成分の個数を $k(G)$ で表す．グラフ G が連結であれば，$k(G) = 1$ であり，

非連結であれば，$k(G) \geqq 2$ である．また，グラフ G の点 v と辺 e に対して，$k(G-v) > k(G)$ となる点 v を**切断点**，$k(G-e) > k(G)$ となる辺 e を**橋**という．ただし，$G-v$ は，G から点 v と v に接続する辺を除いたグラフ，すなわち，$<V(G)-\{v\}>_G$ のことであり，$G-e$ は，G から辺 e を除いたグラフ，すなわち，G の全域部分グラフで辺集合が $E(G)-\{e\}$ となるグラフのことである（図 1.19）．

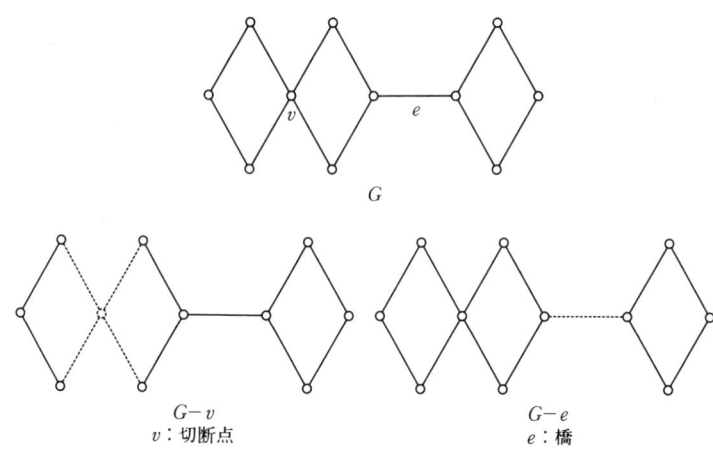

G

$G-v$
v：切断点

$G-e$
e：橋

図 1.19

さて，単純グラフが連結のとき，グラフのサイズ（辺数）は，位数（点数）に比べて，あまり多くも少なくもないことが予想される．実際，次の結果は，与えられた点数に対して単純グラフが持ち得る辺数の上限と下限を与えている．

---**定理 1.1**---

単純グラフ G に対して，次式が成立する．ただし，$|V(G)|=p$, $|E(G)|=q$, $k(G)=k$ とする．
$$p-k \leqq q \leqq \frac{1}{2}(p-k+1)(p-k)$$

[証明] $p-k \leqq q$ が成り立つことを G の辺数 $|E(G)|=q$ に関する帰納法で示す．$q=0$ のときは，$G \cong N_p$ であり，$p=|V(G)|=k(G)=k$ となり，$p-k=0$ が成立する．$k(G)=k$ を満たすグラフのうちで，最も辺数の少ないグラフ，すなわち，任意の辺を除去すると成分数が増えてしまうグラフを G とする．いま，

$G-e$ ($e \in E(G)$) について考える. $|E(G)| = q_0$ とすると, $|V(G-e)| = p$, $|E(G-e)| = q_0 - 1 \leqq q - 1$, $k(G-e) = k+1$ であるので, 帰納法の仮定より,
$$p - (k+1) \leqq q_0 - 1 \leqq q - 1$$
となり,
$$p - k \leqq q$$
を得る.

次に, $q \leqq 1/2 \cdot (p-k+1) \cdot (p-k)$ が成り立つことを示す. 連結な単純グラフで最も辺の多いグラフが完全グラフであるので, G の各成分は完全グラフであるとしてよい. したがって, 全体の辺数は, 各成分の点の数の分布具合によって決まる. そこで, 位数がそれぞれ p_1, $p_2 (p_1 \geqq p_2 \geqq 2)$ である2つの完全グラフを, それぞれ位数 $p_1 + 1$, $p_2 - 1$ の完全グラフに置き換えて, 辺数がどのように変化するかをみる. このとき, 全体の点数は不変であるが, 辺数の差をとると,
$$1/2 \cdot \{(p_1+1)p_1 + (p_2-1)(p_2-2)\} - 1/2 \cdot \{p_1(p_1-1) + p_2(p_2-1)\}$$
$$= p_1 - p_2 + 1 > 0$$
となり, 以前より辺が増えている. したがって, 各成分の位数の差が大きいほど辺数が増えるといえる. このことより, 辺数が最大のグラフは, 位数 $p-k+1$ の完全グラフと $k-1$ 個の他の点と辺で結ばれていない点からなるグラフである. このときの辺数が $1/2 \cdot (p-k+1) \cdot (p-k)$ である. □

さて, 最初の問題に戻ってみると, ホテルへ戻るための最短経路は, 図1.16 のグラフにおいてショピングセンターとホテルを結ぶ道のうちで最も長さの短いものである. したがって問題解決のためには, このグラフにおいてそれら2点を結ぶ最短の道を見つければよいことになる. グラフ G の2点 u, v に対して, 最短の u-v 道の長さを u と v の間の**距離**といい, $d(u, v)$ で表す.[*] グラフ G が非連結で, 2点 u, v が G の異なる成分に属しているとき, u, v の間の距離は $d(u, v) = \infty$ とする. 連結グラフ G の点 v に対して, v の**離心数** $e(v)$

---

[*] この, 距離の概念は, 距離の3公理
 (1) $d(u, v) \geqq 0$, $d(u, v) = 0 \Leftrightarrow u = v$
 (2) $d(u, v) = d(v, u)$
 (3) $d(u, v) + d(v, w) \geqq d(u, w)$
を満たす.

を $\max_{u \in V(G)} \{d(u, v)\}$ で定める．この数は v から最も離れた G の点までの距離を示している．グラフ G の**半径**とは $\mathrm{rad}(G) = \min_{v \in V(G)} \{e(v)\}$ で定まる数であり，**直径**は $\mathrm{diam}(G) = \max_{v \in V(G)} \{e(v)\}$ で定まる数である．この定義より，直径は G の中で最も離れている 2 点間の距離であることがわかる．半径を与える点，すなわち $e(v) = \mathrm{rad}(G)$ となる点をグラフ G の**中心点**といい，中心点全体の集まりをグラフ G の**中心**といい，$\mathrm{Cen}(G)$ で表す．直径及び半径に関しては次のような性質が知られている．

定理 1.2

連結グラフ G に対して，次が成立する．
  $\mathrm{rad}(G) \leq \mathrm{diam}(G) \leq 2\mathrm{rad}(G)$

[証明] 定義より $\mathrm{rad}(G) = \min_{v \in V(G)} \{e(v)\} \leq \max_{v \in V(G)} \{e(v)\} = \mathrm{diam}(G)$ が成立する．次に u, v を直径を与える点，すなわち $d(u, v) = \mathrm{diam}(G)$ となる点，また w を中心点とすると，$\mathrm{diam}(G) = d(u, v) \leq d(u, w) + d(w, v) \leq \mathrm{rad}(G) + \mathrm{rad}(G)$ を得る．□

定理 1.3

任意の連結グラフ G に対して，中心から誘導される部分グラフが G と同型であるグラフが存在する．

距離の概念は，ホテルへ戻るための経路で通過する交差点の数の最小性は保証しているが，実際に移動する距離の最小性までは保証していない．そこで，さらに次のような概念を導入する．**重み付きグラフ**とは，グラフの各辺 e に**重み**と呼ばれる実数値 $w(e)$ が付加されているグラフのことである．グラフ及び部分グラフの**重み**とは，それらに含まれている辺の重みの総和のことである．したがって，ここで必要な最短道は，重みが最小な道ということになる．重み付きグラフにおいて，重みが最小な u と v を結ぶ道を**重み最小の u–v 道**と呼び，その重みを $w(u, v)$ で表す（図 1.20）．

次の E.W. ダイクストラによるアルゴリズムは，重みが最小である道を求めるために用いられる様々なアルゴリズムのうちで，最もよく知られているものである．このアルゴリズムの基本的なアイデアは次のようなものである．重み最小の x–y 道を求めるとき，$S \subsetneq V(G)$ を，$x \in S$, $y \in V(G) - S$ を満たす集合とし，点 x から集合 $V(G) - S$ への重み，

1.2 道と最短経路問題

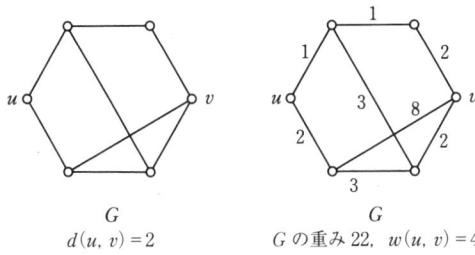

図 1.20

$$w(x, V(G)-S) = \min_{z \in V(G)-S}\{w(x, z)\}$$

が最小の道, すなわち, 点 x から集合 $V(G)-S$ の各点への道のうちで重みが最小のものについて考えるとする. いま,

$$P: x\, v_1\, v_2\, \cdots\, v_k\, z$$

が $w(x, V(G)-S)$ を与える道であるとすると, $x, v_1, v_2, \cdots, v_k \in S$ である. もし, そうでないとすると P の中の x からたどって初めて S に含まれない点 v_i と x の間の部分は, P より重みの小さい x から $V(G)-S$ への道となり P の最小性に矛盾してしまうからである. また, 道 P 上の $x\, v_1\, v_2\, \cdots\, v_k$ の部分は, 重みが最小の $x-v_k$ 道となる. したがって, 点 x から, 点 z への重み最小の道は, 点 x から点 v_k までの重み最小の道に辺 $\{v_k, z\}$ を加えたものとなるから,

$$w(x, z) = w(x, v_k) + w(\{v_k, z\})$$

が成り立ち,

$$w(x, V(G)-S) = \min_{\substack{z \in V(G)-S \\ v_k \in S}} \{w(x, v_k) + w(\{v_k, z\})\} \tag{1.1}$$

が得られる. 式 (1.1) を求める操作を, $S=\{x\}$ から S に y が加わるまで繰り返して行けば, x から y への重みが最小の $x-y$ 道を求めることができる. これが, E.W. ダイキストラによるアルゴリズムのアイデアの基本的な部分である.

アルゴリズム 1.4　ダイキストラのアルゴリズム

入力　重み付きグラフ G と始点 x, 終点 y.

出力　重みが最小な $x-y$ 道とその重み.

方法　G の各点 v に対して, 各 step ごとに, その step で得られている x から v への重み最小の道の重み $L(v)$ をラベルとして付ける.

1. $L(x) = 0$ と置き，x 以外のすべての点 v に対して $L(v) = \infty$ とし，$T = V(G)$ とする．
2. 最小のラベル $L(v)$ を持つ点 $v \in T$ を見つける．
3. $v = y$ ならば終了．
4. すべての辺 $e = \{v, u\}$ に対して，$u \in T$ かつ $L(u) > L(v) + w(e)$ ならば，$L(u)$ を $L(v) + w(e)$ に置き換える．
5. T を $T - \{v\}$ に置き換え，step 2 へ戻る．□

演習問題 1.2

1.10 （a）次のグラフ G において，列 $abcfehfeg$ は歩道，小道，道のいずれかであるか．またそのいずれかであれば，その長さと始点，終点を求めよ．

（b）次のグラフ G において，列 $abcfhefa$ は回路，閉路のいずれであるか．その長さはいくつか．

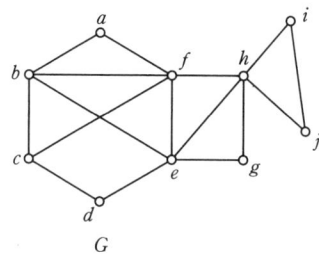

G

1.11 （a）上図の G の長さ 5 の a-g 歩道で小道ではないものを見つけよ．
（b）G に長さ 6 の a-g 小道で道ではないものが存在するか．
（c）G の長さ 7 の a-g 道を挙げよ．
（d）点 a を含む長さ 7 の回路で閉路ではないものが存在するか．
（e）点 a を含む長さ 8 の閉路を見つけよ．

1.12 次頁のグラフ G, H の各々の成分数を求めよ．

1.2 道と最短経路問題　　　　　　　　　　　　　　　19

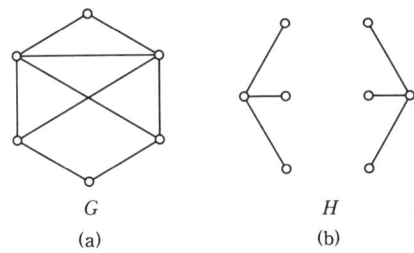

     G   H
    (a)   (b)

1.13 (a) $\overline{K}_4$, $\overline{K}_{3,2}$, $\overline{N}_5$ の成分数を求めよ．

 (b) $\overline{K}_n$, $\overline{K}_{n,m}$, $\overline{N}_n$ の成分数を求めよ．

1.14† u–v 歩道が存在することと，u–v 道が存在することとが同値であることを示せ．

1.15† 2点 u, v が連結しているという関係 $u \sim v$ において，$u \sim v$ かつ $v \sim w$ ならば $u \sim w$ であることを示せ．

1.16 次のグラフには切断点，橋が各々存在するか．

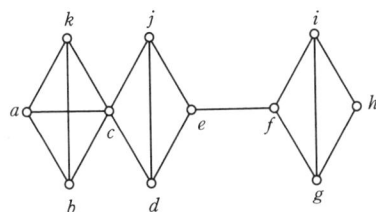

1.17† $|E(G)| > 1/2 \cdot (p-1)(p-2)$ を満たすグラフ G は連結であることを示せ．ただし，p は G の位数である．

1.18† $|E(G)| < p-1$ を満たすグラフ G は非連結であるか．ただし，p は G の位数である．

1.19† 2部グラフは奇閉路を含まないことを示せ．（逆の"奇閉路を含まないグラフは2部グラフである"も成立する．）

1.20 次頁のグラフにおける点 a と点 h の間の距離 $d(a, h)$ を求めよ．また，各点の離心数，グラフの直径，半径，中心を求めよ．

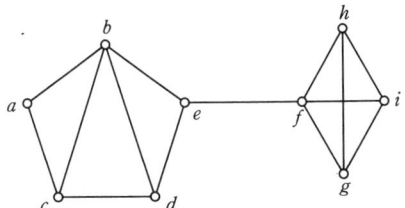

1.21 下図左のグラフ G の重みと，点部分集合 $\{a, b, c, e\}$ から誘導される部分グラフの重みを求めよ．

1.22 G を重み付き連結グラフ，$S \subsetneq V(G)$，$x \in S$ とし，$P : xv_1v_2\cdots v_kz$ を $w(x, V(G)-S)$ を与える道とする．
 (a) $x, v_1, v_2, \cdots, v_k \in S$ を示せ．
 (b) P の中の $xv_1v_2\cdots v_k$ の部分が重み最小の x-v_k 道であることを示せ．

1.23 下図右のグラフ H にダイキストラのアルゴリズムを適用し，重みが最小の a-e 道及びその重みを求めよ．

1.24 下図のグラフ I にダイキストラのアルゴリズムを適用し，重みが最小の a-t 道及びその重みを求めよ．

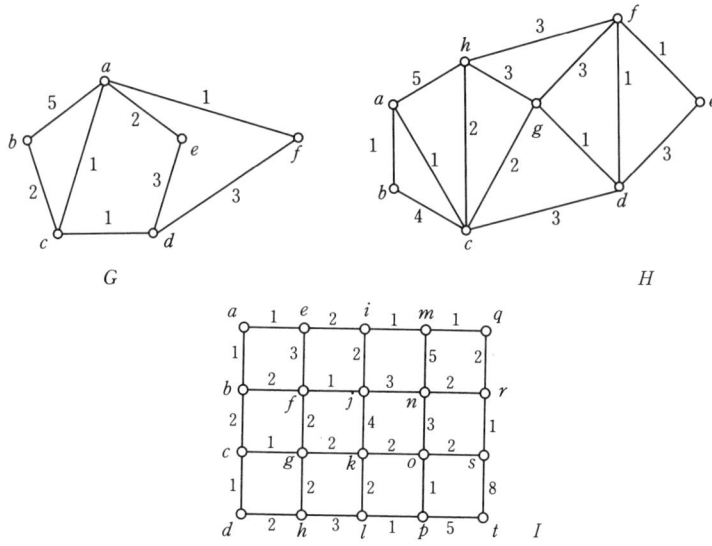

1.3 次数と隣接行列

　古い洋館がある．この家は長い間使われていなかったこともあって，幽霊が出没するという噂がたち始めた．その噂によると，幽霊がでる部屋には，出入口がかならず偶数個あるとのことだった．また，いままでに外からこの家に入り込んでしまった人は，幸運にも，幽霊のでない部屋に逃げ込むことができたとのことだった．この噂を聞きつけた好奇心旺盛な大竹さんは，この噂が本当かどうかを確かめようと，その洋館まで出かけていった．さて，確かめようと出かけてきた大竹さんだが，やはり幽霊はこわい．洋館の周りをうろうろしてるうちに，この洋館には出入口が1つしかないことを発見した．大竹さんはこの発見の後，偶数個の出入口のある部屋にだけ幽霊がでるという噂が正しければ，幽霊のでない部屋が必ずあると確信した．

　さて，大竹さんの確信が正しかったかどうか，以下のような洋館に対応したグラフを構成することによって考えてみるとする．洋館の外部と各部屋に対応して点をとり，隣り合う部屋を結ぶ出入口があるとき，対応する点どうしを2つの部屋を結ぶ出入口数だけ辺で結ぶ．このとき，外部に対応する点には，1本の辺だけが接続していることがただちにわかり，点に接続している辺の本数に注目すると，問題の解決に役立ちそうな情報が得られそうである（図1.21）．

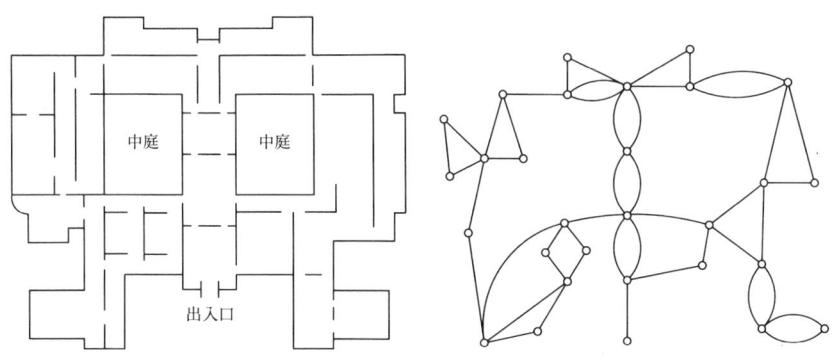

図 1.21

ここで，次のような概念を導入する．グラフ G の点 v に接続する辺の本数を v の**次数**といい，$d(v)$, $d_G(v)$, $\deg v$, $\deg_G v$ などで表す．このとき，ループは，2 辺として数える．次数 0 の点を**孤立点**という．グラフ G の**最大次数**，及び**最小次数**を各々 $\Delta(G)$, $\delta(G)$ で表す．また，偶次数の点を**偶点**，奇次数の点を**奇点**という (図 1.22)．

幽霊の話を次数の観点からみると，偶点に対応する部屋には幽霊がでて，奇点に対応する部屋には幽霊がでないということになる．外部に対応する点は次数 1 であるので，奇点である．したがって，噂が真実であれば，外部に対応する点を含む成分には，奇点が 2 個以上存在することになる．次数に関しては，次のような性質が知られており，これらの性質に基づいて，噂の真偽を調べて行くことにする．

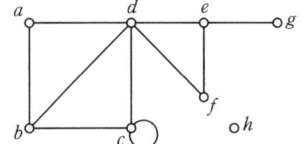

$\deg_G b = 3$, b：奇点
$\deg_G c = 4$, c：偶点
$\deg_G h = 0$, h：孤立点
$\Delta(G) = 5$
$\delta(G) = 0$

図 1.22

定理 1.5　握手の補題

(p, q)-グラフ G に対して，次式が成立する．
$$\sum_{v \in V(G)} \deg_G v = 2q$$

[**証明**]　G の次数の総和 $\sum_{v \in V(G)} \deg_G v$ において，ループ以外の辺は両端で 1 回ずつ数えられており，ループは接続点で 2 回数えられている．したがって，次数の総和は辺の本数の 2 倍である．□

系 1.6

任意のグラフの奇点の個数は偶数である．

[**証明**]　グラフ G の奇点の集合を V_o，偶点の集合を V_e とすると，定理 1.5 より，$2q = \sum_{v \in V_o} \deg_G v + \sum_{v \in V_e} \deg_G v$ が成立する．右辺の第 2 項が偶数であることより，第 1 項も偶数である．したがって，$|V_o|$ は偶数である．□

系 1.6 は連結グラフにおいても成立しているので，洋館に対応するグラフにおいて，外部に対応する奇点 v を含む成分に，v 以外に少なくとも 1 個の奇点が存在する．したがって，幽霊のでない部屋が存在することになり，大竹さんの確信は正しかったことがわかる．

$\mathrm{ad}(G) = \dfrac{1}{|V(G)|} \sum_{v \in V(G)} \deg_G v$ をグラフ G の**平均次数**という．平均次数に関して，次のような性質がある．

定理 1.7

(p, q)-グラフ G に対して，次が成立する．
(1) $\delta(G) \leq \mathrm{ad}(G) \leq \Delta(G)$
(2) $\mathrm{ad}(G) = \dfrac{2q}{p}$

すべての点の次数が同じであるグラフを，**正則グラフ**という．K_5 や $K_{3,3}$ は正則グラフの例である．正則グラフの各点の次数が r のとき，そのグラフを r-**正則グラフ**という（図 1.23）．

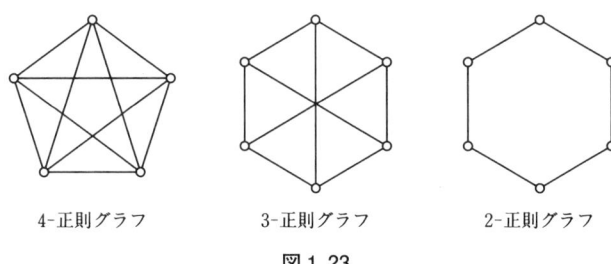

4-正則グラフ　　　3-正則グラフ　　　2-正則グラフ

図 1.23

定理 1.8

任意のグラフ G を誘導部分グラフとして含む $\Delta(G)$-正則グラフ H が存在する．

[**証明**]　G が正則ならば，$H = G$ である．G が正則グラフでないときは，次のように新しいグラフ G_1 を構成する．G を共通の部分がないように 2 つコピーし，$\deg_G v < \Delta(G)$ なる点に対して，2 つのコピーの対応する点どうしを辺で結ぶ．このようにして作られたグラフ G_1 が正則ならば，G の点どうしは新たに結んでいないので，G は G_1 の誘導部分グラフであり，$H = G_1$ である．G_1

が正則でないときは，G から G_1 を構成したときと同じ操作を G_1 に施し G_2 を構成する．以下この操作を繰り返して行くと，$\delta(G_{i+1}) = \delta(G_i) + 1 (G_0 = G,\ i = 0, 1, 2, \cdots$ と考える) となり，最小次数が毎回大きくなっていくので $\Delta(G) - \delta(G)$ 回の操作の後，G を誘導部分グラフとして含む $\Delta(G)$-正則グラフ H が得られる．□

定理 1.8 は，正則グラフに関する様々な性質が，一般のグラフの構造に大まかな枠組みを与えることを示唆している．

グラフの各点の次数が大きいと，グラフに含まれる辺の本数が多く，グラフには，多くの閉路や歩道があることが予想される．次の定理は，次数の大きさと閉路の存在との関係を示すものである．

定理 1.9
グラフ G の点の次数がすべて 2 以上ならば，G には閉路が存在する．

[証明] G にループや多重辺があるときは，ループや多重辺自身が閉路となる．したがって，G を単純グラフとする．v_1 を G の任意の点とし，v_2 を v_1 に隣接する点とする．ここで，歩道 $W : v_1 v_2$ とし，以下のようにして歩道 W を拡張する．各点の次数が 2 以上であるので，$v_i (i \geq 2)$ に隣接している v_{i-1} 以外の点が存在する．そのうちの 1 点を v_{i+1} に選び，歩道 $W : v_1 v_2 \cdots v_i v_{i+1}$ を作る．この操作は，何回でもできるが，G の点は有限であるので，いつかはそれまでに選んだ点を W の点として選ばねばならない．そのように重複して選ばれた最初の点を v_k とすると，2 つの v_k の間の部分は閉路となっている．□

グラフの表現及びその性質を調べる重要な手法の 1 つに，行列を用いる方法がある．(p, q)-グラフ G に行列を対応させる方法はいくつかあるが，**隣接行列** $A(G)$ はもっともよく用いられる方法でかつ自然な概念である．$A(G) = (a_{ij})$ は，$p \times p$ 行列で，(i, j) 成分 a_{ij} が点 v_i と点 v_j を結ぶ辺の本数を表すものである．(ループは同一の点を結ぶ 1 本の辺である．) したがって，単純グラフの隣接行列は，対角成分がすべて 0 である (0, 1) 行列ということになる．図 1.24 にグラフ G と対応する隣接行列 $A(G)$ の例が示してある．

隣接行列が非負整数を要素とする対称行列であり，単純グラフに対応する隣接行列の各行（あるいは，各列）の要素の和が，その行（列）に対応する点の次数となることは，ただちにわかる．

1.3 次数と隣接行列　　　　　　　　　　　　　　25

(p, q)-グラフ G に対応する他の行列としては，**接続行列** $M(G)$ がある．

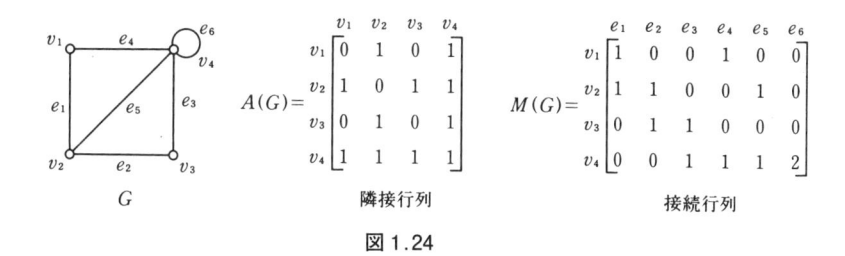

$$A(G) = \begin{array}{c} \\ v_1 \\ v_2 \\ v_3 \\ v_4 \end{array} \begin{array}{cccc} v_1 & v_2 & v_3 & v_4 \\ \begin{bmatrix} 0 & 1 & 0 & 1 \\ 1 & 0 & 1 & 1 \\ 0 & 1 & 0 & 1 \\ 1 & 1 & 1 & 1 \end{bmatrix} \end{array}$$

$$M(G) = \begin{array}{c} \\ v_1 \\ v_2 \\ v_3 \\ v_4 \end{array} \begin{array}{cccccc} e_1 & e_2 & e_3 & e_4 & e_5 & e_6 \\ \begin{bmatrix} 1 & 0 & 0 & 1 & 0 & 0 \\ 1 & 1 & 0 & 0 & 1 & 0 \\ 0 & 1 & 1 & 0 & 0 & 0 \\ 0 & 0 & 1 & 1 & 1 & 2 \end{bmatrix} \end{array}$$

G　　　　　隣接行列　　　　　　　　接続行列

図1.24

$M(G) = (m_{ij})$ は $p \times q$ 行列で，(i, j) 成分 m_{ij} が点 v_i に辺 e_j が接続する回数を示ているものである．（ループは同一の点に2回接続している．）図1.24に，グラフ G に対応する接続行列 $M(G)$ の例を示してある．接続行列の各列の要素の和が2であり，各行の要素の和がその行に対応する点の次数に等しいことも，ただちにわかる．

グラフ G の他の表現として**隣接リスト**による表現がある．隣接リストとは，グラフの各点に対して，その隣接点を示したリストのことである．例えば，図1.24のグラフ G に関する隣接リストは

$v_1 : v_2, v_4$

$v_2 : v_1, v_3, v_4$

$v_3 : v_2, v_4$

$v_4 : v_1, v_2, v_3, v_4$

である．隣接リストは，疎グラフ（点の数に比べて辺の数が少ないグラフ，すなわち隣接行列で表したとき0の成分の多いグラフ）を表すのに適した表現である．

グラフを行列や隣接リストで考えることは，コンピュータを利用してグラフの性質等を調べるときに有用な手段となる．また，行列上の演算によってグラフの様々な性質が求められる．次の結果は，そのような例の1つである．

定理1.10

ループを含まない (p, q)-グラフ G の点集合を $V(G) = \{v_1, v_2, \cdots, v_p\}$ とし，$A(G) = (a_{ij})$ を G の隣接行列とする．このとき，$A(G)^n$ の (i, j) 成分 $a_{ij}^{(n)}$ は，長さ n の v_i-v_j 歩道の本数に等しい．

[**証明**] n に関する帰納法で示す．長さ 1 の v_i-v_j 歩道が存在することと，v_i と v_j を結ぶ辺が存在することは同値であるので，$n=1$ のとき定理は成立する．$A(G)^{n-1}=(a_{ij}^{(n-1)})$ に対して，(i,j) 成分 $a_{ij}^{(n-1)}$ が長さ $n-1$ の v_i-v_j 歩道の本数であるとする．$A(G)^n=A(G)^{n-1}A(G)$ より，$A(G)^n$ の (i,j) 成分 $a_{ij}^{(n)}$ は，

$$a_{ij}^{(n)} = \sum_{k=1}^{p} a_{ik}^{(n-1)} \times a_{kj} \tag{1.2}$$

となる．一方，長さ n の v_i-v_j 歩道は，長さ $n-1$ の v_i-v_k 歩道に辺 $\{v_k, v_j\}$ を加えることにより得られる．したがって，帰納法の仮定と式 (1.2) より定理が成立することがいえる．□

この定理より，ただちに以下の結果が得られる．ここで，$\mathrm{tr}(A)$ は正方行列 A の対角成分の和（トレース）を表す．

系 1.11

(1) グラフ G がループを持たないとき，$A(G)^2$ の (i,j) 成分 $a_{ij}^{(2)}$ は，長さ 2 の v_i-v_j 道 $(i \neq j)$ の本数である．

(2) グラフ G が単純グラフのとき，$a_{ii}^{(2)} = \deg_G v_i$ である．

(3) グラフ G がループを持たないとき，$1/6 \cdot \mathrm{tr}(A(G)^3)$ は，G の 3 角形の個数である．

第 1 章の終わりに

第 1 章では 1.1～1.3 の各節を通して，グラフ理論を学ぶ上で必要な基本的な概念及び定義を紹介した．ここでの概念が理解できれば，おおむねこの後の各章は各々個別に学ぶことができる．第 2 章以降では，章ごとに固有の問題及び応用に焦点をしぼって解説しており，様々な興味深い問題に触れることができる．

1.3 節で紹介した隣接行列や隣接リストは，コンピュータでグラフを扱うときの表現として簡潔なものであり，アルゴリズム 1.4 のようなグラフの問題に関するアルゴリズムを，実際にコンピュータのプログラムとして作成するときのデータ構造としては，単純で利用しやすいものの 1 つである．

演習問題 1.3

1.25 次のグラフ G の各点の次数と最大次数，最小次数，平均次数を求めよ．また孤立点は存在するか．

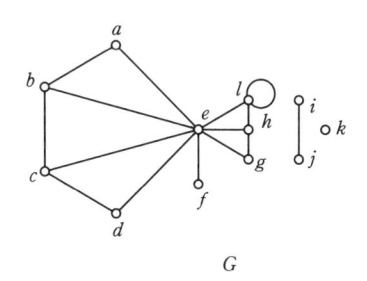

G

1.26 K_n, $K_{n,m}$, C_n, W_n の各点の次数を求めよ．

1.27 位数 8 及び位数 10 の 3-正則グラフを 1 つずつ挙げよ．

1.28 位数 9 の 3-正則グラフは存在するか．

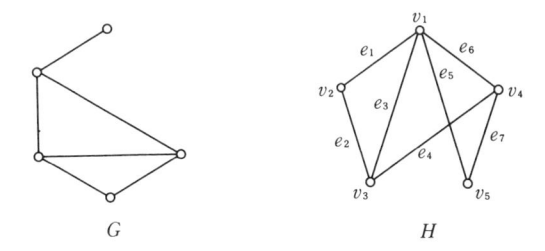

G *H*

1.29 上図のグラフ G を誘導部分グラフとして含む正則グラフを求めよ．

1.30 (a) 上図のグラフ H の隣接行列 $A(H)$，接続行列 $M(H)$ を求めよ．

(b) グラフ H の長さ 3 の v_3-v_4 歩道，v_1-v_4 歩道の本数を求めよ．

(c) $A(H)^3$ を計算し，H の 3 角形の個数を求めよ．

1.31[†] (a) 定理 1.7(1) を証明せよ．

(b) 定理 1.7(2) を証明せよ．

1.32[†] 連結な 2-正則単純グラフ G は C_n のみであることを示せ．

1.33[†] 連結な単純グラフには，同じ次数を持つ 2 点が存在することを示せ．

1.34[†] G を位数 $p \geq 1$ の単純グラフとする．このとき $\delta(G) \geq \dfrac{p-1}{2}$ ならば G は連結であることを示せ．

1.35[†] （a）系 1.11(1) を証明せよ．
（b）系 1.11(2) を証明せよ．
（c）系 1.11(3) を証明せよ．

2 周遊性

2.1 オイラーグラフと中国人郵便配達人問題

　郵便局に勤めている丸田君が配達を担当している街は，図2.1のような道路網をしている．丸田君は毎日，郵便配達のために郵便局を出発し街を一巡して再び郵便局へ戻ってくる．毎日の配達の経路は違うのであるが，配達距離をなるべく短くするにはどういう巡回経路がよいかといつも考えている．配達先の家々が道路沿いにあるので，各道路を少なくとも1回は通らなければならない．したがって，2回以上通る道の長さの合計が最小になるようにすれば，それが最も効率のよい配達方法のはずである．どのようにしてそのような最短の経路を見つけられるかが問題となる．彼の問題を解決する方法はあるだろうか．

　このような最短の巡回経路を見つける問題は，中国の数学者管梅谷(グアン・メイグン)によって提起されたもので，中国人郵便配達人問題と呼ばれている．配達人問題をグラフ理論的に述べると，重み付きグラフのすべての辺を含む閉歩道で重みが最

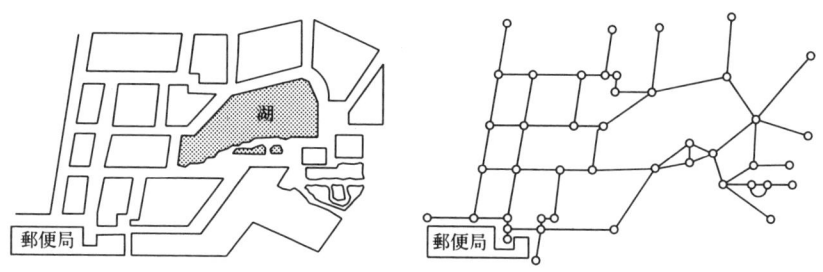

図2.1

小のものを求めるという問題になる．このすべての辺を含む閉歩道で重み最小のものを**郵便配達人歩道**（Postman's walk）という．

　各道路をちょうど1回だけ通る経路があるとき，すなわち道路網に対応するグラフに，すべての辺を含む閉じた小道（回路）が存在するときは，その回路が配達人問題において求める経路であり，グラフ自身の重みが求める経路の重みである．すべての辺を含む回路を**オイラー回路**といい，オイラー回路を持つグラフを**オイラーグラフ**という．また，すべての辺を含む閉じていない小道を**オイラー小道**という．オイラーグラフを特徴付ける結果としては，以下のようなものが知られている．

定理 2.1

G を連結で位数が 2 以上のグラフとする．G がオイラーグラフであるための必要十分条件は，G のすべての点の次数が偶数であることである．

[証明]　G がオイラーグラフならば，G の各点の次数が偶数であることをまず示す．W を G のオイラー回路とする．W をたどるとき，1つの点を通過するごとに，その点に接続しかつ前にたどっていない辺を2本ずつたどっていく．したがって，各点の次数は偶数となる．

　逆が成立することを，G の辺の本数に関する帰納法で示す．G は連結で位数が 2 以上であるから，各点の次数は 2 以上である．よって定理 1.9 より，G には閉路 C が存在する．C に G のすべての辺が含まれているならば，C がオイラー回路であり，G はオイラーグラフである．C に G のすべての辺が含まれていないときは，G から C の辺すべてを除いたグラフ H について考える．H は G より辺数が少なく，かつ各点は偶点である．したがって帰納法の仮定より，H の孤立点ではない成分にはオイラー回路が存在する．G が連結であるので，H の成分と C とは少なくとも 1 点を共有している．このことに注意して，以下のように G のオイラー回路を構成する．C の辺をたどり，H の孤立点ではない成分の点が初めて現れたら，その点を含む H の成分のオイラー回路をたどってその点まで戻り，C を再びたどっていく．以下これを繰り返して行けば，G のオイラー回路が得られる．□

　前述の証明を修正すると次の結果が得られる．

系 2.2

G を連結で位数が 2 以上のグラフとする．G がオイラーグラフであるための必要十分条件は，$E(G)$ が互いに素な閉路に分割できることである．

また，定理 2.1 より，以下のようなオイラー小道を持つグラフの特徴付けが得られる．

系 2.3

G を位数 2 以上の連結グラフとする．G がオイラー小道を持つための必要十分条件は，G の奇点の個数が 2 であることである．

[**証明**] G のオイラー小道を P とする．オイラー小道 P をたどっていくとき，P の始点及び終点以外の点は，その点に接続し，かつそれまでにたどっていない辺を 2 本ずつたどっていくので偶点であり，また始点と終点のみが奇点となる．

u, v を G の奇点とし，G に u, v を結ぶ新しい辺 e を加えグラフ $G+e$ を構成する．$G+e$ の点はすべて偶点となるので，$G+e$ はオイラーグラフであり，$G+e$ にオイラー回路 W が存在する．W を点 u から辺 e をたどることで始める．すなわち，

$$W : u\, v\, w_1\, w_2 \cdots w_k\, u$$

とする．このとき，W の $v\, w_1 \cdots w_k\, u$ の部分は，G のオイラー小道である．□

さて，定理 2.1 より，配達人問題において各道路をちょうど 1 回だけ通る場合の特徴付けは得られたが，具体的にどのようにしてその道筋を求めればよいかについてはまだ触れていない．道筋を求めるためのアルゴリズムでよく知られているものとしては，以下のようなものがある．

アルゴリズム 2.4 フラーリのアルゴリズム

入力 各点の次数が偶数で，位数が 2 以上の連結グラフ G．

出力 G のオイラー回路 W．

方法 小道 W_i を，他に選ぶ辺が存在しない場合を除いて，$G - W_i$ の橋を用いないで拡張する．

1. $v_1 \in V(G)$ を選び $W_0 : v_1$, $i = 0$ とする．

2. 小道 $W_i = v_1 e_1 v_2 \cdots e_i v_{i+1}$ がすでに選ばれているとする.$e_1, e_2, \cdots, e_i$ 以外の辺の中から以下の条件の下で辺 $e_{i+1} = \{v_{i+1}, v_{i+2}\}$ を選択する.
   (i) e_{i+1} は v_{i+1} に接続している.
   (ii) e_{i+1} は,他に選択すべき辺が存在しない場合を除いて $G - \{e_1, e_2, \cdots, e_i\}$ の橋ではない.
3. 小道 W_{i+1} : $W_i e_{i+1} v_{i+2}$ と定める.
4. $i = i + 1$.
5. $i = |E(G)|$ ならば W_i を出力して終了.
6. $i \neq |E(G)|$ ならば step 2 へ戻る. □

このアルゴリズムを実現する際に難しいのは,step 2 での辺 e_{i+1} の選択において辺が $G - \{e_1, e_2, \cdots, e_i\}$ の橋であるか否かの判定をしなければならない部分である.次のアルゴリズムは,そのような判定を巧妙に避けているものであり,定理 2.1 の証明における回路の重ね合せのアイデアを利用したものである.

アルゴリズム 2.5 ヒルホルツアーのアルゴリズム

入力 各点の次数が偶数で,位数が 2 以上の連結グラフ G.
出力 G のオイラー回路 W.
方法 回路の重ね合わせ.

---

1. $v_0 \in V(G)$ を選び,$i = 1$ とする.
2. v_0 から始まり v_0 で終わる回路 W_1 を,それまでに通っていない辺を選ぶことにより構成する.
3. $E(W_i) = E(G)$ ならば W_i を出力して終了.
   $E(W_i) \neq E(G)$ ならば
   (i) W_i 上の点で,W_i 上にない辺に接続している点 v_i を選ぶ.
   (ii) v_i から始まり v_i で終わる $G - E(W_i)$ の回路 W_i^* を構成する.
4. 次のようにして,W_i と W_i^* の辺をすべて含む回路 W_{i+1} を構成する.W_i 上の点 v_{i-1} から W_i をたどり,v_i に到達したら,W_i^* をすべてたどって v_i に戻り,再び W_i を v_{i-1} までたどる.
5. $i = i + 1$ とし,step 3 へ戻る. □

次のアルゴリズムを紹介するために,2 つの操作を定義する.v を次数 3 以上の点,$e_1 = \{x, v\}, e_2 = \{w, v\}$ を v に接続する辺とする.このとき,v の e_1,

e_2 に関する**分裂**とは，G から辺 e_1, e_2 を除き，あらたな点 z と辺 $e'_1 = \{x, z\}$，辺 $e'_2 = \{w, z\}$ を G に加えることである（図 2.2）．

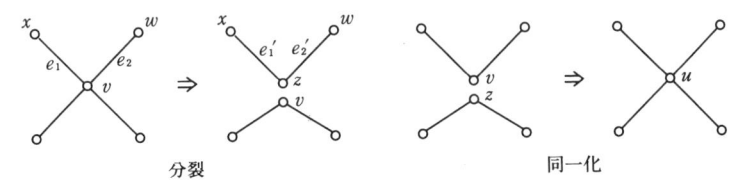

図 2.2

また，点 v と z の**同一化**とは，v と z をグラフから除き，$N(v) \cup N(z)$ のすべての点と隣接している点 u を加えることである．

アルゴリズム 2.6　タッカーのアルゴリズム

<u>入力</u>　各点の次数が偶数で，位数が 2 以上の連結グラフ G.

<u>出力</u>　G のオイラー回路 W.

<u>方法</u>　分裂の操作によってグラフを閉路の集合に分裂させ，各閉路から同一化によって回路を構成する．

---

1. すべての点の次数が 2 になるまで，G に分裂の操作を繰り返して行う．この操作の結果できたグラフを G_1 とする．（このとき，G_1 の成分はすべて閉路である．）T を G_1 のひとつの成分とし，T のすべての辺を通る閉路を W_1 とする．$i = 1$ とする．

2. k_i を G_i の成分数とする．

   $k_i = 1$ ならば，$W = W_i$ を出力して終了．

   $k_i \neq 1$ ならば，

   （i）T と共有点（すなわち，分裂させた点）を持つ G_i の成分 T^* を見つける．その共有点を v_i とする．

   （ii）T の v_i と T^* の v_i を同一化し，新しい成分 T^{**} を構成する．

   （iii）v_i から始めて，まず T のすべての辺を通る回路 W_i を通って v_i に戻り，次に v_i から閉路 T^* を通って v_i に戻ることにより，v_i から始めて T^{**} のすべての辺を通って v_i に戻る回路 W_{i+1} を構成する．

3. $G_{i+1} = (G_i - \{T, T^*\}) \cup T^{**}$，$T = T^{**}$，$i = i + 1$ とし，step 2 へ戻る．□

以上の3つのアルゴリズムのいずれかと定理2.1を用いれば，郵便配達人が同じ道路を2回通ることなく配達できるかどうかの判定，及びそれが可能なときの経路を求めることができる．また，道路網に対応するグラフがオイラーグラフのときは，グラフ自身の重みが，重み最小の経路の重みである．道路網に対応するグラフがオイラーグラフでないときは，どれかの辺を2回以上通らなければ，すべての辺を通って始点に戻ってくることはできない．したがって，重みが最小の経路を求めるには，重複する辺の重みの和を最小にすればいいことがわかる．そこで，辺の二重化という操作を導入する．辺 $e = \{u, v\}$ の**二重化**とは，点 u, v を重み $w(e)$ の新しい辺で，更に結ぶことである．

中国人郵便配達人問題は，以下のように，グラフ理論的に定式化できる．すなわち，中国人郵便配達人問題の解法は，非負の重みを持つグラフ G に対して，以下の2つの操作を行うことである．

[解法] (1) 次の（i）(ii) の条件を満たすように，辺の二重化を行い，G から重み付きグラフ G^* を構成する．

　（i）G^* はオイラーグラフである．

　（ii）G^* は $\sum_{e \in E(G^*) - E(G)} w(e)$ が最小となるグラフである．

(2) G^* のオイラー回路を見つける．□

(2) を解くためのアルゴリズムとして，フラーリのアルゴリズム等をすでに示してある．(1) は，J. エドモンド，E.L. ジョンソン等によって与えられている重み最小のマッチングを求めるアルゴリズムを用いることにより解くことができる．

奇点をちょうど2個持つグラフ，すなわちオイラー小道を持つグラフの場合は，1.2節で学んだダイクストラのアルゴリズムを利用することで，比較的簡単に解くことができる．G には奇点がちょうど2個しかないとし，u, v をグラフ G の奇点とすると，G には u から始まって v で終わるオイラー小道 P が存在する．P は G の辺すべてを含んでいるので，P に v から u に戻る道 Q を加えれば，G のすべての辺を少なくとも1回含んでいる閉歩道が得られる．Q の部分が重複部分なので，Q を最小にとれば，すなわち重みが最小の u–v 道をとれば求める道筋が得られる．以上のオイラー小道を持つグラフに関する中国人郵便配達人問題の解法をまとめると次のようになる．

2.1 オイラーグラフと中国人郵便配達人問題

アルゴリズム 2.7　中国人郵便配達人問題（オイラー小道を持つグラフ）

<u>入力</u>：奇点を丁度 2 個持つ連結な重み付きグラフ

<u>出力</u>：郵便配達人歩道

<u>方法</u>：奇点間を結ぶ重み最小の道の辺に対して二重化を行いオイラー回路を作成する．

---

1. 2 個の奇点間の重み最小の道を求め，その道上の辺を二重化する．
2. step 1 で得られたグラフのオイラー回路を求める．□

step 1 はダイキストラのアルゴリズムを利用すれば実行でき，step 2 はフラーリのアルゴリズム等を利用すればよい．

一般のグラフの場合には，グラフの辺を巡る時，奇点があると行き止まりになってしまい，次の開始点となる奇点へ移動する必要が生じてしまう．この移動のために通る部分が重複する部分であり二重化が必要な部分となるのである．グラフには，奇点が偶数個（$2n$ 個）あり，2 個の奇点が移動のための道の始点と終点になる．したがって，重複部分は n 本の道となり，n 本の道の重みの合計が最小となるようにすれば，求める郵便配達人歩道が得られることになる．これをまとめると次のようになる．

アルゴリズム 2.8　中国人郵便配達人問題

<u>入力</u>：連結な重み付きグラフ G

<u>出力</u>：郵便配達人歩道 W

<u>方法</u>：辺の二重化を行いオイラー回路を作成する．

---

1. G の奇点全体の集合 S を見つける．*
2. 任意の 2 点 $u, v \in S$ に対して，重み最小の u–v 道 P_{uv} とその重み $w(P_{uv})$ を求める．
3. S を点集合とする完全グラフ $K_{|S|}$ を作り，各辺 $\{u, v\}$ に重み $w(P_{uv})$ を付ける．
4. $K_{|S|}$ の辺の集合で次の条件を満たすものの中で，全体の重みが最小のものを見つけ，それを M とする．**

　＊　$|S|$ は偶数となる
＊＊　条件 (i), (ii) を満たす辺集合を完全マッチングという．完全マッチングは後の 5.1 節で扱う．

(i) 任意の2辺が隣接していない．

(ii) $K_{|S|}$ の点はすべて，M のいずれかの辺の端点となっている．

5. M の任意の辺 $e=\{u, v\}$ に対して，$e=\{u, v\}$ に対応する G の道 P_{uv} の辺を二重化する．

6. step 5 によって構成されたグラフ G^* のオイラー回路 W を求める．

7. W を郵便配達人歩道として出力する．□

演習問題 2.1

2.1 次のグラフ G はオイラーグラフあるいはオイラー小道を持つグラフであるか．オイラーグラフならばオイラー回路を，オイラー小道を持つならばオイラー小道を示せ．またオイラーグラフならば $E(G)$ を互いに素な閉路に分割せよ．

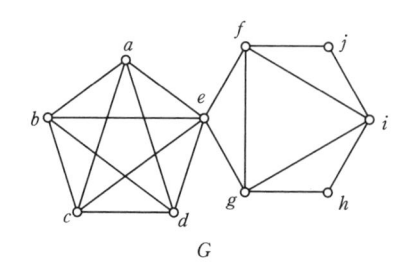

G

2.2 (a) K_5, $K_{2,3}$, W_6 は各々オイラーグラフか．

(b) K_5, $K_{2,3}$, W_6 は各々オイラー小道を持つグラフか．

2.3 (a) K_n がオイラーグラフになるための条件を求めよ．

(b) K_n がオイラー小道を持つグラフになるのは n がどのようなときか．

(c) $K_{n,m}$ がオイラーグラフになるための n, m の条件を求めよ．

(d) $K_{n,m}$ がオイラー小道を持つグラフになるのは n, m がどのような場合か．

(e) W_n はオイラーグラフとなるか（$n \geq 4$）．

(f) W_n はオイラー小道を持つか（$n \geq 4$）．

2.4[†] G を，奇点を k 個持つ連結グラフとする．このとき，G の辺集合を互いに素な $k/2$ 本の小道に分割できることを示せ．

2.5 (a) 問 2.1 のグラフにアルゴリズム 2.4 を適用しオイラー回路を求めよ．

(b) 問 2.1 のグラフにアルゴリズム 2.5 を適用しオイラー回路を求めよ．

(c) 問 2.1 のグラフにアルゴリズム 2.6 を適用しオイラー回路を求めよ．

2.6 次のグラフ G 及び H に関する中国人郵便配達人問題を解き，その経路と重みを求めよ．

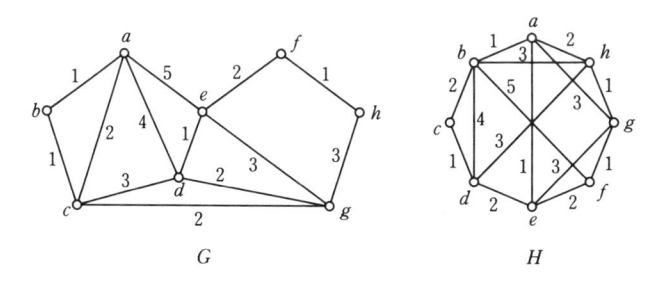

2.2 ハミルトングラフと巡回セールスマン問題

外資系のコンピュータ会社に勤めている薬師寺君は，ときどき，お客様にコンピュータの開発の現場を知ってもらうために，お客様を案内してアメリカの本社を訪れる．忙しい視察の日々のなかには息抜きの日もあり，ある人は観光名所を見て回り，またある人は宿舎で休養して過ごしている．そうしたある日薬師寺君は，観光名所を見て回りたいお客様から観光のプランニングを頼まれた．休日は1日しかないので，なるべく効率よく観光名所を回るプランを作る必要があり，図 2.3 の地図をながめながら，薬師寺君はどのような経路にすれば最も効率的かを思案している．

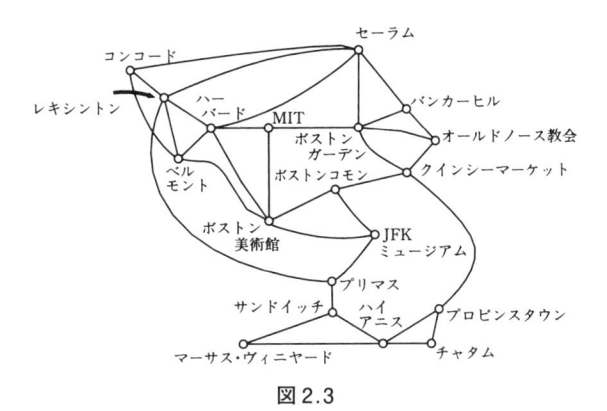

図 2.3

まず考えつくのは，どの場所もちょうど1回だけ訪れればよいことである．そして，各場所をちょうど1回だけ訪れる道筋のうちで，最も全体の距離が短いものが求めるものである．図2.3には，幸運にも各場所をちょうど1回だけ訪れる道筋があるが，図2.4にはそのような道筋がない．

どのような場合に各場所をちょうど1回だけ訪れる道筋があり，どのような場合にそのような道筋がないのか．このことをグラフ理論的に考えるために，以下のような概念を導入する．グラフのすべての点を含む閉路を**ハミルトン閉路**と呼び，ハミルトン閉路を含むグラフを**ハミルトングラフ**という．また，グラフのすべての点を含む道を**ハミルトン道**という．したがって，問題はまず，地図に対応するグラフがハミルトングラフである否か，ということになる．

次の結果はハミルトングラフの性質，すなわちハミルトングラフであるための必要条件を与えている．

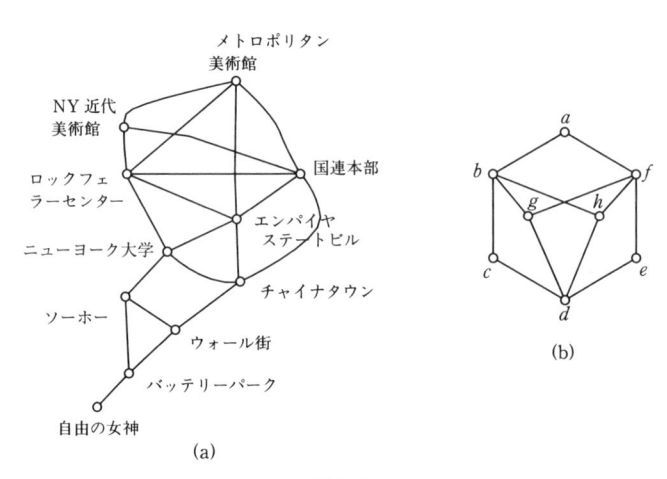

図 2.4

定理 2.9

グラフ G がハミルトングラフならば，$V(G)$ の空でない真部分集合 S すべてに対して，

$$k(G-S) \leq |S|$$

が成立する．

[証明] C をグラフ G のハミルトン閉路とし,$\phi \neq S \subsetneq V(G)$ とすると,
$$k(C-S) \leq |S|$$
となる.また $C-S$ は,$G-S$ の全域部分グラフであるので
$$k(G-S) \leq k(C-S)$$
である.したがって,
$$k(G-S) \leq |S|$$
が成立する.□

図 2.4 のグラフにおいて,それぞれ,$S=\{$バッテリーパーク$\}$,$S=\{b, d, f\}$ とすると,前述の定理の式が成立せず,ハミルトングラフでないことがわかる.定理 2.9 の逆が成立すると大変都合がよいが,図 2.5 のグラフ(ピーターソングラフ)にみられるように,一般には逆は成立しない.

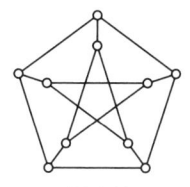

図 2.5

では,どのようなグラフがハミルトングラフになるかといえば,完全グラフのように,辺の数の多いグラフならばハミルトングラフになる可能性が高そうである.この直感的な推測の正しさを示しているのが,次の結果である.

定理 2.10　オーレ

G を位数 $p \geq 3$ のグラフとする.G の任意の非隣接点 u, v に対して,
$$\deg_G u + \deg_G v \geq p \tag{2.1}$$
が成立するならば,G はハミルトングラフである.

[証明] 定理の条件を満たしているがハミルトン閉路は持たないグラフのうちで,辺の本数が極大のグラフを G とする.すなわち G は自分自身はハミルトン閉路を含まないが,1 本でも辺を加えるとハミルトン閉路を含んでしまうグラフである.このような G が存在すると仮定して次のように矛盾を導く.

u, v を G の非隣接点とすると,G に辺 $e=\{u, v\}$ を加えたグラフ $G+e$ は,仮定よりハミルトングラフである.G がハミルトングラフでないことより,$G+e$

のハミルトン閉路はすべて辺 e を含む．$C : u\ w_1\ w_2\ \cdots\ w_{p-2}\ v\ u$ を $G+e$ のハミルトン閉路とすると，C のうちの $u\ w_1\ w_2\ \cdots\ w_{p-2}\ v$ の部分は G のハミルトン道，すなわち G の点をすべて含んでいる道である．いま，辺 $\{u, w_i\}$ が G に存在するならば，辺 $\{w_{i-1}, v\}$ は存在しない．なぜならば，辺 $\{w_{i-1}, v\}$ が存在したならば，G にハミルトン閉路 $u\ w_i\ w_{i+1}\ \cdots\ w_{p-2}\ v\ w_{i-1}\ w_{i-2}\ \cdots\ w_1\ u$ が存在してしまうことになり，仮定に反するからである（図 2.6）．

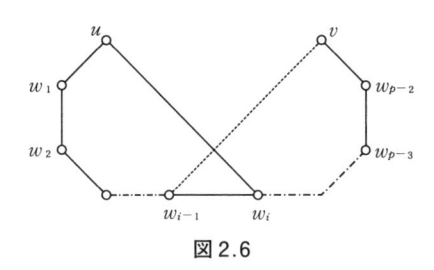

図 2.6

このことは u の各隣接点に v の 1 つの非隣接点が対応していることを意味しており，u の隣接点の個数は v の非隣接点の個数を超えないことがわかる．したがって

$$\deg_G u \leq p - 1 - \deg_G v$$
$$\therefore \deg_G u + \deg_G v \leq p - 1$$

が成り立つが，これは定理の仮定に反する．□

前述の証明は矛盾を導くことで完結しているが，本質的な部分は "$\deg_G u + \deg_G v \geq p$ を満たす非隣接点 u, v に対して，$G + \{u, v\}$ がハミルトン閉路を持てば，G もハミルトン閉路を持つ" という部分である．このことに最初に気づいたのが，J.A. ボンディと V. シュバタルの 2 人である．

定理 2.11 ボンディ，シュバタル

G を位数 $p \geq 3$ のグラフとする．$\deg_G u + \deg_G v \geq p$ を満たす G の非隣接点 u, v に対して，$G + \{u, v\}$ がハミルトン閉路を持つことと G がハミルトン閉路を持つことは，同値である．

J.A. ボンディ達は，定理 2.11 を繰り返し適用すること，すなわち "$\deg_G u + \deg_G v \geq p$ を満たす非隣接点 u, v を結ぶ" という操作を反復することを考えた．この操作を繰り返してグラフの辺を増やしていけば，完全グラフのよう

2.2 ハミルトングラフと巡回セールスマン問題

な，ハミルトングラフであることが自明であるグラフに変形できることが予想される．このことに触れる前にいくつかの概念と定理に言及する．

位数 p のグラフ G に対して，非隣接な 2 点で次数和が p 以上のもの，すなわち，"$\deg_G u + \deg_G v \geq p$ を満たす非隣接点 u, v" を結ぶことを，このような非隣接点の対がなくなるまで繰り返すことによって得られるグラフを G の**閉包**といい，$C(G)$ で表す（図 2.7）．

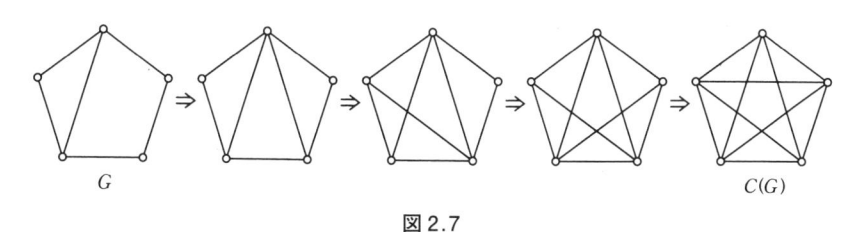

図 2.7

さて，$C(G)$ の定義では，結ぶ辺の順序にはなにも触れていない．したがって，結ぶ辺の順序によっては，得られる閉包が異なるグラフになる可能性があるようにも思われる．しかし次の結果からわかるように，加える辺の順序がどのようであれ得られる閉包は唯一つである．

定理 2.12

位数 p のグラフ G に対して，次数和が p 以上の非隣接点を繰り返して結ぶことによって，2 つのグラフ G_1, G_2 が得られたとすると，$G_1 = G_2$ である．

[証明] $e_1, e_2, \cdots, e_l$ 及び，$f_1, f_2, \cdots, f_m$ を，それぞれ G_1, G_2 を得るために G につけ加えた辺とする．e_i がすべて G_2 の辺であり，f_j がすべて G_1 の辺であることが示せば十分である．そこで，このことが成立しないとする．すなわち $e_i \in E(G_2)$ ($i \leq k$) かつ，$e_{k+1} = \{u, v\} \notin E(G_2)$ である番号 k ($1 \leq k+1 \leq l$) が存在するとする．G_3 を G に辺 $e_1, e_2, \cdots, e_k$ を加えたグラフとする．このとき，G_3 は G_1 の部分グラフであるので，G_1 の定義より，$\deg_{G_3} u + \deg_{G_3} v \geq p$ である．一方，G_3 は G_2 の部分グラフでもあるので，$\deg_{G_2} u + \deg_{G_2} v \geq \deg_{G_3} u + \deg_{G_3} v \geq p$ が成立する．これは，u, v が G_2 の非隣接点であることに反する．したがって，e_i はすべて G_2 の辺であり，同様に f_j もすべて G_1 の辺である．□

また，次の結果が得られる．

―― 定理 2.13 ――
グラフ G がハミルトングラフであるのは，G の閉包 $C(G)$ がハミルトングラフであることと同値である．

また，位数 3 以上の完全グラフはハミルトングラフであることから，グラフがハミルトングラフであるための次のような十分条件を得る．

―― 定理 2.14 ――
位数 3 以上のグラフ G に対して，$C(G)$ が完全グラフであれば G はハミルトングラフである．

この結果から，閉包の概念の基となったオーレの定理や，次のディラックの定理を簡単に導くことができる．

―― 定理 2.15 ディラック ――
G を位数 $p \geqq 3$ のグラフとする．G のすべての点 v が $\deg_G v \geqq p/2$ を満たすならば，G はハミルトングラフである．

$C_n (n \geqq 5)$ を考えればわかるように，これらの結果の逆は残念ながら成立しない．したがって，最初の問題の観光ルートを求めるための効率のよい方法はなく，薬師寺君は自分の勘と経験に頼って観光ルートを求めなければならないことになる．更に不幸なことには，地図に対応するグラフが完全グラフのときでさえ，すなわちハミルトングラフであることがわかっているときでさえ，最短のハミルトン閉路を求めることは現時点ではかなり難しいということが知られている．最短のハミルトン閉路を求めることは，地図に対応する重み付きグラフの最短ハミルトン閉路を求めるという**巡回セールスマン問題**を解くことに対応している．巡回セールスマン問題を解くためのよいアルゴリズムはまだ知られていない．しかし次のアルゴリズムは，**最近傍法**と呼ばれているもので，必ずしも最適とは限らないが，ある程度はよい解を与えるものである．

2.2 ハミルトングラフと巡回セールスマン問題

アルゴリズム 2.16　最近傍法

入力　位数 p の重み付き完全グラフ G で，G の任意の 3 点 u, v, w 間で辺の重みが 3 角不等式．
$$w(\{u, v\}) + w(\{v, w\}) \geq w(\{u, w\})$$
を満たすもの．

出力　適当な重みのハミルトン閉路 C．

方法　各段階で残りの点の中から，最も近いものを選ぶ．

---

1. 適当な点 u を選び，u を道 $W_1 : u_1$ とみなす．
    $i = 1$ とする．
2. $i = p$ ならば，step 4 へ．
    $i \neq p$ ならば，W_i 上の最後の点 u_i と隣接している $u_1, u_2, \cdots, u_{i-1}$ 以外の点 v の中で $w(\{u_i, v\})$ が最小のものを u_{i+1} として選ぶ．
3. 道 W_i に辺 $u_i u_{i+1}$ を加えて道 W_{i+1} を構成する．
    $i = i + 1$ とする．step 2 へ戻る．
4. W_p に辺 $u_p u_1$ を加えてハミルトン閉路 C を構成し，出力する．□

アルゴリズム 2.16 によって得られたハミルトン閉路の重みと，最適なハミルトン閉路の重みの間には次のような関係が知られている．

定理 2.17

G を位数 p の重み付き完全グラフとし，任意の 3 点 u, v, w に対して
$$w(\{u, v\}) + w(\{v, w\}) \geq w(\{u, w\})$$
が成立しているとする．アルゴリズム 2.16 によって得られたハミルトン閉路の重みを w_N，最小の重みのハミルトン閉路の重みを w_0 とする．このとき次式が成立する．
$$\frac{w_N}{w_0} \leq \frac{1}{2} \lceil \log_2 p \rceil + \frac{1}{2}$$

第 2 章の終わりに

ハミルトン閉路を見つける問題や，巡回セールスマン問題は NP-完全とい

う問題のクラスに属している．このクラスの問題は効率のよい解法がいまだ見つかっておらず，いまのところ最適な解を求めるためには，すべてのケースを検討しなければならない．これは，ハミルトン閉路の特徴付けに関する決定的な結果がいまだに得られていないことの理由の1つでもある．しかしながら，研究対象となる問題が多種多様に存在していることを意味してもおり，研究を目ざす者にとっては興味深い分野となっている．

オイラーグラフは，定理2.1によって，特徴付けの問題としては解決しているが，この分野にも"一方通行と双方向通行が可能な道路が混在する道路網に対応するグラフのオイラー回路を見つける問題"のようなNP-完全のクラスに属する問題が存在する．

ハミルトングラフやオイラーグラフの概念は，例えば第4章の独立集合，第5章のマッチング，第7章のネットワークなどの研究において利用され，また，第8章の連結度の概念とも関連が深い．

演習問題2.2

2.7 次のグラフには，ハミルトン閉路，ハミルトン道が各々存在するか．

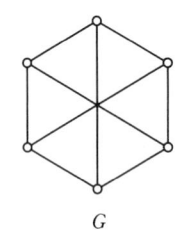

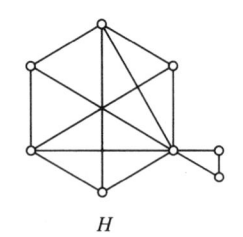

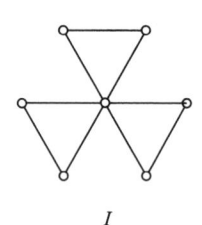

G H I

2.8[†] 次の各グラフはハミルトングラフか．

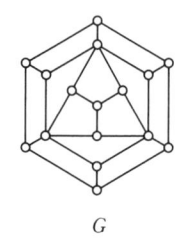

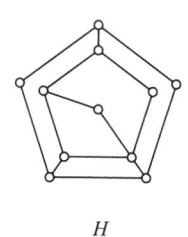

G H

2.2 ハミルトングラフと巡回セールスマン問題

2.9 (a) K_6, $K_{2,3}$, W_6 は各々ハミルトングラフか.
(b) K_6, $K_{2,3}$, W_6 には各々ハミルトン道が存在するか.

2.10 (a) K_n がハミルトングラフになるための条件求めよ ($n \geq 2$).
(b) K_n がハミルトン道を含むための条件を求めよ ($n \geq 2$).
(c) $K_{n,m}$ がハミルトングラフになるための条件を求めよ ($n, m \geq 1$).
(d) $K_{n,m}$ がハミルトン道を含むための条件を求めよ ($n, m \geq 1$).

2.11† 次の各欄に当てはまるグラフの例をあげよ.

	オイラーグラフ	オイラーグラフではないが, オイラー小道を含む	オイラーグラフではなく, オイラー小道も含まない
ハミルトングラフ			
ハミルトン閉路は含まないがハミルトン道は含む			
ハミルトン閉路もハミルトン道も含まない			

2.12† G がハミルトン道を含むならば, $k(G-S) \leq |S|+1$ がすべての $S(\neq \phi) \subseteq V(G)$ に対して成立することを示せ.

2.13 定理 2.10 の逆が成立しないことを示せ.

2.14 定理 2.10 の条件を $\deg_G u + \deg_G v \geq p-1$ に修正できないことを示せ.

2.15 次の各グラフ G, H, I の閉包を求めよ.

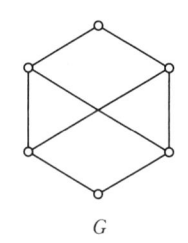

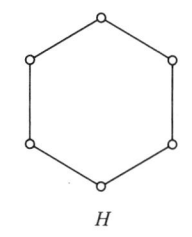

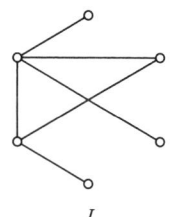

G　　　　　H　　　　　I

2.16 定理 2.14 の逆が成立しないことを示せ.
2.17† 定理 2.10 を, 定理 2.14 を用いて示せ.
2.18† 定理 2.15 を, 定理 2.14 を用いて示せ.

2.19 定理 2.15 の逆が成立しない例を示せ.

2.20 次のグラフにアルゴリズム 2.16 を適用せよ．ただし，点 a を始点とする．

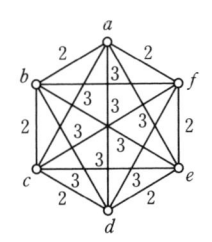

3 木

3.1 木の基本的な性質と最小全域木

　ある地域に石油が埋蔵しているのでは，という予測が衛星写真からもたらされた．そこで，森田氏を中心とする調査隊がその地域に送り込まれた．調査の結果，$a \sim t$ の地点から石油が産出し，A の地点が精油所に適していることがわかった．また，$a \sim t$ の地点から A まで石油を運ぶためのパイプラインの建設可能な場所，及びその費用を調べたところ，図 3.1 に示されたとおりであることがわかった．森田氏は，その調査書の最後に，パイプライン網を提案して，報告のまとめとしたいと考えている．建設可能なパイプラインをすべて建設すれば，安全性や運用の面で大変便利であるが，建設予算が限られているので，とりあえず，$a \sim t$ の各地点から A まで石油が運べるという条件が満たされているパイプライン網で最も建設費用の安いものを作りたい．

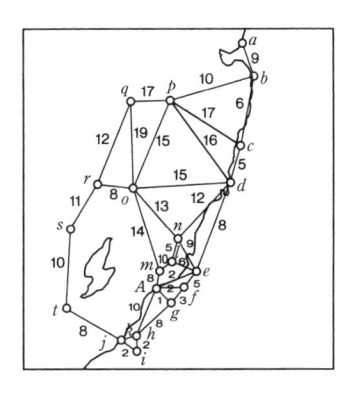

図 3.1

A, e, l, m について考えると，この4ヶ所を結ぶ4本のパイプラインのすべてがなくとも，$A\text{-}e$, $e\text{-}l$, $A\text{-}m$ を結ぶパイプラインがあれば，e, l, m から，A へ石油を運ぶことができる．安全性や運用の面から見ると4本のパイプラインがすべてあった方がよいが，3本あれば精油所へ石油を運ぶという目的は達成でき，かつ建設費用は少なくてすむ．このことは，パイプライン網を建設するとき，A から $a \sim t$ の各地点への道があり，かつ閉路のないもの，すなわち連結で閉路を含まないものを建設すればよいことを意味している．この問題をグラフ理論的に捉えるために，いくつかの概念を導入する．閉路を含まないグラフを，**林**あるいは**森**といい，連結な林を**木**という．また，あるグラフの全域部分グラフで木であるものをそのグラフの**全域木**という．また，重み付きグラフの全域木の中で最小の重みを持つものを**最小全域木**という（図3.2）．したがって，前述の問題の回答は，パイプラインの調査図に対応するグラフの最小全域木ということになる．

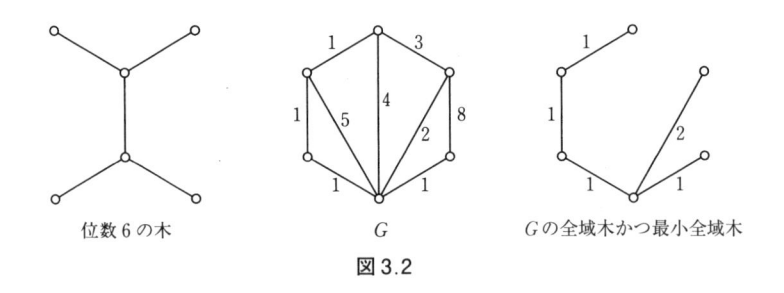

位数6の木　　　　G　　　　Gの全域木かつ最小全域木

図3.2

では，どのようにして最小全域木を求めればいいのであろうか？　その方法を述べる前に，木の持つ様々な性質について触れておこう．

定理3.1

T を位数 p のグラフとするとき，次の各命題は同値である．
(1)　T は木である．
(2)　T は連結であり，すべての辺は橋である．
(3)　T の任意の2点は，ちょうど1本の道で結ばれている．
(4)　T は閉路を含まないが，T の非隣接な2点を新たな辺で結ぶとちょうど1個の閉路ができる．

(1)⇒(2)　T の任意の辺 $e = \{u, v\}$ に対して，$T - e$ が連結であるとすると，$T - e$ に u と v を結ぶ道 P_{uv} が存在することになる．道 P_{uv} と辺 $e = \{u, v\}$ をあわせると T の閉路が形成される．これは T が木であることに反する．したがって，T の任意の辺 e は T の橋である．

(2)⇒(3)　T が連結であるので，T の任意の2点は少なくとも1本の道で結ばれている．ある2点が2本の相異なる道 P_1, P_2 で結ばれているとすると，P_1, P_2 をあわせたものの中に閉路が存在してしまう．閉路上の辺は橋ではないので，すべての辺が橋であることに反する．

(3)⇒(4)　T に閉路があれば，閉路上の2点は少なくとも2本の道で結ばれていることになり，(3)に矛盾する．T 上の任意の非隣接な2点 u, v を辺 e で結ぶとする．このとき，u, v は T 上でちょうど1本の道 P_{uv} で結ばれているので，P_{uv} と e をあわせるとちょうど1個の閉路が得られる．

(4)⇒(1)　木は連結で閉路を含まないグラフであるので，T が連結であることを示せばよい．T を非連結とすると，T の成分 T_1 上の点 v と他の成分 T_2 上の点 u を辺で結んでも閉路は得られない．これは(4)に反する．□

定理3.1は，木の辺の性質からの特徴付けであり，後述するアルゴリズムが木を形成することの基礎となっている．次の定理は木のサイズ（辺数）からの特徴付けである．

定理3.2

T を位数 p のグラフとするとき，次の各命題は同値である．

(1)　T は木である．

(2)　T は閉路を含まず，サイズが $p - 1$ である．

(3)　T は連結であり，サイズが $p - 1$ である．

[証明]　T の位数 p に関する帰納法で(1)〜(3)の命題の同値性を示す．$p = 1$ ならばこれらの命題の同値性は自明であるので，$p \geq 2$ とする．

(1)⇒(2)　定理3.1(2)より T の各辺が橋なので，T より任意の辺を除去すると2つのグラフ T_1 と T_2 に分離される．T_1, T_2 は各々木であるので，帰納法の仮定より，

$$|E(T_1)| = |V(T_1)| - 1,$$
$$|E(T_2)| = |V(T_2)| - 1,$$

である．したがって，次のようになる．

$$|E(T)| = |E(T_1)| + |E(T_2)| + 1$$
$$= (|V(T_1)| - 1) + (|V(T_2)| - 1) + 1$$
$$= |V(T_1)| + |V(T_2)| - 1$$
$$= |V(T)| - 1$$

(2)⇒(3)　T が非連結ならば，T の成分 $T_1, T_2, \cdots, T_k (k \geq 2)$ は，すべて木であるので，帰納法の仮定より

$$|E(T_1)| = |V(T_1)| - 1, \cdots, |E(T_k)| = |V(T_k)| - 1,$$

である．したがって，

$$|E(T)| = \sum_{i=1}^{k} |E(T_i)| = \sum_{i=1}^{k} (|V(T_i)| - 1) = p - k < p - 1$$

となり，T のサイズが $p-1$ であることに反する．

(3)⇒(1)　木は連結で閉路を含まないグラフであるので，T が閉路を含まないことを示せばよい．T が閉路 C を含むとし，e を C 上の辺とする．このとき $T-e$ は連結である．一方，$T-e$ のサイズが $p-2$ であるので，$T-e$ は非連結となる（演習問題 1.18 より）．以上より，T には閉路が存在しないことがいえる．□

これらの木の特徴から，木及び林に関して様々な命題が得られる．それらのうちのいくつかを以下に示す．

系 3.3

位数 2 以上の木は，次数 1 の点を少なくとも 2 点含む．

[証明]　T を位数 p，サイズ q の木とすると，1.3 節の握手の補題より，

$$\sum_{v \in V(T)} \deg_T v = 2q = 2(p-1) = 2p - 2 \tag{3.1}$$

である．T が次数 1 の点を高々 1 点しか含まないとすると，

$$\sum_{v \in V(T)} \deg_T v \geq 2(p-1) + 1 = 2p - 1$$

となり，(3.1) に反する．□

系 3.4

T を位数 p，成分数 k の林とすると，T のサイズは $p-k$ である．

系 3.5

連結グラフは全域木を含む．

3.1 木の基本的な性質と最小全域木

[証明] T を連結グラフ G の極小な連結全域部分グラフとする，すなわち任意の辺 e に対して $T-e$ が非連結となるようなグラフとする．このとき T の各辺は橋であるので，定理 3.1(2) より T は全域木である．□

木の点に対するラベル付けとして次のようなラベル付けが定義され，様々な研究がなされている．サイズ q の木 T が **優美なラベル付け** を持つとは "T の $q+1$ 個の点にそれぞれ $0 \sim q$ の中の異なる数を割り当て，さらに各辺にその両端点に割り当てられた数の差の絶対値を割り当てる．このとき各辺に割り当てられた数がすべて異なる" ようにできることである．

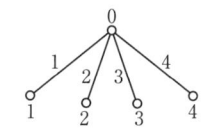

図 3.3 優美ラベル付け

優美なラベル付けに関しては次のような予想や結果が知られている．

優美木予想　コーツィヒ，リンゲル

任意の木に対して優美なラベル付けが存在する．

すべての辺に対して，その端点のうち少なくとも一方を含む道が存在する木を **キャタピラ** という．

定理 3.6

$K_{1,n}, P_n$ およびキャタピラには，優美なラベル付けが存在する．

キャタピラに関しては次のような特徴付けが知られている．

定理 3.7

木 T に対して，次の命題は同値である．
 (1)　T はキャタピラである．
 (2)　T の任意の点に隣接する次数 2 以上の点は高々 2 個である．
 (3)　T が図 3.4 と同型な木を誘導部分グラフとして含まない．

図 3.4

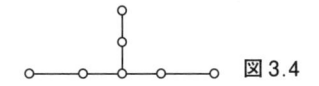

さてパイプラインの問題に戻ると，調査図に対応するグラフは連結なので全域木が存在している．したがって，最小の重みを持つ全域木の選択法がわかれば，この問題の解法が導かれる．最小全域木を求めるアルゴリズムとして，最もよく知られているものは，次の J.B. クルスカルのアルゴリズムである．

アルゴリズム 3.8　クルスカルのアルゴリズム

入力　重み付き連結グラフ G．
出力　最小全域木 T．
方法　すでに選ばれた辺とあわせたときに閉路を作らない辺の中で，最小の重みを持つものを選ぶ．

---

1. $i=1, T=\phi$ とする．
2. "$e \notin E(T)$ かつ $T \cup \{e\}$ が非閉路的である" という条件を満たす辺の中で，最小の重みを持つ辺を選ぶ．
   (i) 条件を満たす辺が存在しないときは，終了．
   (ii) 条件を満たす辺 e が存在するときは，$e_i = e, T = T \cup \{e_i\}$ とする．
3. $i = i+1$ とし，step 2 へ戻る．□

J.B. クルスカルのアルゴリズムは理解しやすいアルゴリズムであるが，実際にコンピュータのプログラムを組む際などに問題となるのは，"$T \cup \{e\}$ が閉路を含むか否か" の判定である．どのように判定を行えばよいのかについては，様々な方法が考えられている．次の R.C. プリムのアルゴリズムは，このような非閉路性の判定を巧妙に避けているものである．R.C. プリムのアルゴリズムは，以下の命題に基づいている．

定理 3.9

G を重み付きグラフとする．$(\phi \neq) U \subseteq V(G)$ に対して，e を U と $V(G) - U$ を結ぶ辺の中で最小の重みを持つものとする．このとき，e を含む最小全域木が存在する．

[証明]　T を G の最小全域木とし，e が T 上に存在しないとする．このとき

定理3.1(4)より$H=T\cup\{e\}$は閉路Cを含む.Cは辺eと次の条件を満たす辺$f=\{u,v\}$を含む.すなわち,$f=\{u,v\}$は$u\in U$かつ$v\in V(G)-U$なる辺である.eがUと$V(G)-U$を結ぶ辺の中で最小の重みを持つ辺であるので,$w(e)\leq w(f)$となる.辺fが閉路C上にあるので$H-f$は連結である.Hには定理3.1(4)よりC以外の閉路が存在しないので,$H-f$が木であることがわかる.$w(H-f)=w(T)+w(e)-w(f)\leq w(T)$であるので,$H-f$が求める辺$e$を含む最小全域木である.□

──── アルゴリズム3.10 プリムのアルゴリズム ────
入力　重み付き連結グラフGと$V(G)=\{v_1,v_2,\cdots,v_p\}$.
出力　最小全域木T.
方法　集合$U\subseteq V(G)$を$U=\{v_1\}$から出発し,Uと$V(G)-U$を結ぶ辺のうちで最小の重みを持つものを利用することで,$V(G)$となるまで拡張する.

1. $T=\phi$,$U=\{v_1\}$とする.
2. Uの点と$V(G)-U$の点を結ぶ辺の中で最小の重みを持つ辺を$e=\{u,v\}$とする.ただし,$u\in U$,$v\in V(G)-U$.
3. $T=T\cup\{e\}$.
4. $U=U\cup\{v\}$.
5. $U=V(G)$ならば終了.
6. step 2へ戻る.□

次のような最小全域木を用いた巡回セールスマン問題の近似解の求め方が知られている.

──── アルゴリズム3.11 木の二重化 ────
入力　重み付き完全グラフGで,Gの任意の3点u,v,wに対して,辺の重みが3角不等式
$$w(\{u,v\})+w(\{v,w\})\geq w(\{u,w\})$$
を満たすもの.
出力　適当な重みのハミルトン閉路C.
方法　Gの最小全域木を拡大して,ハミルトン閉路とする.

1. Gの最小全域木Tを見つける.

2. Tの辺をすべて二重化したグラフT^*を構成する.
3. T^*のオイラー回路$W: v_1 v_2 \cdots v_{2p-2} v_1$を見つける.ただし,$v_1$は$T$の次数1の点とする.
4. v_1からWをたどり,次のようにハミルトン閉路を構成する.
   (1) 2回目に訪れる点uが表れるまでWをたどる.
   (2) 2回目に訪れる点uの直前の点xとu以降の点で最初に表れるまだ訪れていない点yを結ぶ辺xyを通る.
   　　以下(1),(2)をTのすべての点を訪れるまで繰り返す.この手続きで得られた道をPとする.
   (3) Pの始点v_1と終点zを結ぶ辺zv_1をPに加えて,ハミルトン閉路Cを作る. □

定理 3.12

Gを重み付き完全グラフ,Cをアルゴリズム3.11で得られたハミルトン閉路,C^*をGの最小重みのハミルトン閉路とすると,次が成立する.
$$w(C) \leq 2 \cdot w(C^*)$$

演習問題 3.1

3.1 位数6以下の木をすべて求めよ.

3.2 次のグラフの全域木を求めよ.

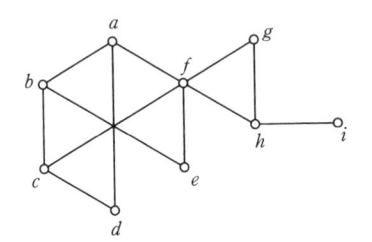

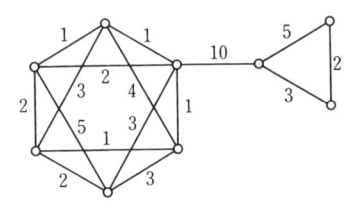

3.3† 定理3.1の証明の中の(3)⇒(4)の部分における"P_{uv}とeをあわせるとちょうど1個の閉路が得られる"部分が正しいことを示せ.

3.4† Tを木,eをTの辺とするとき,$T-e$の成分数が2であることを示せ.

3.5† 系3.4を証明せよ.

3.6 (a) アルゴリズム 3.8 を適用して問 3.2 の右のグラフの最小全域木を求めよ．

(b) アルゴリズム 3.10 を適用して問 3.2 の右のグラフの最小全域木を求めよ．

3.7[†] G を連結グラフ，e を G の辺とするとき，次の (a)，(b) を示せ．

(a) e はすべての全域木に含まれる $\Leftrightarrow e$ は橋．

(b) e が橋 $\Leftrightarrow e$ を含む閉路が存在しない．

3.8[†] 木が 2 部グラフであることを示せ．

3.9[†] 次数 1 の点をちょうど 2 個持つ木は道であることを示せ．

3.2 グラフの向き付けと探索に関する木

図 3.5 は，ある街の道路地図である．この街の道路は大変狭く，駐車している車でもあれば，車どうしがすれ違うのに大変苦労してしまう．その結果至るところで渋滞が起きてしまっている．この問題の解決を依頼された落谷君は，道路を一方通行にすることにより，車の動きをスムーズにしてはどうかと考え，当面の解決策として，すべての道路を一方通行にしてしまうことを提案した．"各道路をどの向きに一方通行に指定すればよいか"とか，"すべての道路を一方通行にしたとき，任意の場所から他の場所すべてへ移動できるのか"などの質問が寄せられ，具体的なプランを作成することになり，どのように一方通行を定めればよいかについて，落谷君は頭を悩ませている．

一方通行を決めるときの最大の問題は，"任意の場所から他の場所すべてへ

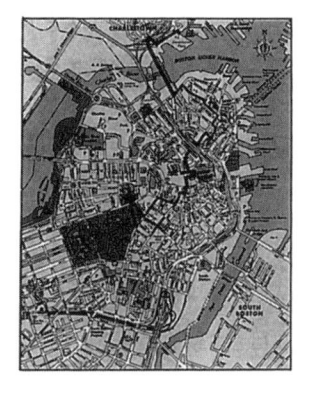

図 3.5

行ける"ように定めなければならないということである．この問題をグラフ理論的に捉えると，交差点に対応した点と，交差点を結ぶ道路に対応した辺を持つグラフに，一方通行に対応する操作をほどこす，すなわち辺に向きをつけることとなる．さらに，辺に向き付けを行うとき，"任意の場所から他の場所すべてへ行ける"すなわち，相異なるどの2点に対しても，一方の点から他方の点へ各辺を辺の向きにしたがって通ることによって到達できるようにしなければならない．

各辺に向きをつけることを，グラフの**向き付け**といい，向き付けられたグラフの u-v 道で，各辺の向きがすべて u から v へ向いているものを，u-v **有向道**という．また，閉じた有向道を**有向閉路**という．相異なるどの2点に対しても，一方の点から他方の点への有向道が存在するとき，その向き付けを**強連結な向き付け**という（図 3.6）．したがって求める問題は，道路地図に対応したグラフに強連結な向き付けが可能か，さらに，可能なときはどのようにすれば強連結な向き付けができるか，ということになる．

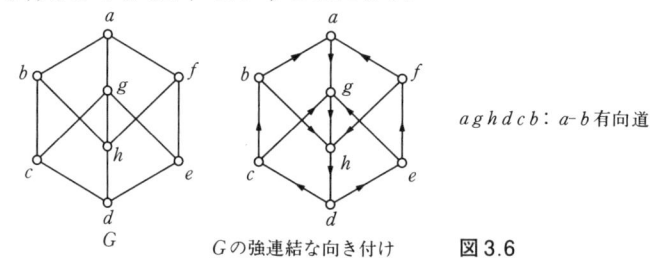

$aghdcb$: a-b 有向道

G

G の強連結な向き付け　　図 3.6

強連結な向き付けを持つグラフの特徴付けとしては，H.E. ロビンスによる次の結果が知られている．

定理 3.13　ロビンス

グラフ G が強連結な向き付けを持つための必要十分条件は，G が連結で橋を含まないことである．

[証明]　G が連結ではないとき，及び橋を含んでいるときは，強連結な向き付けができないことは明らかである．逆に，連結で橋を含まないグラフに強連結な向き付けができることは以下のように示される．

まず，G には，次の条件を満たす部分グラフの列 $G_1, G_2, \cdots, G_r$ が存在する

ことを示す.
(1) $G = G_1 \cup G_2 \cup \cdots \cup G_r$
(2) $G_{i+1}(1 \leq i \leq r-1)$ は,$G_1 \cup \cdots \cup G_i$ と両端のみを共有する道か,1 点のみを共有する閉路である.また G_1 は閉路である.

ここで,$G_1 \cup G_2 \cup \cdots \cup G_i$ は点集合が $\bigcup_{k=1}^{i} V(G_k)$ で辺集合が $\bigcup_{k=1}^{i} E(G_k)$ であるグラフのことである.

この部分グラフの列は,次のようにして構成できる.G が連結で橋を含まないことより G には閉路が存在するので,G_1 を G の閉路とし,$G_1 = G$ ならば構成は終了である.$G_1 \neq G$ のときは,少なくとも一方の端点 u が G_1 上にあり,G_1 に含まれない辺 $e = \{u, v\}$ が存在する.さらに G には橋がないので,e を含む閉路 C が存在する.C を点 u からたどり,G_1 に初めて出会う点を w とする.$u \neq w$ のときは,C の u から w までの部分を G_2 とする.このとき G_2 は G_1 と両端のみを共有する道である.また,$u = w$ のときは,C を G_2 と定める.このとき G_2 は G_1 と 1 点のみを共有する閉路である.以下この操作を $G = G_1 \cup G_2 \cup \cdots \cup G_r$ となるまで繰り返せばよい.

次に G の強連結な向き付けを得るために,各 G_i が有向道あるいは有向閉路となるように辺に向きを付ける.G_1 の中の 1 点 v から G_j の任意の点 u へ $G_1 \cup G_2 \cup \cdots \cup G_j$ の中の有向道を使って到達でき,u から v へ到達可能なことは,j に関する帰納法で容易に示すことができる.さらに,向き付けられたグラフにおいて,有向道を利用して到達可能であるという関係が推移的であるので,G が強連結に向き付けられていることがわかる. □

橋を持たない連結グラフに対して強連結な向き付けを与える方法としては,次に示すようなものが知られている.このアルゴリズムは,**深さ優先探索**(DFS)を利用したものである.強連結な向き付けに関するアルゴリズムに触れる前に,DFS アルゴリズムについて述べておく.DFS アルゴリズムは,グラフ G の各点の探索を"最も新しいラベル付けされた点に隣接する点を優先する"という基準により行われる探索の手続きである.

───── **アルゴリズム 3.14　DFS アルゴリズム** ─────

<u>入力</u>　連結グラフ G と始点 s.
<u>出力</u>　木を形成する辺の集合 T と点のラベル $n(v)$.
<u>方法</u>　最も新しくラベル付けされた点に隣接する点を優先して探索する.

1. $i=1$, $T=\phi$.
2. すべての点 v に対して,$n(v)=0$ とする.
3. $v=s$ とする.
4. DFS(v) を行う.
5. $n(u)=0$ となる点 u が存在するならば $v=u$ として step 4 へ戻る.
6. 終了.

procedure DFS(v)
(ⅰ) $n(v)=i$, $i=i+1$.
(ⅱ) すべての点 $u \in N(v)$ に対して,以下を行う.
$n(u)=0$ ならば,$T=T \cup \{e=\{u,v\}\}$ とし,DFS(u) を行う.
(ⅲ) DFS(v) の終了. □

DFS アルゴリズムを利用すると,以下のような強連結な向き付けを与えるアルゴリズムが得られる.

──── **アルゴリズム 3.15　ロバーツ** ────
入力　橋を持たない連結グラフ G.
出力　G の強連結な向き付け.
方法　DFS による点に対するラベル付けを利用する.

1. G に対して DFS を行い,各点にラベル $n(v)$ を付ける.
2. $e=\{u,v\} \in T$ のとき,$n(u)<n(v)$ ならば,辺 e に u から v へと向きを付ける.
$e=\{u,v\} \notin T$ のとき,$n(u)<n(v)$ ならば,辺 e に v から u へと向きを付ける.
□

ここまで述べたことから,道路地図に対応するグラフが連結で橋を含まないか否かを調べ,連結で橋を含まないときは,アルゴリズム 3.15 を用いて強連結な向き付けを求めれば,落谷君の問題は解決できることになる.アルゴリズム 3.15 で利用した辺の集合は **DFS 木** と呼ばれる全域木を形成する.

アルゴリズム 3.15 においては,G に橋がないことより,点 s から各点へは T の辺を使えば到達でき,各点から s へは T に属さない G の辺を利用すれば到達することができる.アルゴリズム 3.15 はこの性質を利用したもので,s を通る有向道を利用することで G の強連結な向き付けを構成している.

DFS アルゴリズムの他に,グラフを探索するアルゴリズムとしては,**広さ**

優先探索(BFS)がある．BFSアルゴリズムは，グラフGの各点の探索を"ラベル付けされた点に隣接する点でまだラベル付けされていない点をすべて探索する"という基準により行われる探索の手続きである．

アルゴリズム 3.16　BFS アルゴリズム

<u>入力</u>　連結グラフ G と始点 s．
<u>出力</u>　s からの各点への距離．
<u>方法</u>　ラベル i が付けられた点に隣接する点でまだラベル付けされていない点をすべて探索する．

---

1. $i = 0$．
2. s にラベル i を付ける．
3. ラベル i が付けられた点に隣接する点で，まだラベルが付けられていない点をすべて探す．そのような点が存在しない場合は，終了．
4. step 3 で見つけられた点すべてに，ラベル $i+1$ を付ける．
5. $i = i+1$ とし，step 3 へ戻る．□

DFS と BFS はグラフの探索に関する基本的なアルゴリズムで，それぞれのアルゴリズムの特徴に合った問題に適用されている．例えば，DFS は平面性の判定問題や連結度の問題に利用され，BFS は最短路問題やネットワーク問題等に利用されている．

BFS の探索で用いられた辺の集合も木を形成する．すなわち，ラベル i からラベル $i+1$ の点をさがす時に使用した辺の集合が木を形成する．この木は **BFS 木**と呼ばれている．DFS 及び BFS を実行する際にはスタック及びキューというデータ構造が利用されている．

演習問題 3.2

3.10 次のグラフのうち，強連結なものはどれか．

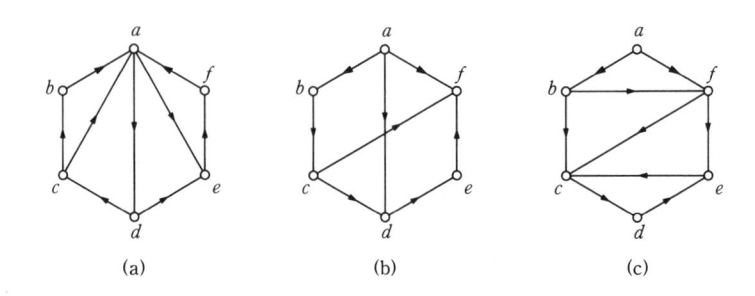

(a)　(b)　(c)

3.11 下図のグラフ G に強連結な向き付けを付けよ．

3.12 (a) 下図のグラフ G の a を始点とする DFS 木を求めよ．
(b) 下図のグラフ G の a を始点とする BFS 木を求めよ．

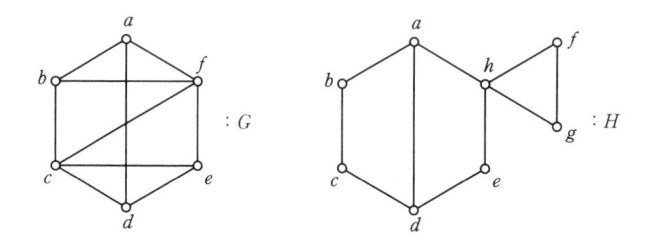

3.13 上図のグラフ H に定理 3.13 の証明で用いた手法を利用して，強連結な向き付けを付けよ．

3.14[†] 定理 3.13 の証明の中で "G_1 の中の点 v から G_j の中の点 u へ $G_1 \cup G_2 \cup \cdots G_j$ の中の有向道を使って到達できる" と述べた部分が正しいことを示せ．

3.15 上図のグラフ H の a を始点とする DFS 木を求め，アルゴリズム 3.15 を適用して強連結な向き付けを求めよ．

3.3 プレフィクスコードと根付き木

レポートをパソコンで作成していたとき，小川君は文字の変換が間違っていて困っていた．ひらがなで文章を入力したとき，単語と単語の区切りがうまくいかず，意図した通りの文字に変換されないのである．英文の場合には単語と単語の区切りとして空白があり，単語の識別がしやすい．しかしながら，空白には単語の区切りを明確にするが，全体としての分量が増えてしまうという欠点がある．小川君としては，単語の区切りが明確にわかって，かつ全体としての分量が増えないような方法があればいいのであるが，と考えをめぐらしている．

一般にメール等のデータは $0, 1$ の系列に変換して送信し，受信側で $0, 1$ の系列を元のデータに復元することにより通信される．データを変換した $0, 1$ の系列を**符号語**（コード語）という．例えば a は 01，b は 10，c は 010，d は 0110 にそれぞれ対応させると abc は 0110010 と変換されて送信されることになる．0110010 を受信した側で，文字と $0, 1$ 系列の対応を見て abc と復元できれば無事通信が終了となる．しかしながら，0110010 は 01, 10, 010 と区切り abc と復元するか 0110, 010 と区切り dc と復元するかの 2 通りの見方があり，このままではどちらか判断できないことになる．この判断ができないという部分が，文字変換が意図通りにいかないという小川君の悩みにつながるのである．区切りを明確にする方法としては，前述のように"文字と文字の間に空白を入れる．"あるいは，"文字に対応する $0, 1$ 系列の長さをすべて同じにする"等が考えられる．また，次のようなプレフィクスコードを利用する方法もある．$0, 1$ の系列の集合 S が**プレフィクスコード**であるとは，S に属するどの $0, 1$ 系列もほかの $0, 1$ 系列の前部分（一番最初から見ていく部分）に含まれていないことである．たとえば，$\{01, 10, 010, 0110\}$ は符号語 0110 の前部分に符号語 01 が含まれているのでプレフィクスコードではない．一方，$\{1, 01, 001, 000\}$ はプレフィクスコードである．文字をプレフィクスコードで表すと，受信した $0, 1$ の列を，文字を表す符号語（$0, 1$ の系列）に一意的に区切ることができる．そのために，プレフィクスコードに対応する根付き木と呼ばれる木を利用する．

根付き木 R とは，根と呼ばれる特別な点 r を持つ木のことである．根 r から R の他の点 v への道がちょうど 1 本あるので，それにしたがって R の各辺

に向きを与えることができる．したがって，根 r から他の点 v への道は，各辺が根 r から v へ向かう方向へ向き付けされた有向道からなっている．また，根 r は入ってくる向きに向き付けられた辺が接続していない点といえる．根 r から v への道の長さは，v の**深さ**とか**水準**と呼ばれる．根 r 以外の次数 1 の点は**葉**と呼ばれ，葉以外の R の点は**内点**と呼ばれる．根付き木において，前述のように各辺は向きを持つと考えられるが，辺 $\{u,v\}$ に u から v への向きが与えられているとき，v を u の**子**（あるいは**息子**）と呼び，u を v の**親**（あるいは**父**）と呼ぶ．また，点 u と v の親が同じ点 w のとき，u,v は互いに他の**兄弟**（あるいは**姉妹**）であるという．点 u から点 w への有向道が存在するとき，w を u の**子孫**といい，u を w の**先祖**という（図 3.7）．ここで，点 u から点 w への有向道とは u から w への道で，道上の各辺が u から w へ向かう方向へ向きが付けられているもののことである．

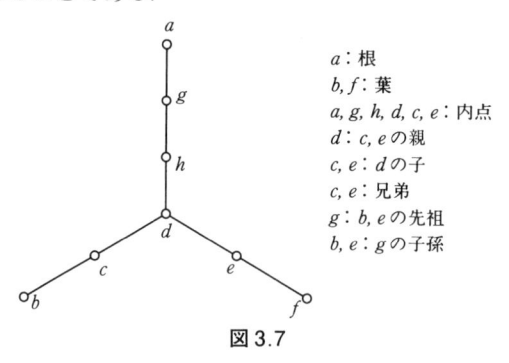

a : 根
b, f : 葉
a, g, h, d, c, e : 内点
d : c, e の親
c, e : d の子
c, e : 兄弟
g : b, e の先祖
b, e : g の子孫

図 3.7

前節で示したアルゴリズム 3.14 で構成した DFS 木 T は，始点 s を根とする根付き木である．

また，アルゴリズム 3.16 で構成した BFS 木も始点 s を根とする根付き木である．BFS 木の各点の子の数は $\Delta(G)$ 以下である．各点の子の数が m 以下の根付き木を m **分木**といい，m 分木ですべての内点が m 個の子を持つものを**正則 m 分木**という．したがって，BFS 木は $\Delta(G)$ 分木である．m 分木の中で重要なものは，**2 分木**である．2 分木はデータ構造等にも利用されているが，我々が最もよく目にするのは，スポーツの大会で用いられている勝ち抜き戦の表である（図 3.8）

3.3 プレフィクスコードと根付き木

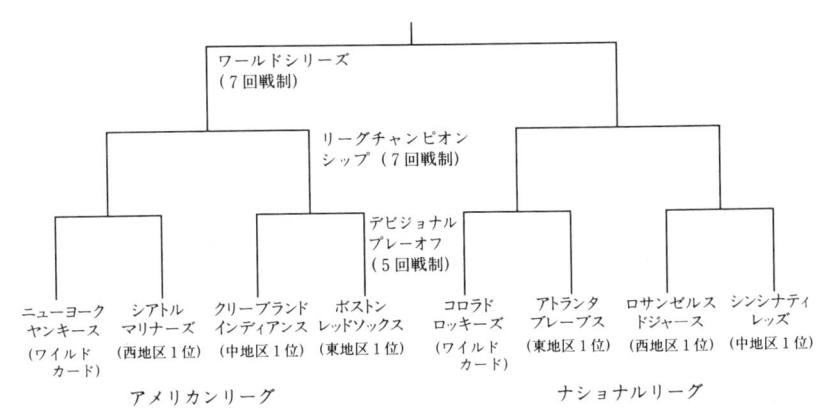

```
                    ワールドシリーズ
                    （7回戦制）
                         │
              ┌──────────┴──────────┐
              │                 リーグチャンピオン
              │                 シップ（7回戦制）
              │                      │
         ┌────┴────┐           ┌─────┴─────┐
         │         │           │           │
         │    デビジョナル                  │
         │    プレーオフ                    │
         │    （5回戦制）                   │
         │         │                      │
      ┌──┴──┐   ┌──┴──┐               ┌──┴──┐   ┌──┴──┐
   ニュー  シアトル クリーブ ボストン   コロラド アトランタ ロサンゼルス シンシナティ
   ヨーク  マリナーズ ランド  レッド    ロッキーズ ブレーブス ドジャース  レッズ
   ヤンキース      インディアンス ソックス
   （ワイルド （西地区1位）（中地区1位）（東地区1位）（ワイルド （東地区1位）（西地区1位）（中地区1位）
    カード）                              カード）
   ─────── アメリカンリーグ ───────   ─────── ナショナルリーグ ───────
```

図3.8

　勝ち抜き戦では，1試合ごとに1チームずつ敗退して行き，すべての試合が終わったときには，優勝チーム以外はすべて敗退したことになる．したがって，全試合数はチームの数よりちょうど1つ少ないことになる．勝ち抜き戦の対戦の組み合わせが正則2分木に対応し，試合とチームがそれぞれ内点と葉に対応していることより，内点の個数 i と葉の個数 t の間に $i = t-1$ という関係があることがわかる．このことは，各段階で m チームが対戦し，1チームだけが勝ち残るという競技を考えると，正則 m 分木へも次のように容易に拡張できる．

定理 3.17

正則 m 分木の内点及び葉の個数を，各々 i, t とすると次の関係が成立する．
$$(m-1)i = t-1$$

2分木はプレフィクスコードの作成に応用されている．

定理 3.18

2分木よりプレフィクスコードが構成できる．

[証明]　R を根 r を持つ2分木とする．内点各々に対して，内点と子を結ぶ2辺に0と1のラベルを付ける（子が1点しかない時は0と1の一方を付ける）．各葉に対して，根 r からその葉に至る道上の辺に付けられたラベルを，現れる順に並べることによって 0, 1 の系列が構成される．この 0, 1 系列を各葉に対し

て割り当てる．このとき根から葉に至る道各々は，根から葉に至る他の道に含まれていないので，各葉に割り当てられた 0, 1 の系列全体の集合はプレフィクスコードとなる．□

2 分木からプレフィクスコードが作成されたとき，元の 2 分木を利用すると受信した 0, 1 の列をプレフィクスコードの符号語に区切ることができる．

アルゴリズム 3.19

入力　0, 1 の列 S.
出力　区切られたプレフィクスコードの符号語.
方法　対応する 2 分木を利用する.

---

1. 根 r より辺を葉に到達するまで，以下の規則($*$)にしたがって 0, 1 の列 S に現れる 0, 1 と辺のラベルを対応させながらたどる．
   ($*$)内点からその子へ 0, 1 の列 S の値が 1 ならば 1 がラベル付けられた辺を，S の値が 0 ならば 0 がラベル付けられた辺をたどる．
2. 葉に到達したときは，根からその葉へ至る道に対応する S の中の 0, 1 の部分列を区切って出力．
3. S にまだ対応させていない部分が残っているならば step 1 に戻る．残っていなければ終了．□

アルゴリズム 3.19 を用いると，文字と文字の区切りを示す空白が必要ないことがわかる．各文字に対応するプレフィクスコードは，対応する 2 分木を構成すれば得られる．文字に符号語を対応させるときに，使用頻度の高い文字ほど短い 0, 1 の系列を対応させるようにすると，全体として短い列で文が表せることになる．

英語のアルファベット 26 文字の使用頻度はおおむね $e, t, a, o, n, r, i, s, h, \cdots$ の順に高いといわれている．w_α を文字 α の使用頻度，l_α を文字 α に対応する符号語の長さ（符号語を形成する 0, 1 の個数）とするとき，$\sum_\alpha w_\alpha l_\alpha$ が小さいほど効率の良いプレフィクスコードということになる．これをプレフィクスコードに対応する 2 分木に対して定式化すると次のようになる．$w_1, w_2, \cdots, w_t$ を各文字に対する重みとし，T を t 個の葉を持ち，それぞれの葉に重み $w_1, w_2, \cdots, w_t$ の付いた 2 分木とする．このとき $\mathrm{wt}(T) = \sum_{i=1}^{t} w_i l_i$ とする．ここで，l_i は T の根から重み w_i の付いた葉までの道の長さである．この $\mathrm{wt}(T)$ を T に対応し

3.3 プレフィクスコードと根付き木

た**総コード長**という．重み $w_1, w_2, \cdots, w_t$ を持つ2分木の中で $\mathrm{wt}(T)$ が最小となるものを求めれば効率のよいプレフィクスコードが得られることになる．次のハフマンによるアルゴリズムは総コード長 $\mathrm{wt}(T)$ が最小となる2分木と対応するプレフィクスコードを構成するアルゴリズムである．このアルゴリズムで得られる木を**ハフマン木**といい，対応するプレフィクスコードを**ハフマンコード**という．

アルゴリズム 3.20　ハフマン

入力　重み $w_1, w_2, \cdots, w_t$ ($t \geq 2$).

出力　葉に重み $w_1, w_2, \cdots, w_t$ の付いた2分木 F で総コード長 $\mathrm{wt}(F)$ が最小のものと対応するプレフィクスコード.

方法　最も小さい重みに対応する点と，二番目に小さい重みに対応する点を兄弟に持つ親を作る．

---

1. 各重み w_i をそれぞれ v_i 1点からなる根付き木 T_{v_i} の根（すなわち v_i）に割り当てる．
2. F を t 個の根付き木 $T_{v_1}, T_{v_2}, \cdots, T_{v_t}$ よりなるグラフとする．
3. F の中で根に割り当てられた重みが一番小さい根付き木 T と，二番目に小さい根付き木 T' を選ぶ．根に割り当てられた重みを各々 $w_r(T)$, $w_r(T')$ とする．
4. 新しく点 r^* を加え，T, T' の各々の根が r^* の子となるように r^* と T, T' の根を辺で結び新しい根付き木 T^* を作る．T^* の根 r^* に重み $w_r(T^*) = w_r(T) + w_r(T')$ を付ける．
5. r^* と T の根を結ぶ T^* の辺に 0 を，r^* と T' の根を結ぶ T^* の辺に 1 をラベル付ける．
6. F を $(F - \{T, T'\}) \cup \{T^*\}$ に置き換える．
7. F の成分が1個でないときは step 3 へ戻る．
8. F の葉各々に，根からその葉に至る道上の辺に付けられたラベルを現れる順に並べることによって得られる 0, 1 系列を割り当てる．
9. F と葉に割り当てられた 0, 1 の系列全体を出力して終了．□

例 重み $3, 4, 5, 8, 9$ にアルゴリズム 3.20 を適用すると次のようになる.

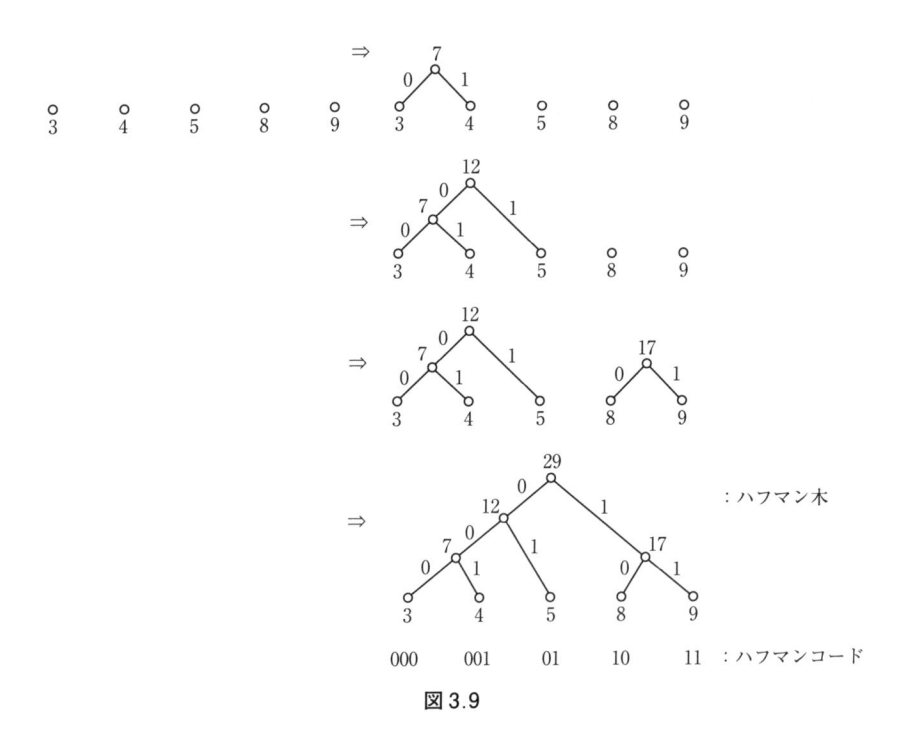

図 3.9

アルゴリズム 3.20 で得られたコードは，根から葉に至る道に現れる $0, 1$ の系列を符号語としているので，プレフィクスコードとなることがわかる．総コード長 $\mathrm{wt}(T)$ の最小性は次の定理が保証している．

定理 3.21

重み $w_1, w_2, \cdots, w_t (t \geq 2)$ に対して，ハフマン木 T は総コード長が最小の 2 分木である．

[証明] 重みの個数 t に関する帰納法で示す．$t=2$ のとき，ハフマン木は重み w_1 と w_2 を持つ葉と重み $w_1 + w_2$ を持つ根からなる 2 分木 T で，$\mathrm{wt}(T) = w_1 + w_2$ となり総コード長が最小の 2 分木であることがわかる．

重みが $t-1$ 個以下のとき定理が成立していると仮定し，t 個の重み $w_1, w_2, \cdots, w_t$ の場合について考える．w_1 を一番小さい重み，w_2 を二番目に小さい重

3.3 プレフィクスコードと根付き木   67

みとする．ここで，まず w_1, w_2 を重みに持つ葉が兄弟である重み $w_1, w_2, \cdots$, w_t を持つ総コード長が最小の2分木が存在することを示す．L を重み $w_1, w_2,$ $\cdots, w_t$ を持つ総コード長が最小の2分木，u を L の根 r_L より距離が最も離れた内点，v_i, v_j を u の子，$w_i, w_j (w_i \leq w_j)$ を v_i, v_j に割り当てられた重みとする．また，w_1 の割り当てられた葉を v_1，w_2 の割り当てられた葉を v_2 とし，$l(v)$ で根 r_L から葉 v へ至る道の長さを表すとする．$w_i = w_1, w_j = w_2$ ならば，L が求めている木となる．したがって $w_i \geqq w_1$ とする．u の選び方より $l(v_i) \geqq l(v_1)$ となる．今 $l(v_i) \gneqq l(v_1)$ とすると，v_i の重み w_i と v_1 の重み w_1 を交換することにより L より総コード長の小さい2分木が得られることになる．したがって $l(v_i) = l(v_1)$ である．同様にして $l(v_j) = l(v_2)$ がいえる．また $l(v_i) = l(v_j)$ より，$l(v_1) = l(v_i) = l(v_j) = l(v_2)$ が成立する．したがって，v_i, v_j の重み w_i, w_j と v_1, v_2 の重み w_1, w_2 を交換することにより，w_1, w_2 を重みに持つ葉が兄弟である総コード長が最小の2分木が得られる．

L' を w_1, w_2 を重みに持つ葉が兄弟である重み $w_1, w_2, \cdots, w_t$ を持つ総コード長が最小の木とする．L^* を L' から重み w_1, w_2 が割り当てられた葉 v_1, v_2 を除いて v_1, v_2 の親 u に重み $w_1 + w_2$ を割り当てて作られた2分木とする．このとき $\mathrm{wt}(L') = \mathrm{wt}(L^*) + w_1 + w_2$ である．

F を重み $w_1, w_2, \cdots, w_t$ に関するハフマン木，F^* を重み $w_1 + w_2, w_3, \cdots, w_t$ に関するハフマン木とすると，ハフマン木の構成法より $\mathrm{wt}(F) = \mathrm{wt}(F^*) + w_1 + w_2$ となる．L^* が重み $w_1 + w_2, w_3, \cdots, w_t$ を葉の重みとして持つ2分木であるので帰納法の仮定より $\mathrm{wt}(F^*) \leqq \mathrm{wt}(L^*)$ となり，$\mathrm{wt}(F) \leqq \mathrm{wt}(L')$ を得る．L' の総コード長が最小であったので，$\mathrm{wt}(F) = \mathrm{wt}(L')$ が成立する．したがって，ハフマン木 F も総コード長が最小の2分木であることが示せた．□

ハフマンコードはデータ通信で利用されているデータ圧縮技術の基本となっている．

第3章の終わりに

木は連結性に関して最小の構造を持ち，またその性質がよく研究されているグラフの族である．それ故に木はグラフの研究全般でよく利用されている基本的な概念であり，この後の多くの章においても木の応用が現れる．

木はもともと，数え上げの分野，特に化学の異性体の数え上げにおいて注目された．この分野における結果については本書では触れなかった．現在は，むしろ計算機やアルゴリズムを学ぶ上で必要不可欠な概念となっている．

演習問題 3.3

3.16 次の u を根とする根付き木に対して，以下の問いに答えよ．
 (a) 葉及び内点を示せ．(b) b の親はどれか．
 (c) b の子はどれか．(d) c の先祖及び子孫を示せ．

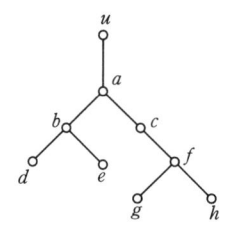

3.17 正則 3 分木で葉の数が 7 であるものを求めよ．

3.18 (a) $\{001, 011, 11, 10\}$ はプレフィクスコードであるか．
 (b) $\{010, 01, 110, 101\}$ はプレフィクスコードであるか．

3.19 次の 2 分木 T_1, T_2 に対応するプレフィクスコードを各々求めよ．

3.20 プレフィクスコード $\{111, 110, 10, 01, 000, 001\}$ に対応する 2 分木を求めよ．

3.21† (a) 重み 4, 5, 6, 7, 18 に対応するハフマン木とハフマンコードを求めよ．
 (b) 重み 4, 5, 5, 6, 8, 12 に対応するハフマン木とハフマンコードを求めよ．

4 平面性と彩色問題

4.1 平面的グラフとその基本的な性質

　コンピュータを構成している超 LSI チップは，15〜20 メートル四方もある回路の原図を 8 ミリ角の大きさまで縮小し，シリコンウエハ上に焼きつけることによって作られている (図 4.1)．焼きつけによって作成されているので，当然のことながら配線に重なりがあれば，回路はショートしてしまう．回路の設計が一応終わった後は，回路がショートしないような配線が可能かどうかを調べなければならない．そのような配線の可能性の検討を命ぜられた奈良君は，次のような概念を導入することによって，この問題がグラフ理論的に捉えられることに気づいた．

　すなわち，グラフを平面上にどの 2 辺も交差することなく描くことができるとき，そのグラフは**平面的**であるといい，実際に平面上に交差なく描くことを，グラフの**平面への埋め込み**という．また，平面に埋め込まれているグラフ

NEC 64 ビット RISC 型マイクロプロセッサ　VR4300

図 4.1

を**平面グラフ**という.*したがって,奈良君の命ぜられた問題は,回路図に対応するグラフが平面的であるか否かの判定と,平面への埋め込みを求めることである.

平面グラフ G は,その辺と点によって平面をいくつかの領域に分割している.それらの領域を G の**面**あるいは**領域**と呼ぶ.どの平面グラフも唯一つの有界でない領域を持つ.その非有界な領域を**無限面**あるいは**外領域**と呼び,他の有界な領域を**有限面**あるいは**内領域**と呼ぶ.さて,同じ平面的グラフであっても埋め込みの仕方によって,すなわち表現された平面グラフの形状によって,領域に関する性質が変わってしまう場合がある.例えば,図 4.2 の 2 つの平面グラフの一方の外領域は 4 角形であるが,他方は 6 角形である.では,埋め込みによらない性質は存在するのだろうか.次の L. オイラーによる結果は,少なくともグラフの領域の個数は埋め込みの仕方によらず一定であることを示している.

定理 4.1　オイラーの公式

位数 $p(\geqq 1)$,サイズ q,領域数 r の連結平面グラフ G に対して,$p-q+r=2$ が成り立つ.

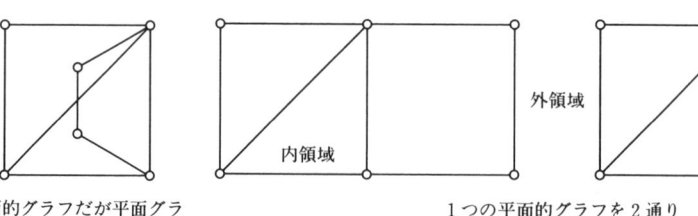

平面的グラフだが平面グラ　　　　　　　　　　　　1 つの平面的グラフを 2 通り
フとして表されていない例　　　　　　　　　　　　の平面グラフとして表した例

図 4.2

---

* 本書では,点と辺で描かれた図形を,あたかもグラフそのものであるかのように扱っている場合が多いが,これは入門者の直観に訴えて理解しやすいようにという配慮による.グラフの本質は点集合の 2 点の間の"関係"(2 項関係)という抽象概念であり,図による表現はあくまでも理解を助けるための補助手段である.実際,ひとつのグラフを表す図形はいく通りにも描き得る.しかしながら,ここでいう"平面グラフ"とは,ひとつの平面的グラフを表現している図形そのものを指す.したがって,平面グラフは抽象的なグラフとは違い,円や直方形などと同様な幾何学的対象である.

[証明] G のサイズ q に関する帰納法で示す．$q=0$ のとき，$G=K_1$ であり，$p=1$, $r=1$ であるので，$p-q+r=2$ が成立する．サイズが $q-1$ 以下の連結平面グラフに対して，定理が成立すると仮定する．G が木のときは，$p=q+1$ であり，$r=1$ であるので，$p-q+r=2$ となる．G が木でないときは，G に閉路 C が存在する．e を C 上の辺とし，$G-e$ について考える．$G-e$ も連結平面グラフで，その位数とサイズが各々 p と $q-1$ である．e によって分離されていた G の 2 つの領域が，e を除いたことで合体し $G-e$ の 1 つの領域を形成するので，$G-e$ は $r-1$ 個の領域を持つ．したがって，帰納法の仮定より，$p-(q-1)+(r-1)=2$ が成立する．これより，$p-q+r=2$ が得られる．□

オイラーの公式によると，領域の個数は辺と点の数によって計算できることがわかる．領域を囲む辺の最小本数が 3 であることに注目すると，平面的グラフの点の個数と辺の本数の間に次のような関係があることがわかる．

系 4.2

(1) 位数 $p(\geqq 3)$，サイズ q の連結平面的グラフ G に対して，$q\leqq 3p-6$ が成立する．

(2) 更に，G が 3 角形を含まなければ，$q\leqq 2p-4$ が成立する．

[証明] (1) G を平面グラフとしても一般性は失われない．G に r 個の領域 $F_1, F_2, \cdots, F_r$ があるとし，領域 F_i の境界を一周する閉じた歩道の長さを f_i とする (図 4.3)．各辺は 2 つの領域の境界であるか，1 つの領域に含まれている (その辺が橋のとき) かのいずれかであるので，$\sum_{i=1}^{r} f_i$ において G の各辺は 2 回ずつ数えられている．また，$p\geqq 3$ より $f_i\geqq 3$ であるので，

$$3r\leqq \sum_{i=1}^{r} f_i = 2q$$

が成立する．この不等式にオイラーの公式を用いれば，$q\leqq 3p-6$ が得られる．
(2) (1) で用いた不等式を $4r\leqq 2q$ に置き換えれば，同様に示せる．□

$f_1 = 3$
$f_2 = 9$
$f_3 = 6$

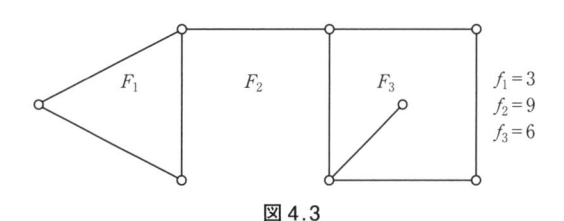

図 4.3

(1) の不等式 $q \leq 3p-6$ において，等号が成立する平面的グラフ，すなわち $q=3p-6$ が成立する平面的グラフは，隣接していないどのような点の組を辺で結んでも平面的でなくなってしまう．このようなグラフを**極大平面的グラフ**あるいは**3角化グラフ**という．また，極大平面的グラフを平面に埋め込んで得られる**極大平面グラフ**は，各領域が3角形であるので**3角形分割**とも呼ばれている（図4.4）．

その他の平面的グラフの基本的な性質としては，次のようなものがある．

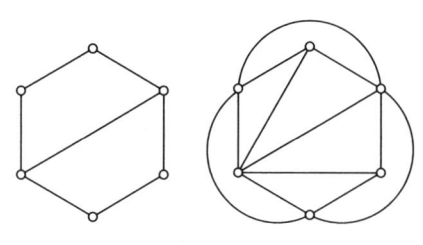

極大でない平面グラフ　　極大な平面グラフ

図 4.4

系 4.3

平面的グラフ G には，次数5以下の点が存在する．

[証明] G が連結であるとしても一般性は失われない．G の位数を p，サイズを q とすると，系 4.2(1) より，$2(3p-6) \geq 2q$ すなわち，

$$6p > 2q \tag{4.1}$$

が成立する．一方，G の各点の次数がすべて6以上とすると，握手の補題（定理 1.5）より $2q = \sum_{v \in V(G)} \deg_G v \geq 6p$ となるが，これは式 (4.1) に反する．□

系 4.4

K_5 及び $K_{3,3}$ は，平面的でない．

[証明] K_5 が平面的であると仮定すると，K_5 の位数及びサイズが各々5と10であるので，系 4.2(1) より，$10 = q \leq 3p - 6 = 9$ となり，矛盾である．

同様に $K_{3,3}$ が平面的であると仮定すると，系 4.2(2) より矛盾が導びかれる．□

4.1 平面的グラフとその基本的な性質　　　　　　　　　　　73

系 4.4 より，K_5 あるいは $K_{3,3}$ を部分グラフとして含むグラフは，平面的でないことがいえる．このことの逆は，図 4.5 のグラフ G, H からもわかるように一般には成立しない．しかし，図 4.5 のグラフ G, H は，K_5 に似たグラフを部分グラフとして含んでいる．したがって，K_5 や $K_{3,3}$ に類似の構造を持ったグラフを部分グラフとして含んだグラフは，平面的でないことが予想される．ここでいう類似性を正確に述べようとすると以下のような概念に帰する．

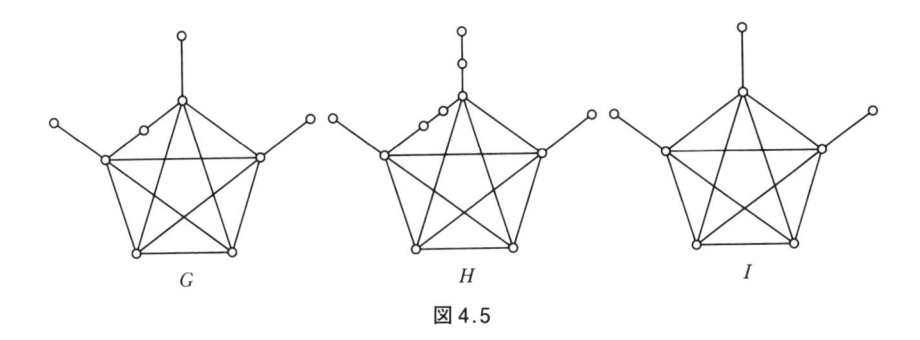

図 4.5

辺 $e = \{u, v\}$ をグラフ G から除き，新しい点 w と 2 辺 $\{u, w\}$, $\{w, v\}$ を加えるという操作を G の**基本細分**といい，G に基本細分を何回か繰り返すことによって得られるグラフを G の**細分**という．すなわち，G の細分とは G のいくつかの辺を適当な長さの道に置き換えたグラフのことである．2 つのグラフ G と H がある同じグラフの細分であるとき，G と H は**同相**であるという．図 4.5 のグラフ G と H は同相なグラフであり，共に K_5 と同相なグラフを部分グラフとして含んだグラフである．細分が辺を適当な長さの道に置き換えることで得られるので，K_5 や $K_{3,3}$ と同相なグラフはやはり平面的でないことがわかる．G. クラトフスキーはこの逆が成り立つことを示すことで，次のような平面的グラフの特徴を示した．

定理 4.5　クラトフスキー

グラフ G が平面的であるための必要十分条件は，G が K_5 あるいは $K_{3,3}$ と同相な部分グラフを含まないことである．

この定理を用いれば，グラフが平面的であるか否かの判定ができるが，一般

のグラフに K_5 や $K_{3,3}$ と同相なグラフが存在する否かを判定するのはかなり大変なことである．しかし，J.ホップクロフトとR.E.タージャンはグラフをうまく分解することによって，平面性の判定のためのよいアルゴリズムを構成した．このアルゴリズムは複雑でかつ煩雑であるのでここでは触れないことにする．

さて，J.ホップクロフトとR.E.タージャンの平面性の判定アルゴリズムを用いれば，回路図の平面性が判定できると奈良君は報告したのであるが，今度は平面的でないときの対策をたてるようにと命ぜられてしまった．そこで，彼は回路図を何枚かの平面的なものに分けて，それらを組み合わせることを考え出した．すなわち，非平面的グラフをいくつかの平面的グラフに分けることを考えようというのである．このとき，使う平面的グラフは少ないほどよいのは自然なことである．そこで，次のような概念が導入される．すなわち，グラフ G を構成するために必要な平面的な全域部分グラフの最小数を G の**厚さ**といい，$t(G)$ で表す（図4.6）．

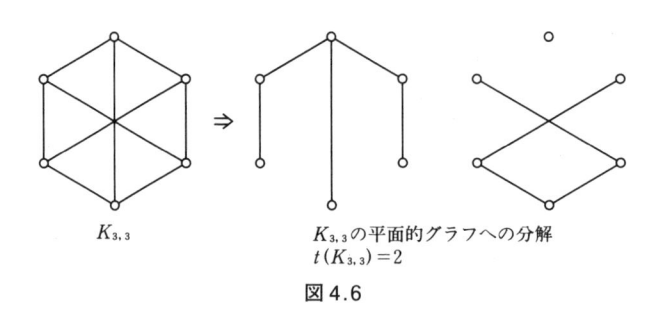

$K_{3,3}$　　　$K_{3,3}$ の平面的グラフへの分解
$t(K_{3,3}) = 2$

図4.6

次の結果にみられるように，系4.2を用いると，グラフの厚さの下界が得られる．ここで，$\lceil x \rceil$ は x 以上の最小の整数を，$\lfloor x \rfloor$ は x 以下の最大整数を各々表している．

定理4.6

G を位数 $p(\geq 3)$，サイズ q のグラフとする．このとき，G の厚さ $t(G)$ について，次の不等式が成立する．

$$t(G) \geq \lceil q/(3p-6) \rceil$$
$$t(G) \geq \lfloor (q+3p-7)/(3p-6) \rfloor$$

[証明] 系4.2(1)より位数pの平面的グラフは$3p-6$本の辺までしか含めないので，Gを$t(G)$個の平面的全域部分グラフ$G_1, G_2, \cdots, G_{t(G)}$に分解したとき，$|E(G_i)| \leq 3p-6$となる．したがって，$q = |E(G)| = \sum_{i=1}^{t(G)} |E(G_i)| \leq t(G)(3p-6)$となる．これより，$t(G) \geq \dfrac{q}{3p-6}$が得られ，第1式が成立する．また第2式は，「$\lceil a/b \rceil = \lfloor (a+b-1)/b \rfloor$」より得られる．□

平面性に関係した他の不変量に**交差数**がある．グラフGの交差数$\nu(G)$とは，Gを平面上に描くとき生じる辺の交差の最小数のことである．たとえば$\nu(K_4) = 0$，$\nu(K_5) = 1$である．

定理 4.7

Gを位数$p(\geq 1)$，サイズqの連結グラフとする．このとき次の不等式が成立する．
$$\nu(G) \geq q - 3p + 6$$

[証明] $q \leq 3p-6$のとき，$q - 3p + 6 \leq 0$であるので，交差数の定義より定理は成立する．したがって，$q > 3p - 6$とする．このとき，系4.2(1)よりGは非平面的グラフである．ここで，HをGの全域部分グラフで平面性に関して極大なもの，すなわち，HにないGの辺を加えると非平面的グラフとなってしまうものとする．系4.2(1)より，
$$|E(H)| \leq 3|V(H)| - 6 = 3p - 6$$
となる．HにないGの辺をHに加えると，すくなくとも1個交差が生じる．したがって，
$$\nu(G) \geq |E(G)| - |E(H)| \geq q - (3p-6) = q - 3p + 6 \quad \square$$

系 4.8

Gを位数$p(\geq 1)$，サイズqの連結グラフで，3角形を含まないものとする．このとき次の不等式が成立する．
$$\nu(G) \geq q - 2p + 4$$

平面的グラフについて，一般的に成り立ついくつかの性質を見てきたが，今度は平面的グラフの中の特別な性質を持つグラフについて考える．グラフGが平面的であり，かつすべての点が1つの共通な領域の境界上にあるような埋め込みが存在するときGは**外平面的**であるという（図4.7）．外平面性と平面性

は密接に関係しており，次のような結果が知られている．

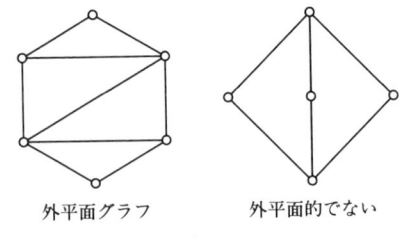

図 4.7

外平面グラフ　　外平面的でない

定理 4.9

グラフ G が外平面的であるのは，$G+K_1$ が平面的であるとき，かつそのときに限る．ここで，$G+K_1$ は，G の各点と K_1 の点をすべて結ぶことによって得られるグラフのことである．

[証明] G が外平面的ならば，G のすべての点が1つの共通な領域の境界上にあるように埋め込める．その領域に K_1 の点を置き，G のすべての点と辺で結べば，$G+K_1$ の平面への埋め込みが得られる．

一方，$G+K_1$ が平面的ならば，$G+K_1$ を平面に埋め込んだ平面グラフを考える．このとき，$G+K_1$ から K_1 の点と K_1 の点に接続している辺をすべて除けば，G の点はすべて，1つの領域の境界上に含まれることになる．これは G の外平面的な埋め込みを示している（図 4.8）． □

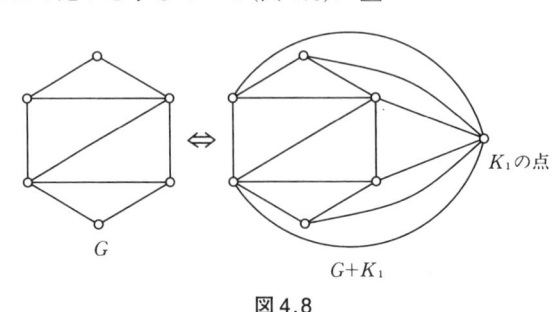

G　　　　　$G+K_1$　　　K_1 の点

図 4.8

G. クラトフスキーによる平面的グラフの特徴付けに類似した，次のような外平面性に関する特徴付けが得られている．

4.1 平面的グラフとその基本的な性質

定理4.10

グラフ G が外平面的であるための必要十分条件は，G が K_4 あるいは $K_{2,3}$ と同相な部分グラフを含まないことである．

グラフ G の辺 $e=\{u,v\}$ に対して，G から辺 e を除いたグラフを $G-e$ で，更に，$G-e$ から2点 u と v を同一視し重ね合わせて得られるグラフを G/e で表す．ただし，ループと多重辺が生じた場合はそれらを G/e から除去して単純グラフとなるようにする．G から $G-e$ 及び G/e を作る操作をそれぞれ**除去**及び**縮約**と呼ぶ．図4.9は除去と縮約の例である．

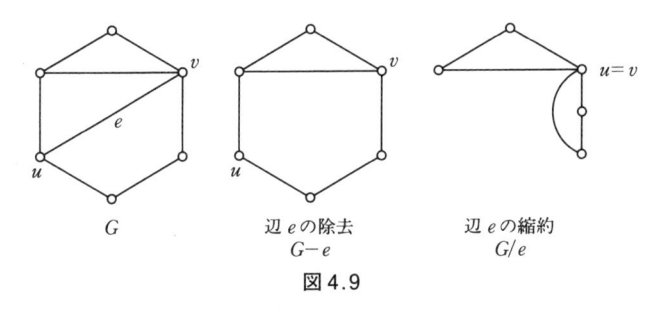

図4.9

グラフ G から除去と縮約（及び孤立点の除去）を繰り返してグラフ H が得られるとき H を G の**マイナー**と呼び，$H \leq_m G$ で表す．$\leq_m$ は半順序関係である．

G が性質 Q を満たしているときに，G の任意のマイナー H も性質 Q を満たしている場合，性質 Q は**マイナーに関して閉じている**という．マイナーに関してはグラフ理論の基本定理というべき次のような結果が知られている．これは K. ワーグナーによって予想され，N. ロバートソンと P. シーモアによって証明されたものである．

定理4.11 （ロバートソン，シーモア）

任意のグラフの無限列は，マイナー関係にあるグラフの対を含む．

性質 Q がマイナーに関して閉じているとき，グラフ G のマイナー H が性質 Q を持たなければ，G も性質 Q を持たないことがわかる．したがって，性質 Q を持たないグラフでマイナーの半順序関係における極小元，すなわち極小なグラフがすべて求められれば，グラフが性質 Q を満たすためにマイナーとし

て含んではいけないグラフの族が得られることになる．このような性質 Q を満たさない極小のマイナーを**禁止マイナー**（**極小禁止マイナー**）と呼ぶ．定理 4.11 を利用すると，次のように禁止マイナーが有限個であることがわかる．

定理 4.12（ロバートソン，シーモア）

マイナーに関して閉じている任意の性質 Q の禁止マイナーは有限個である．

[証明] Q の禁止マイナー全体の集合を $FB(Q) = \{F_1, F_2, \cdots\}$ とする．$FB(Q)$ が無限集合とすると定理 4.11 より $F_i \leq_m F_j \, (i \neq j)$ となるグラフの対が存在する．これは F_j が極小元であることに反する．□

マイナーの性質に関する研究は現在活発になされており，マイナーの考えを利用して様々なよい結果が得られている．定理 4.5 や定理 4.10 のマイナー版というべき次のような結果が知られている．

定理 4.13

グラフ G が平面的であるための必要十分条件は，G が K_5 と $K_{3,3}$ をマイナーとして含まないことである．

定理 4.14

グラフ G が外平面的であるための必要十分条件は G が K_4 と $K_{2,3}$ をマイナーとして含まないことである．

演習問題 4.1

4.1 次のグラフ G, H, I のうち，平面的グラフはどれか．また平面グラフとして表されているものはどれか．

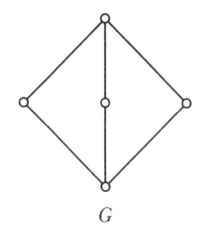

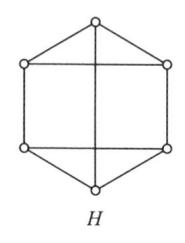

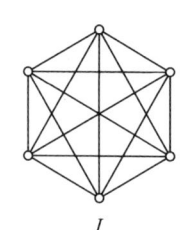

G　　H　　I

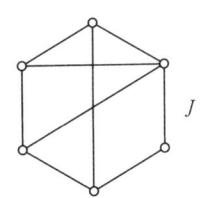

4.2 上図のグラフ J を平面グラフとして描き，領域の個数を求めよ．

4.3† 系 4.2(2) を証明せよ．

4.4† $K_{3,3}$ が平面的でないことを示せ．

4.5 (a) K_n が平面的となるための n に関する条件を求めよ．

(b) $K_{n,m}$ が平面的となるための n, m に関する条件を求めよ．

4.6 次のグラフ(a)，(b)，(c)のうち，同相なものはどれとどれか．

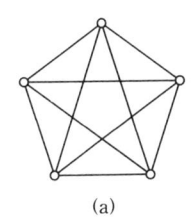

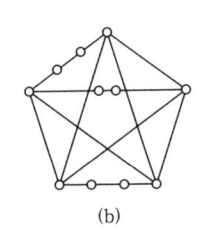

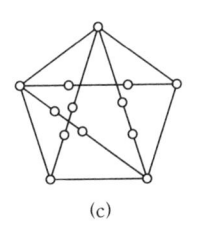

4.7 次のグラフに K_5 あるいは $K_{3,3}$ と同相な部分グラフが存在するか．

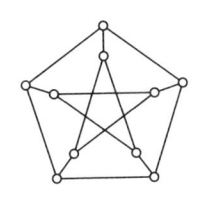

4.8 次頁のグラフ G, H, I の厚さを求めよ．

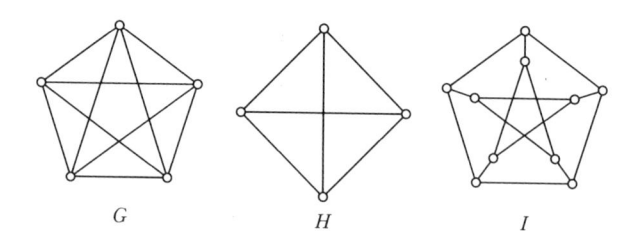

4.9† $t(K_n) \geq \lfloor (n+7)/6 \rfloor$ を示せ.

4.10† $t(K_{n,m}) \geq \lceil \dfrac{nm}{2(n+m)-4} \rceil$ を示せ.

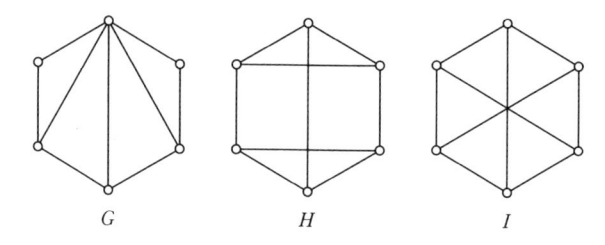

4.11 上図のグラフ G, H, I のうち,外平面的グラフはどれか.

4.12 (a) K_n が外平面的となるための n に関する条件を求めよ.
(b) $K_{n,m}$ が外平面的となるための n, m に関する条件を求めよ.

4.13† 外平面的グラフには次数 2 以下の点が存在することを示せ.

4.14 $\nu(K_{3,3})$ を求めよ.

4.2 点彩色と 4 色定理

図 4.10 のような各都市間を結ぶ航空路の開設が計画されている.この計画に携わっている河合さんと彦坂さんにとって,目下の問題は,航空路 1 と 3 のように航空路が交わっている場合には,航空機の衝突を避けるために,航空路の高さを異なるものにしなければならないということである.13 本の航空路の高さすべてを異なるものに設定すれば,衝突は生じないが,航空機の飛べる高さに制限があるので,航空路 1 と 11 のように,同じ高さにしても衝突が生じないものは,同じ高さに設定し,なるべく異なる高さの数を少なくしたい.

4.2 点彩色と4色定理

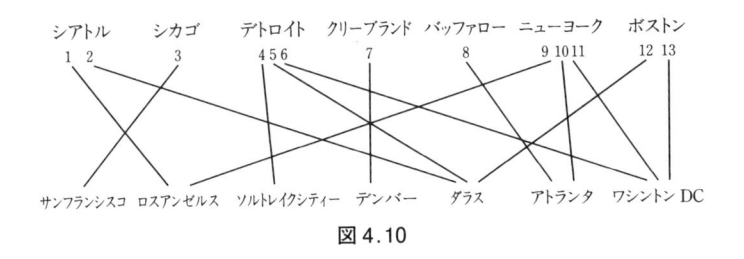

```
シアトル    シカゴ    デトロイト   クリーブランド  バッファロー   ニューヨーク   ボストン
 1  2        3       4 5 6          7              8           9 10 11       12 13


サンフランシスコ ロスアンゼルス ソルトレイクシティー デンバー  ダラス  アトランタ  ワシントン DC
```
図 4.10

河合さんは，次のような航空路に対応したグラフを構成することで，この問題を解決しようと考えた．すなわち，各航空路に対応して点をとり，2点が辺で結ばれるのは対応する航空路同士が交差しているとき，かつそのときに限るとすることによりグラフを構成するのである．図 4.11 のグラフはそのようにして，図 4.10 の航空路から構成したグラフである．

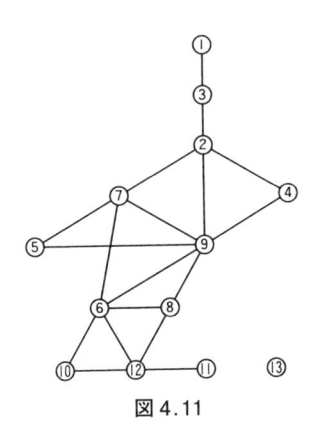

図 4.11

さらに必要な高度の数を知るために点に色をつけるという操作をグラフに施すことを彦坂さんは考えた．すなわち，"隣接する 2 点は対応する航空路が交差しているので，航空路の高さが異ならなければならない"ことを示すために，隣接点に異なる色をつけることにする．この基準にしたがって，グラフの点すべてに色をつけると，同じ色のついた点は互いに隣接していない，すなわち航空路が交差していないことになる．したがって，グラフの点を彩色するために必要な色の最小個数が，必要な高度の最小個数となる．この問題をグラフ理論

的に捉えるためには，いくつかの概念が必要である．k 色で隣接点が異なるような色付けがグラフ G に対してできるとき，G は k-**彩色可能**であるという．明らかに，G は $|V(G)|$-彩色可能であるので，G が k-彩色可能である場合の最小の k を求めることが重要である．グラフ G が k-彩色可能であるが，$(k-1)$-彩色可能でないとき，G は k-**染色的**であるといい，このとき k を G の**染色数**と呼び $\chi(G)$ で表す（図 4.12）．

染色数 $\chi(G)$ に関して，直ちにわかる性質としては，以下のようなものがある．

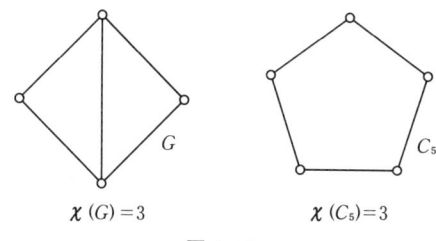

$\chi(G) = 3$ $\chi(C_5) = 3$

図 4.12

定理 4.15
(1) $\chi(G) = 1 \Leftrightarrow G = N_p$．
(2) $\chi(G) = 2 \Leftrightarrow G$ は 2 部グラフで，かつ $G \neq N_p$ である．

[証明] (1) N_p の点は互いに非隣接であるので，すべて同じ色で塗ることができる．したがって，$\chi(N_p) = 1$ となる．逆に，G に辺があれば，辺の両端点が異なる色にならなければならないので，$\chi(G) = 1$ となるグラフは $E(G) = \phi$，すなわち $G = N_p$ である．

(2) G が部集合 M，N を持つ 2 部グラフならば M の点すべてに色 c_1 を，N の点すべてに色 c_2 をつければ G の 2 彩色が得られる．$G \neq N_p$ より G の彩色のためには 2 色以上が必要であるので $\chi(G) = 2$ となる．

逆に，G を彩色するのに 2 色必要ならば，$E(G) \neq \phi$ であり，$G \neq N_p$ である．さらに，G が 2 彩色されていれば，同色の点どうしが互いに隣接していないので，G の点集合が一方の色で塗られた点の集合 X と他方の色で塗られた点の集合 Y とに分割される．したがって，G は X，Y を部集合に持つ 2 部グラ

4.2 点彩色と4色定理

フとなる． □

2部グラフに関しては次の特徴付けが知られている（演習問題 1.19）．

定理 4.16

グラフ G が2部グラフであるための必要十分条件は G が奇閉路を含まないことである．

定理 4.15 と定理 4.16 から次のことがわかる．

定理 4.17

$\chi(G) \geqq 3 \Leftrightarrow G$ は奇閉路を含む．

先の例の航空路の高度の最小数を求めるためには，対応するグラフの染色数を求めることが必要であるが，任意のグラフの染色数を決定することはかなり難しいことである．そこで，染色数の上界について考えることにする．次の定理は，よい上限を与えているわけではないが，その証明法は彩色問題における典型的な手法である．

定理 4.18

$\chi(G) \leqq \Delta(G) + 1$，ただし，$\Delta(G)$ はグラフ G の最大次数である．

[証明] v を次数 $\Delta(G)$ の点とする．$G - v$ は G より位数が小さいので，帰納法の仮定より，$(\Delta(G-v) + 1)$-彩色可能である．また，$\Delta(G-v) \leqq \Delta(G)$ であるので，$(\Delta(G) + 1)$-彩色可能である．いま，$G - v$ を $(\Delta(G) + 1)$-彩色すると，v の隣接点 $v_1, v_2, \cdots, v_{\Delta(G)}$ に現れない色 c が存在する．このとき，点 v に色 c 塗れば，G の $(\Delta(G) + 1)$-彩色が得られる． □

$\Delta(K_n) = n - 1$，$\Delta(C_{2n+1}) = 2$ であり，$\chi(K_n) = n$，$\chi(C_{2n+1}) = 3$ であるので，K_n 及び C_{2n+1} は定理 4.18 の不等式において等号の成立する例である．定理 4.18 の結果を改良したものが次の $R.L.$ ブルックスによる定理である．

定理 4.19 ブルックス

G が完全グラフでも奇閉路でもない連結グラフであるとすると，$\chi(G) \leqq \Delta(G)$ である．

図 4.13 のグラフは 3 角形 (K_3) を含んでいないが染色数が 3 のグラフである．

ピーターソングラフ

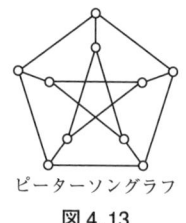

図 4.13

任意の $k(\geqq 3)$ に対して，染色数が k のグラフで3角形を含まないものの存在が知られている．次の構成法は $\chi(G) = k$ となる3角形を含まないグラフ G から $\chi(H) = k+1$ になる3角形を含まないグラフ H を構成する方法である（図4.14）．

ミシェルスキーによる構成法

G を $\chi(G) = k$ なる3角形を含まないグラフ，$V(G) = \{v_1, v_2, \cdots, v_p\}$ とする．G より新しいグラフ H を次にように構成する．
(1)　$V(H) = V(G) \cup \{u_1, u_2, \cdots, u_p, w\}$
(2)　$E(H)$ は次の3種類の辺で構成される．
　(a)　G の辺
　(b)　G における v_i の隣接点すべてと u_i を結ぶ辺
　(c)　u_i と w を結ぶ辺 $(i = 1, 2, \cdots, p)$

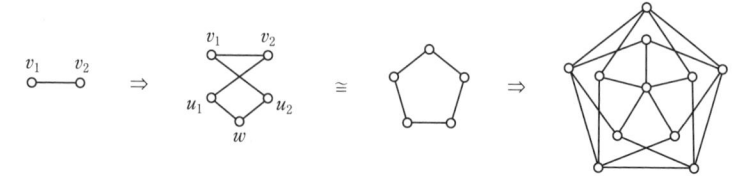

図 4.14

定理 4.20

ミシェルスキーの構成法で $\chi(G) = k$ なる3角形を含まないグラフ G より作られたグラフ H は $\chi(H) = k+1$ で3角形を含まないグラフである．

染色数に関しては次のH.ハドウィガーによる予想がある．

4.2 点彩色と4色定理

ハドウィガー予想

$r>0$ を整数，G をグラフとする．$\chi(G) \geqq r$ ならば，K_r が G のマイナーになっている．

この予想は $r \leqq 6$ の場合まで解決されているが，$r \geqq 7$ の場合は未解決である．
彩色に関して最もよく研究されているグラフの族の1つに，平面的グラフがある．永い間平面的グラフの彩色に関して多大な関心を集めていたのは，次の予想である．

定理 4.21 （4色予想）

すべての平面的グラフは，4-彩色可能である．

この予想が正しいとする 1879 年の A.B. ケンペによる証明の間違いが，1890 年に P.J. ヒーウッドによって指摘されて以来，この予想は多くの人々の関心を引いてきた．最終的にこの予想が正しかったことは，1976 年に K. アッペルと W. ハーケンによって示された．彼らの証明は，染色数にかかわるグラフの本質的な構造を 1400 個以上に分類し，コンピュータを利用してその 1 つ 1 つが 4-彩色可能な構造であることを示していくことによって行われた．その検証のために，イリノイ大学にあった当時のスーパーコンピュータを 1200 時間も利用したといわれている．計算機を利用した証明ではあるが，証明の基本的な手法は，次の定理 4.22 の証明にみられるような A.B. ケンペの用いた手法と同じである．かれらの証明は 4-彩色した $G-v$ の彩色を，巧妙に塗り換えることにより G の 4-彩色を作ることで行われている．このような色の塗り換えの手法はブルックスの定理の証明でも用いられている．

定理 4.22

すべての平面的グラフは 5-彩色可能である．

[証明] G を平面グラフとしても一般性は失なわれない．平面グラフ G の位数 p に関する帰納法で示す．$p \leqq 5$ のときは，定理は明らかに成立する．$p-1$ 個以下の点を持つ平面グラフに対して，定理が成立していると仮定する．系 4.3 より，G には次数 5 以下の点 v が存在する．帰納法の仮定より，$G-v$ は 5-彩色可能である．$G-v$ を 5-彩色したとき，v の隣接点が 4 色以下で塗られ

ているならば，v に残りの色を塗ることにより G の 5-彩色が得られる．したがって，v が 5 個の異なった色で塗られた点と隣接している場合について考えれば十分である．それらの点を v に関して時計回りに $v_1, v_2, \cdots, v_5$ とし，各々が色 $c_1, c_2, \cdots, c_5$ で塗られているとする（図 4.15）．

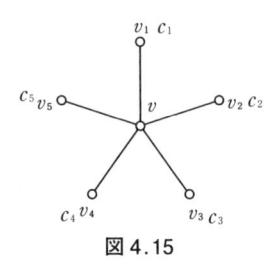

図 4.15

色 c_1, c_3 がついている点の集合から誘導される G の部分グラフ $H_{1,3}$ について考える．$H_{1,3}$ は v_1 と v_3 を含んでいる．v_1 と v_3 が $H_{1,3}$ の異なる成分に属しているときは，v_1 を含む $H_{1,3}$ の成分の点に塗られている色 c_1 と c_3 の交換を行う．その結果，v_1 と v_3 に c_3 がつけられ，v に色 c_1 をつけることができ，G の 5-彩色が得られる（図 4.16(a)）．

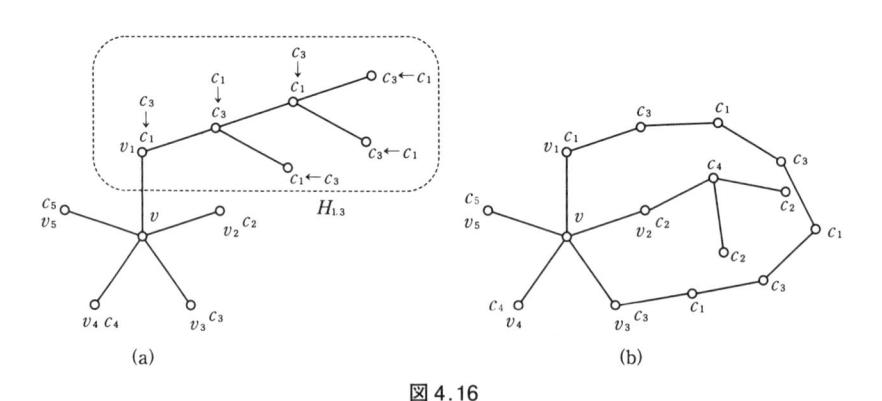

図 4.16

一方，v_1 と v_3 が $H_{1,3}$ の同じ成分に属しているときは，c_1 あるいは c_3 で塗られた点から構成される v_1-v_3 道 P が存在する．道 P と辺 $\{v_1, v\}$ 及び $\{v_3, v\}$ とで，v_2 あるいは v_4 を囲む閉路 C が形成できる．C が v_2, v_4 のどちらか一方のみを取り囲むので，色 c_2 あるいは c_4 が塗られた点から誘導される部分グラフ

$H_{2,4}$ において,v_2 と v_4 は $H_{2,4}$ の異なる成分に含まれる.したがって,v_2 を含む $H_{2,4}$ の成分の点に塗られている色 c_2 と c_4 の交換を行うと,v_2 と v_4 に色 c_4 がつけられるので,v に色 c_2 をつけることができ,G の 5-彩色が得られる(図 4.16(b)).□

定理 4.22 で用いた,部分グラフ $H_{2,4}$ 及び $H_{1,3}$ のような 2 色の点で誘導される部分グラフをケンペ鎖といい,K. アッペルと W. ハーケンの証明は,このケンペ鎖を用いて 1400 あまりに分類された構造の各々が 4-彩色可能であることを示したものである.近年,N. ロバートソン,D. サンダス,P. シーモア,R. トマスにより,4 色定理のより簡潔な再証明がなされた.

外平面的グラフの彩色に関しては以下のような結果が知られている.

定理 4.23

外平面的グラフは 3-彩色可能である.

[証明] 外平面的グラフ G の位数 p に関する帰納法で示す.$p=1$ のときは,明らかに成立するので,$p \geq 2$ の場合について考える.外平面的グラフには次数 2 以下の点が存在するので,v を G の次数 2 以下の点とし,$G-v$ について考える.$G-v$ は G より位数の小さい外平面的グラフであるので,帰納法の仮定より 3-彩色可能である.したがって,$G-v$ を 3-彩色すると v の次数が 2 以下であるので,v の隣接点に現れない色 c が存在する.色 c を点 v に塗れば,G の 3-彩色が得られる.□

演習問題 4.2

4.15 次の各グラフは 4-彩色可能か,3-彩色可能か.

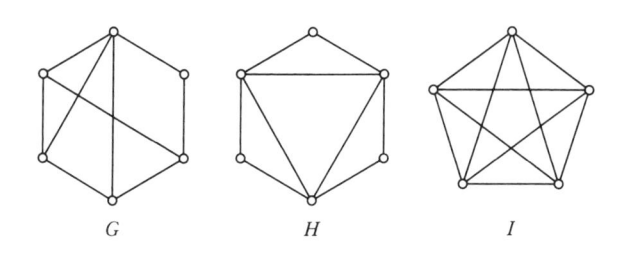

G　　　H　　　I

4.16 次頁の各グラフ G, H, I の染色数を求めよ.

$$G \qquad\qquad H \qquad\qquad I$$

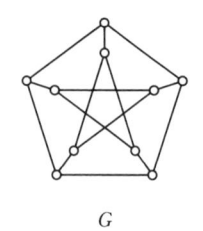

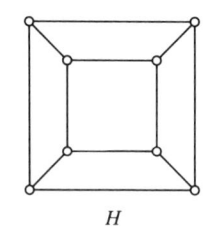

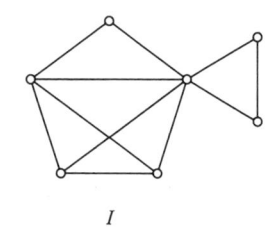

4.17 $\chi(C_{2n})$, $\chi(W_m)$, $\chi(K_{r,s,t})$, を求めよ（$n \geq 2$, $m \geq 4$, $r \geq s \geq t \geq 1$）．

4.18 (a) $\chi(K_n) = n$ を示せ．

(b) $\chi(C_{2n+1}) = 3$ を示せ．

4.19† 位数 p の r-正則グラフ G に対して，$\chi(G) \geq p/(p-r)$ となることを示せ．

4.20 $\chi(G) \lneq \Delta(G)$ となるグラフの例を1つ挙げよ．

4.21 P_3 より出発してミシェルスキーの構成法により染色数が3と4のグラフを作れ．

4.22 染色数が3で3角形を含まない平面的グラフの例を1つ挙げよ．

4.23 染色数が4の平面的グラフの例を1つ挙げよ．

4.24 染色数が3の外平面的グラフの例を1つ挙げよ．

4.3 点彩色のアルゴリズム

　前節の航空路問題は，航空路に対応するグラフを彩色すれば解決できることがわかったが，具体的な彩色の方法はどうすればいいのか，また1回彩色して航空路の高さが定まった後，新たな航空路が追加されたときには，それまでに決定されている高さを変更せずに追加された航空路の高さを決定しなければならない．これはグラフに点を追加して，他の点の色を変更せずに追加された点に色を付けることに対応している．彩色には様々なアルゴリズムが知られているので，それらを応用すれば，追加された点への彩色も効率よくできるのではと，この問題を検討していた遠藤君は考えた．

　与えられたグラフの染色数を求めることはNP-完全問題の1つであり，染色数を決定するよいアルゴリズムはまだ知られていない．次のアルゴリズムは，用いられる色の数が多少多くなるが，グラフを彩色するためのよいアルゴ

4.3 点彩色のアルゴリズム

リズムの 1 つである.

アルゴリズム 4.24　ウェルシェ，パウェル

<u>入力</u>　点集合 $V(G) = \{v_1, v_2, \cdots, v_p\}$ を持つグラフ G. ただし, $\deg_G v_1 \geq \deg_G v_2 \geq \cdots \geq \deg_G v_p$ とする.

<u>出力</u>　G の点彩色.

<u>方法</u>　彩色可能な色の中で，最小の番号を持つものを用いる.

---

1. $i = 1$.
2. $c = 1$.
3. v_i の隣接点で色 c を持つものが存在しないならば，v_i に色 c をつけ，step 5 へ行く.
4. c を $c + 1$ に置き換えて step 3 へ戻る.
5. $i < p$ ならば，i を $i + 1$ に置き換えて step 2 へ戻る.

   $i = p$ ならば，終了. □

このアルゴリズムは，D.J.A. ウェルシェと M.B. パウェルによるものであり，彼らはこのアルゴリズムと共に，以下の結果を示している.

定理 4.25

グラフ G の点集合を $V(G) = \{v_1, v_2, \cdots, v_p\}$ とし，$\deg_G v_1 \geq \deg_G v_2 \geq \cdots \geq \deg_G v_p$ とする．このとき，
$$\chi(G) \leq \max_{1 \leq i \leq p}\{\min\{i, \deg_G v_i + 1\}\}$$
が成り立つ.

[**証明**]　G の誘導部分グラフ $\langle\{v_1, v_2, \cdots, v_k\}\rangle$ の彩色が，$\max_{1 \leq i \leq k}\{\min\{i, \deg_G v_i + 1\}\}$ 色あればできることを，k に関する帰納法で示す. $k = 1$ のときは，明らかに成立している. 最初の k 点 ($1 \leq k \leq p - 1$) の彩色に用いられた色の個数が $n \leq \max_{1 \leq i \leq k}\{\min\{i, \deg_G v_i + 1\}\}$ であるとする. このとき $n \leq k$ である. さて，$1 \sim n$ の色すべてが v_{k+1} の隣接点に現れていなければ，現れていない色のうちの 1 つを v_{k+1} に塗ることにより求める結果が得られる. また，$1 \sim n$ の色すべてが v_{k+1} の隣接点に現れているときは，色 $n + 1$ を v_{k+1} につける．このとき，
$$n + 1 \leq \max_{1 \leq i \leq k+1}\{\min\{i, \deg_G v_i + 1\}\} \tag{4.2}$$
が示せれば求める結果が得られる．さて $n \leq k$ より $n + 1 \leq k + 1$ であり，$n \leq$

$\deg_G v_{k+1}$ であるので $n+1 \leq \deg_G v_{k+1}+1$ である．したがって，
$$n+1 \leq \min\{k+1, \deg_G v_{k+1}+1\}$$
となり，(4.2) 式が成立し，求める結果が得られた．□

　ウェルシュ，パウェルのアルゴリズムでは，次数の大きい順に彩色したが，近傍の彩色状況についてはあまり検討していない．例えば近傍の彩色に多くの色が利用されているような点は，早めに彩色していくほうが彩色がうまくいく等である．D. ブレラスは，近傍に使用されている色の数を評価した色次数という概念を用いた彩色アルゴリズムを考案した．グラフ G の点 v の**色次数**

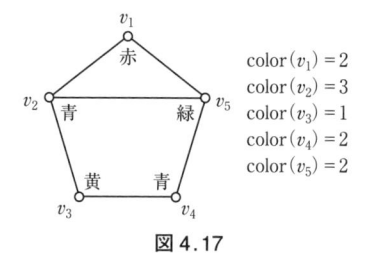

$$\begin{array}{l}\text{color}(v_1)=2\\ \text{color}(v_2)=3\\ \text{color}(v_3)=1\\ \text{color}(v_4)=2\\ \text{color}(v_5)=2\end{array}$$

図 4.17

$\text{color}(v)$ とは v の隣接点に塗られている色の個数のことである (図 4.17)．

アルゴリズム 4.26　ブレラス

<u>入力</u>　点集合 $V(G)=\{v_1, v_2, \cdots, v_p\}$ を持つグラフ G，ただし，$\deg_G v_1 \geq \deg_G v_2 \geq \cdots \geq \deg_G v_p$ とする．

<u>出力</u>　G の点彩色．

<u>方法</u>　色次数を利用する．

---

1. v_1 に色 1 をつける．
2. $U=V(G)-\{v_1\}$.
3. U の各点の色次数を求める．
4. $c=1$.
5. U で最大色次数を持つ点を u とする．最大色次数を持つ点が 2 点以上あるときは，番号最小の点を u とする．
6. u の隣接点に色 c を持つものが存在しないならば，u に色 c をつけ step 8 へ行く．
7. c を $c+1$ に置き換え step 6 へ戻る．

4.3 点彩色のアルゴリズム 91

8. $U-\{u\} \neq \phi$ならば,Uを$U-\{u\}$に置き換え step 3 へ戻る.$U-\{u\}=\phi$ならば終了. □

前節の5色定理ではケンペ鎖$H_{i,j}$を用いて色の塗り換えを行っていた.次のアルゴリズムは色の塗り換えを用いたものである.

アルゴリズム 4.27

<u>入力</u>　点集合$V(G)=\{v_1, v_2, \cdots, v_p\}$を持つグラフ$G$,ただし,$\deg_G v_1 \geq \deg_G v_2 \geq \cdots \geq \deg_G v_p$とする.

<u>出力</u>　Gの点彩色.

<u>方法</u>　ケンペ鎖$H_{i,j}$を利用した色の塗り換え.

---

1. v_1に色1をつける.
2. $i=1$,$k=1$
3. $H_i = \langle \{v_1, v_2, \cdots, v_i\} \rangle$.
4. $c=1$.
5. cが$v_1, v_2, \cdots, v_i$の中のv_{i+1}の隣接点に塗られていないならば,step 7 へ.
6. cを$c+1$とし step 5 へ戻る.
7. $c \leq k$のときは,v_{i+1}に色cをつけ step 9 へ.
   $c=k+1$のときは,v_{i+1}の隣接点の中の1点にしか塗られていない色の集合Cを求める.
8. $\alpha, \beta \in C$に対して,H_iのケンペ鎖$H_{\alpha, \beta}$で,$v_1, v_2, \cdots, v_i$の中のv_{i+1}の隣接点を丁度1点しか含まない成分$K(H_{\alpha, \beta})$を見つける.
   (a) そのような成分$K(H_{\alpha, \beta})$が,どのような$\alpha, \beta \in C$の組に対しても存在しないときは,v_{i+1}に色$k+1$をつけ,kを$k+1$に置き換え,step 9 へ.
   (b) そのような成分$K(H_{\alpha, \beta})$が存在するときは,αをv_{i+1}の隣接点に現れている色としたとき,$K(H_{\alpha, \beta})$の色αとβを交換し,v_{i+1}に色αを塗り,step 9 へ.
9. $i=p-1$のとき終了.
   $i<p-1$のとき,iを$i+1$に置き換えて step 3 へ戻る. □

以上の彩色アルゴリズムは,最初にグラフ全体が与えられている場合に適用できるアルゴリズムである.次に示すアルゴリズムは,グラフのデータが順次入力されてくる場合に適用できる彩色アルゴリズムである.

┌─── **アルゴリズム 4.28　FF（First-Fit）アルゴリズム** ───
入力　グラフ G の点と，その点に接続する辺を順次入力する．
出力　G の点彩色．
方法　グラフを順次拡大し，現在のグラフで彩色可能な色の中で最小の
　　　番号を持つものを利用する．
└──

1. $V(G) = \phi$, $E(G) = \phi$
2. $i = 1$.
3. i 番目に入力された v_i と $V(G)$ の点を結ぶ辺の集合を $E(v_i)$ とする．
4. $V(G)$ を $V(G) \cup \{v_i\}$, $E(G)$ を $E(G) \cup E(v_i)$ とする．
5. $c = 1$ とする．
6. v_i の現在のグラフ G における隣接点で色 c を持つものが存在しないならば，v_i に色 c をつけて step 8 へ．
7. c を $c+1$ として step 6 へ戻る．
8. G に付け加える点がなければ終了．G に付け加える点が存在すれば i を $i+1$ に置き換えて step 3 へ戻る．□

演習問題 4.3

4.25　下図のグラフ G_1, G_2 にアルゴリズム 4.24 を適用せよ．
4.26　下図のグラフ G_1, G_2 にアルゴリズム 4.26 を適用せよ．
4.27　下図のグラフ G_1, G_2 にアルゴリズム 4.27 を適用せよ．
4.28　下図のグラフ G_1 が v_7, v_6, … の順に拡大して行くとしてアルゴリズム 4.28（FF アルゴリズム）を用いてグラフ G_1 を彩色せよ．

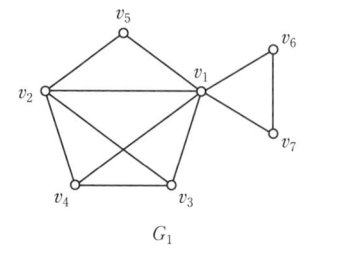

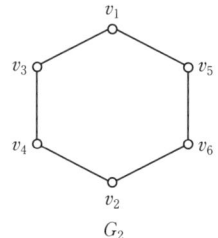

4.4 独立集合，被覆と監視人問題

須賀君達のチームが通信回線を利用してメッセージを送ると，ノイズが入り，送信されたメッセージを誤って受け取ってしまうことがたびたびあった．彼らは，受け取ったメッセージから元のメッセージを正しく復元する方法を求めていた．

図4.18は送信信号と受信信号の関係を表しているもので，例えば，信号 b を送ると，α, β または ε のいずれかとして受け取られる可能性があることを示したものである．α を受け取ったとき，実際に送信された信号が a, b, c のいずれ

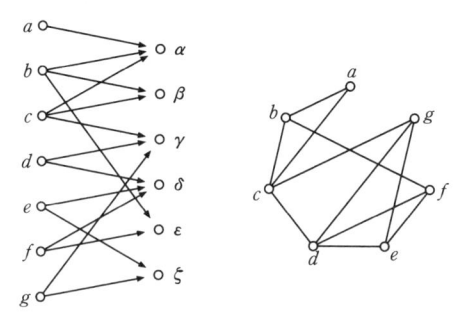

図 4.18

であったかの判定ができないので，a, b, c のような組は送信の信号として一緒には使用せず，a, d のように受け取るときに異なる信号となるものの組を送信の信号として選びたい．送信信号の選択問題の解決のために，次のようなグラフを構成することが考えられる．すなわち，送信側の信号に対応して点を取り，2つの信号が受信時に同じ信号として受け取られる可能性があるとき，対応する点どうしを辺で結ぶことによりグラフを構成する．このとき，グラフにおいて互いに辺で結ばれていない点の集合は，対応する信号を送信信号の組として採用したとき，受信側で他の信号と誤って受け取られる可能性のないものとなっている．このような互いに隣接していないグラフ G の点の集合を**独立集合**あるいは，**安定集合**という．また，点数が最大である独立集合の大きさをグラフ G の**独立数**あるいは，**安定数**といい，$\alpha(G)$ で表す(図4.19)．

最大独立集合を求めることにより通信回線の問題が解決できると，この問題に携わっていた須賀君は報告したが，最大独立集合の大きさでは信号数が不十

分で，もっと多くの信号数が必要なときに関する疑問がよせられた．そこで，

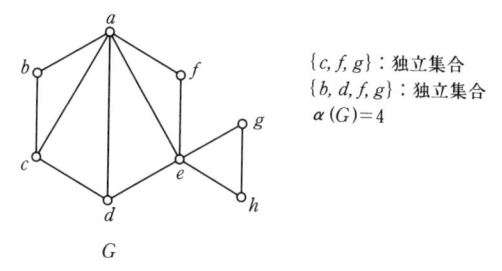

図4.19

$\{c, f, g\}$：独立集合
$\{b, d, f, g\}$：独立集合
$\alpha(G) = 4$

図 4.19

須賀君は1個の信号だけでなく，何個か続いた信号の列を利用することを考えた．長さ2の信号列 ab と cd が同じ信号として混同されるのは，

(1) a, c が混同され，かつ b, d が混同される，

(2) $a = c$ でかつ b, d が混同される，

(3) a, c が混同され，かつ $b = d$ である，

のいずれかである．このことをグラフにおいて考えると，グラフの演算のひとつで**積**あるいは**正規積**と呼ばれるものに対応していることがわかる．グラフ G, H の正規積 $G \cdot H$ とは，次の(1), (2)で定義されるグラフである（図4.20）

(1) $V(G \cdot H) = V(G) \times V(H)$．

(2) 2点 $(a, b), (c, d)$ の間に辺が存在するのは次の(i)〜(iii)のいずれかが成り立つときである．

  (i) $\{a, c\} \in E(G)$ かつ，$\{b, d\} \in E(H)$．

  (ii) $a = c$ かつ，$\{b, d\} \in E(H)$．

  (iii) $\{a, c\} \in E(G)$ かつ，$b = d$．

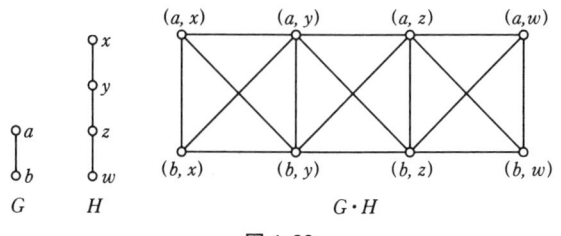

図 4.20

$G \cdot H$ の独立数 $\alpha(G \cdot H)$ と G, H の独立数 $\alpha(G)$，$\alpha(H)$ との間には，次の関係

が成立することが知られている．

---- **定理 4.29** ----
$\alpha(G \cdot H) \geq \alpha(G) \times \alpha(H)$

[**証明**] I, J が各々 G と H の独立集合ならば，$(a, c), (b, d) \in I \times J$ に対して，$\{a, b\} \notin E(G)$, $\{c, d\} \notin E(H)$ であるので，$I \times J$ も独立集合である．□

定理 4.29 より，$G^k = \underbrace{G \cdot G \cdots \cdot G}_{k}$ とすると，$\alpha(G^k) \geq \alpha(G)^k$ が成立する．グラフの最大独立集合が求まれば，それを基にしてもっと多くの信号が送れることになる．したがって，最大独立集合を求めることが重要なことになる．最大独立集合を求めるためには，独立集合の持つ様々な性質を知らなければならない．独立集合に密接に関係した概念として**被覆**(ひふく)の概念が存在するが，それは次のような問題を考えるときに現れるものである．

郊外に動物公園を作ることになった．動物公園の設計を頼まれた小網君は，谷や丘を利用した敷地に遊歩道をめぐらし，動物の檻を配置することを考えた．また，各道路で事故が起きないように監視人を置きたいとも思っている．監視人は，アクセスをよくするために交差点に配置したい．さらに経済性と自由な雰囲気を保つために監視人の数をなるべく少なくしたい(図 4.21)．

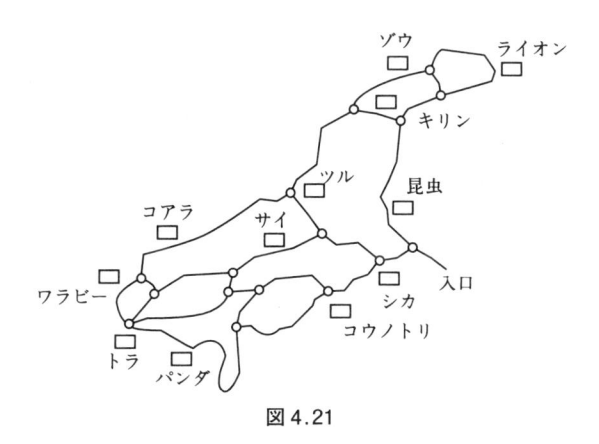

図 4.21

小網君は，どの場所に監視人を配置するかを考えるために，公園の地図に対応した次のようなグラフについて考えた．すなわち，交差点に対応した点と，

交差点どうしを結ぶ遊歩道に対応する辺を持ったグラフである．問題解決のためにはこのグラフの点部分集合 S で，各辺の少なくとも一方の端点がその集合 S に属しているものを探せばよい．すなわち，辺が遊歩道に対応しているので，少なくとも一方の端点が S に属していることより，S の点に対応する交差点に監視人を配置すれば，すべての遊歩道の安全が確認できることになる．S のこのような性質は，グラフの被覆という概念が持つ性質に他ならない．点部分集合 $S \subseteq V(G)$ に対して，グラフ G のすべての辺の端点の少なくとも一方が S に属しているとき，S を G の**被覆**という．点数が最小の被覆の大きさを**被覆数**といい，$\beta(G)$ で表す（図 4.22）．したがって，動物公園の監視人問題は公園の地図に対応するグラフの最小被覆を求める問題に帰着できる．

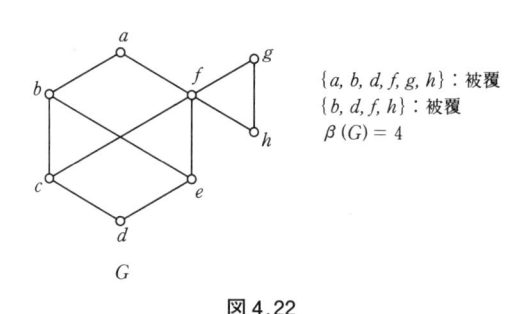

$\{a, b, d, f, g, h\}$：被覆
$\{b, d, f, h\}$：被覆
$\beta(G) = 4$

図 4.22

一般のグラフに関して，容易に導かれるいくつかの結果を次に示す．

定理 4.30

$S \subseteq V(G)$ がグラフ G の独立集合であるのは，$V(G) - S$ が G の被覆であるとき，かつそのときに限る．

[証明] S が G の独立集合であるのは，G のどの辺もその両端点が S に属していないことである．これは，G のどの辺も少なくとも一方の端点が $V(G) - S$ に属していることと同値である．すなわち $V(G) - S$ が，G の被覆であることと同値である．□

系 4.31

任意のグラフ G に対して，$\alpha(G) + \beta(G) = |V(G)|$ が成り立つ．

[証明] S を G の最大独立集合，すなわち $|S|=\alpha(G)$ なる独立集合とし，K を G の最小被覆，すなわち $|K|=\beta(G)$ なる被覆とすると，定理4.30より $V(G)-S$ は被覆であり，$V(G)-K$ は独立集合である．したがって，$\alpha(G)$ の最大性と $\beta(G)$ の最小性より，

$$\alpha(G) \geq |V(G)-K| = |V(G)| - \beta(G),$$
$$\beta(G) \leq |V(G)-S| = |V(G)| - \alpha(G),$$

となり，

$$\alpha(G) + \beta(G) = |V(G)|$$

が成立する．□

最大の独立集合を求めるための効率のよい方法は，いまだ知られていない．グラフを彩色すると，同色の点の集合は独立集合であるので，4.2節のアルゴリズム4.24等を利用してグラフを彩色すれば，独立集合を求めることができる．また，独立数の上限としては，次のような**クリーク被覆数** $\theta(G)$ がある．完全部分グラフのことを**クリーク**＊，点数が最大のクリークの点数を**クリーク数**といい，$\omega(G)$ で表す（図4.23）．グラフの点集合 $V(G)$ の分割 $\{A_1, A_2, \cdots, A_k\}$，すなわち，どの2つの A_i, A_j についても $A_i \cap A_j = \phi (i \neq j)$ であり，また，$A_1 \cup A_2 \cup \cdots \cup A_k = V(G)$ となっている点部分集合の族で，各 A_i がクリークをなすものを**クリーク被覆**といい，グラフ G をクリーク被覆するために必要なクリークの最小個数を**クリーク被覆数** $\theta(G)$ という（図4.23）．

クリークの点で独立集合の点として採用できるのは高々1点しかないことより，以下の結果が得られる．

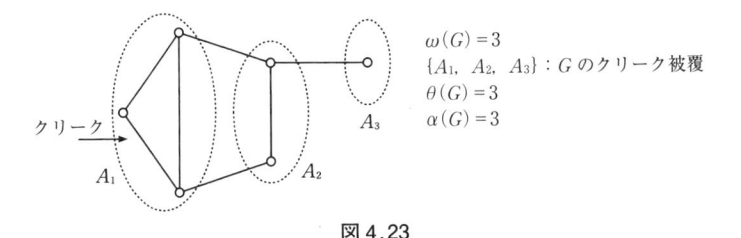

$\omega(G)=3$
$\{A_1, A_2, A_3\}:G$ のクリーク被覆
$\theta(G)=3$
$\alpha(G)=3$

図4.23

＊ いくつかの本では極大な完全部分グラフのことをクリークともいっている．また完全部分グラフをなす点集合をクリークということもあり，その場合点集合と部分グラフを同一視して使用している．

定理 4.32

$\alpha(G) \leq \theta(G)$

定理 4.29 はグラフの最大独立集合と正規積を用いれば，多くの信号を混同することなく送れることを意味していた．この方法を用いると，多くの信号を送ろうとする場合に各信号の長さが長くなってしまう．したがって，他と混同することなく送れる信号の個数とその長さの割合を考えることが求められる．これに対して C. シャノンは，$\sqrt[k]{\alpha(G^k)}$ をその通信回線の容量を表すものと考え，

$$\alpha^*(G) = \sup_k \sqrt[k]{\alpha(G^k)}$$

というグラフ G に関する不変数を導入した．$\alpha^*(G)$ は，**シャノン容量**と呼ばれている．定理 4.29 より $\alpha(G)^k \leq \alpha(G^k)$ であるので，$\alpha(G) \leq \alpha^*(G)$ が得られる．これより $\alpha(G) = \alpha^*(G)$ となるグラフ G の特徴をとらえることが必要となる．また，$\alpha^*(G)$ の上界に関しては定理 4.32 より $\alpha(G^k) \leq \theta(G^k)$ であり，次の定理より $\theta(G^k) \leq \theta(G)^k$ であるので，$\alpha^*(G) \leq \theta(G)$ が成立する．

定理 4.33

$\theta(G \cdot H) \leq \theta(G)\theta(H)$

[証明] A, B を各々 G, H のクリークとすると，$(a, c), (b, d) \in A \times B$ に対して，$\{a, b\} \in E(G), \{c, d\} \in E(H)$ であるので，$\{(a, c), (b, d)\} \in E(G \cdot H)$ となり $A \times B$ が $G \cdot H$ のクリークとなることがわかる．したがって，$A_1, A_2, \cdots, A_r$ を G のクリーク被覆，$B_1, B_2, \cdots, B_s$ を H のクリーク被覆とすると $\{A_i \times B_j ; i = 1, 2, \cdots, r, j = 1, 2, \cdots, s\}$ が $G \cdot H$ のクリーク被覆となることがわかる．□

以上より $\alpha(G) \leq \alpha^*(G) \leq \theta(G)$ が成立し，$\alpha(G) = \theta(G)$ なるグラフの性質がシャノン容量の解析のために重要な役割を果たすことがわかる．$\alpha(G) = \theta(G)$ となるグラフは理想グラフと呼ばれる．理想グラフについては次の節で触れる．

クリーク数 $\omega(G)$，独立数 $\alpha(G)$，染色数 $\chi(G)$，クリーク被覆数 $\theta(G)$，相互の関係として以下の結果が得られている．

4.4 独立集合, 被覆と監視人問題

定理 4.34

(1) $\omega(G) = \alpha(\overline{G})$

(2) $\chi(G) = \theta(\overline{G})$

[証明] (1) K をグラフ G の最大クリーク, すなわち, $|K| = \omega(G)$ なるクリークとすると, K は $\overline{G}$ の独立集合であるので, $\omega(G) \leq \alpha(\overline{G})$ が成り立つ.
一方, S を $\overline{G}$ の最大独立集合, すなわち $|S| = \alpha(\overline{G})$ なる独立集合とすると, S は G でクリークをなすので $\omega(G) \geq \alpha(\overline{G})$ が成り立つ. 以上より, $\omega(G) = \alpha(\overline{G})$ となる.

(2) グラフ G を $\chi(G) = c$ 色で彩色したときの同色の点集合を各々 $V_1, V_2, \cdots, V_c$ とすると, 各 V_i は G で独立集合であり, $\overline{G}$ のクリークとなる. したがって, $\{V_1, V_2, \cdots, V_c\}$ は $\overline{G}$ のクリーク被覆となり, $\chi(G) = c \geq \theta(\overline{G})$ となる.
一方, $\{A_1, A_2, \cdots, A_k\}$ を $\overline{G}$ の最小クリーク被覆, すなわち $k = \theta(\overline{G})$ なるクリーク被覆とすると, 各 A_i は $\overline{G}$ でクリークであり, G の独立集合となる. したがって, 各 A_i の各点に色 c_i をつければ, $\{A_1, A_2, \cdots, A_k\}$ は G の k-彩色となり, $\chi(G) \leq k = \theta(\overline{G})$ となる. 以上より, $\chi(G) = \theta(\overline{G})$ となる. □

演習問題 4.4

4.29 $\{a, d, e, h\}$ は下図のグラフ G の独立集合であるか. G の独立数を求めよ.

4.30 $K_2 \cdot P_3$ を描け. $\alpha(K_2 \cdot P_3)$ を求めよ.

4.31 $\{a, b, c, e, f\}$ は下図のグラフ H の被覆であるか. H の被覆数を求めよ.

4.32 $\alpha(C_n), \beta(C_n), \alpha(W_n), \beta(W_n)$ を求めよ.

4.33 $\alpha(K_n), \beta(K_n), \alpha(K_{m,n}), \beta(K_{m,n})$ ($n \geq m$) を求めよ.

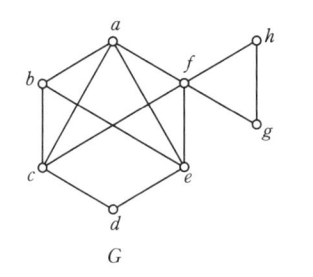

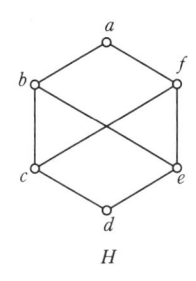

4.34 (a) 左下のグラフ G において $\{a,b,c\}$, $\{a,c,d\}$ は各々クリークか.
(b) $\omega(G), \chi(G)$ を求めよ.

4.35 $\omega(G) \lneq \chi(G)$ なるグラフ G を求めよ.

4.36 (a) 右下のグラフ H において $\{\{a,b\}, \{f,c,e\}, \{d\}\}$ はクリーク被覆か.
(b) $\{a,b,e\}$ はグラフ H の独立集合か. (c) $\alpha(H), \theta(H)$ を求めよ.

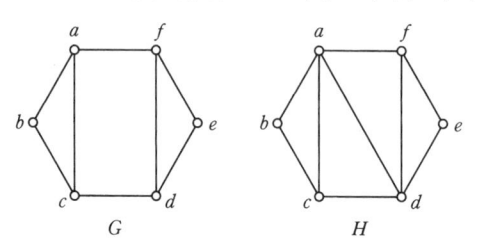

4.37 $\alpha(G) \lneq \theta(G)$ なるグラフ G を求めよ.

4.38 $\omega(K_n), \chi(K_n), \alpha(K_n), \theta(K_n)$ を求めよ.

4.39 $\omega(K_{n,m}), \chi(K_{n,m}), \alpha(K_{n,m}), \theta(K_{n,m})$ を求めよ. ($n \geq m$)

4.40[†] 支配集合とはグラフのすべての点を被覆している点の集合のことである. すなわち, $S \subseteq V(G)$ に対して, グラフ G の点すべてが S の点に隣接しているか, S に属しているかのいずれかを満たしているとき, S を G の**支配集合**という. 点数が最小の支配集合の点数を**支配数**といい, $\sigma(G)$ で表す. また $F \subseteq E(G)$ に対して, グラフ G の辺すべてが F の辺と隣接しているか, F に属しているかのいずれかを満たしているとき, F を G の**辺支配集合**という. 最小の辺支配集合の大きさを**辺支配数**といい, $\sigma'(G)$ で表す. このとき $\sigma(K_n), \sigma'(K_n), \sigma(K_{n,m}), \sigma'(K_{n,m})$ ($n \geq m$) を求めよ.

4.41[†] $\sigma(G) \leq \alpha(G)$ を示せ.

4.42[†] G が位数 3 以上の極大な外平面的グラフのとき, $\sigma(G) \leq \lfloor |V(G)|/3 \rfloor$ であることを示せ.

4.5 理想グラフ予想

　管理部の菊地君の所に明日の会議室の使用予定が次のように入ってきた. 使用する時間帯に重なりのある会議は別々の部屋を割り当てなければならない. 菊地君は会議の予定時間からグラフを構成することを考えた. すなわち, 会議

に対応して点をとり，会議の時間帯に重なりがあるとき対応する点どうしを辺で結ぶことによりグラフを構成する．開催時間に重なりがある会議を別々の会議室に割り当てることが求められるが，これは，グラフの彩色にちょうど対応している．すなわち，グラフの各点に辺で結ばれた2点の色が異なるように色を付けることに対応している．このときに必要な色の最小個数が必要な会議室の数であり，同色の点に対応する会議を同じ会議室に割り当てればよいことになる．

会議	会議の予定時間
A	$9:30 \sim 11:35$
B	$10:00 \sim 11:00$
C	$11:30 \sim 13:30$
D	$13:00 \sim 15:00$
E	$9:00 \sim 10:00$
F	$14:30 \sim 16:30$

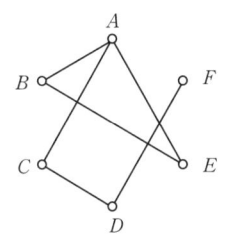

ところで，同時に開かれる会議において，回線でそれらの会議室を結んで相手と意見を交換する必要も生じてきた．確保すべき回線の最大本数の評価も菊地君は行わなければならなくなった．n 個の会議が同時に開かれれば $\frac{n(n-1)}{2}$ 本の回線が必要となるので，同時に開かれる会議の最大数を求めることが必要となる．同時に開かれる会議は，対応するグラフで完全部分グラフを形成するので，最も大きな完全部分グラフを求めればよいことになる．

彩色において完全部分グラフ（クリーク）の各点が，すべて異なる色でならなければならないので，最大の完全部分グラフの点数（クリーク数 $\omega(G)$）が染色数の下限であり，染色数が最大の完全部分グラフの点数（クリーク数）の上限となることがわかる．このことから次の定理が成り立つ．

定理 4.35

$\omega(G) \leq \chi(G)$

染色数の上限としては "$\chi(G) \leq \Delta(G)+1$" などが知られている．定理 4.35 以外の染色数の下限としては次のような結果も知られている．

定理 4.36

$$\frac{|V(G)|}{\alpha(G)} \leq \chi(G)$$

[証明] G を $\chi(G)$-彩色したときの同色点集合を $V_1, V_2, \cdots, V_{\chi(G)}$ とする．同色点集合は独立点集合であるので，各 V_i に対して $|V_i| \leq \alpha(G)$ が成立する．したがって，

$$|V(G)| = \sum_{i=1}^{\chi(G)} |V_i| \leq \sum_{i=1}^{\chi(G)} \alpha(G) = \chi(G)\alpha(G)$$

となり

$$\frac{|V(G)|}{\alpha(G)} \leq \chi(G)$$

を得る．□

また，次の結果も知られている．

定理 4.37

$$|V(G)| \leq \chi(G)\chi(\overline{G})$$

[証明] グラフ G の位数を p とし，G を $\chi(G)$-彩色し，$\overline{G}$ を $\chi(\overline{G})$-彩色する．このとき，点 v に $\chi(G)$-彩色で色 c_v が，$\chi(\overline{G})$-彩色で色 $\bar{c}_v$ が付いているとする．今 K_p の各点 v に色 $(c_v, \bar{c}_v)$ をつける．K_p の任意の2点 u, v は $\{u, v\} \in E(G)$，あるいは $\{u, v\} \in E(\overline{G})$ であるので，$c_u \neq c_v$ あるいは $\bar{c}_u \neq \bar{c}_v$ となり，$(c_u, \bar{c}_u) \neq (c_v, \bar{c}_v)$ となる．したがって，各点に色 $(c_v, \bar{c}_v)$ をつけることは K_p の彩色となり，

$$|V(G)| = \chi(K_p) \leq \chi(G)\chi(\overline{G})$$

が成立する．□

C_5 の場合を見てもわかるように，一般には定理 4.35 は等号では成立しない．一方，K_p や C_{2n} では等号が成立している．したがって，等号の成立しているグラフと等号の成立していないグラフの特徴をつかむことが必要になる．等号が成立しているグラフについて考えるために，**理想グラフ**の概念が導入されたのである．グラフ G が理想グラフであるとは，G の誘導部分グラフ H すべてに対して，$\omega(H) = \chi(H)$ が成立することである．理想グラフの概念は，次の

4.5 理想グラフ予想

2つの予想と共に，C. ベルジュによって導入されたものである．

理想グラフ予想

グラフ G が理想グラフであることと，補グラフ $\bar{G}$ が理想グラフであることは同値である．

強理想グラフ予想

グラフ G が理想グラフであるための必要十分条件は，G と $\bar{G}$ がともに，長さが5以上の奇閉路を誘導部分グラフとして含まないことである．

前節で扱った $\omega(G) = \alpha(\bar{G})$, $\chi(G) = \theta(\bar{G})$ の関係を考えると $\omega(G) = \chi(G)$ なるグラフを考えることは $\alpha(G) = \theta(G)$ なるグラフを考えることに密接に関係していることが予想され，理想グラフの性質はシャノン容量に関連していることが予想される．

L. ロバースは，以下の命題を証明し，理想グラフ予想が正しいことを明らかにした．

定理 4.38 ロバース

任意のグラフ G に対して，次の (1)〜(3) は同値である．
 (1) G の任意の誘導部分グラフ H に対して，$\omega(H) = \chi(H)$ が成立する．
 (2) G の任意の誘導部分グラフ H に対して，$\alpha(H) = \theta(H)$ が成立する．
 (3) G の任意の誘導部分グラフ H に対して，$\omega(H)\alpha(H) \geq |V(H)|$ が成立する．

定理 4.39 ロバース

G が理想グラフならば，$\bar{G}$ も理想グラフである．

[証明] G を理想グラフとし，$\bar{H}$ を $\bar{G}$ の誘導部分グラフとする．$\bar{\bar{H}} = H$ が G の誘導部分グラフであるので，$\omega(H) = \chi(H)$ が成立する．$\omega(\bar{H}) = \alpha(\bar{H})$, $\chi(\bar{H}) = \theta(\bar{H})$ であるので，$\alpha(\bar{H}) = \theta(\bar{H})$ が成立する．したがって，定理 4.38 より $\omega(\bar{H}) = \chi(\bar{H})$ が成立し，$\bar{G}$ が理想グラフであることがいえる．□

L. ロバースによって C. ベルジュの最初の予想が肯定的に解かれたが，強理想グラフ予想についてはまだ未解決であった．G と $\bar{G}$ が共に長さ5以上の奇

閉路を含まないグラフをベルジュグラフという．理想グラフならばベルジュグラフであることは自明なことである．したがって，ベルジュグラフが理想グラフであることを示すこと，すなわち，強理想グラフ予想を解くことが，グラフ理論を研究する人々にとっての重要な問題の1つとなっていたが，近年，M. チュドノフスキー，N. ロバートソン，P. シーモア，R. トマス等によって肯定的に証明された．

定理 4.40

グラフ G が理想グラフであるための必要十分条件は，G と $\overline{G}$ がともに，長さ5以上の奇閉路を誘導部分グラフとして含まないことである．

理想グラフであることが知られているグラフの族は数多くあるが，代表的なものとしては以下のようなものがある．

定理 4.41

(1) 完全グラフは理想グラフである．

(2) 2部グラフは理想グラフである．

[証明] (1) は自明であり，(2) では2部グラフの誘導部分グラフが2部グラフであるので，2部グラフ G に対して $\omega(G) = \chi(G)$ が示せればよい．$E(G) = \phi$ のときは，$\omega(G) = \chi(G) = 1$ である．また，$E(G) \neq \phi$ のときは，$\omega(G) = \chi(G) = 2$ である．したがって，一般に $\omega(G) = \chi(G)$ が成立し，2部グラフは理想グラフである．□

定理 4.42

P_4-フリーグラフ，すなわち，P_4 を誘導部分グラフとして含まないグラフは，理想グラフである．

この定理は次の結果を用いると簡単に示せる

定理 4.43

G が P_4-フリーグラフならば，G あるいは $\overline{G}$ が非連結である．

[定理 4.42 の証明] P_4-フリーグラフの誘導部分グラフは P_4-フリーであるので，P_4-フリーグラフ G に対して $\omega(G) = \chi(G)$ を示せば，G が理想グラフで

あることがわかる.

G の位数 p に関する帰納法で示す. $p=1$ のときは明らかに成立する. $p \geq 2$ より位数の少ないグラフに対して, 定理が成立すると仮定する. 定理 4.43 より, G あるいは $\bar{G}$ が非連結であるので, まず G が非連結な場合について考える. $H_1, H_2, \cdots, H_k$ を G の成分とすると, 各 H_i は P_4-フリーであるので帰納法の仮定により $\omega(H_i) = \chi(H_i)$ が成立する. したがって, $\omega(G) = \max_{1 \leq i \leq k} \omega(H_i)$, $\chi(G) = \max_{1 \leq i \leq k} \omega(H_i)$ であり, $\omega(H_i) = \chi(H_i)$ $(i=1, 2, \cdots, k)$ であるので, $\omega(G)$ を与える H_i と $\chi(G)$ を与える H_i は同じ H_i である. 故に $\omega(G) = \chi(G)$ が成立する.

次に $\bar{G}$ が非連結な場合について考える. $\bar{H}_1, \bar{H}_2, \cdots, \bar{H}_k$ を $\bar{G}$ の成分とする. このとき $\overline{\bar{H}_i} = H_i$ は P_4-フリーであるので, 帰納法の仮定より $\omega(H_i) = \chi(H_i)$ であり, 定理 4.34 より $\alpha(\bar{H}_i) = \theta(\bar{H}_i)$ が成立する. したがって, $\alpha(\bar{G}) = \sum_{i=1}^{k} \alpha(\bar{H}_i) = \sum_{i=1}^{k} \theta(\bar{H}_i) = \theta(\bar{G})$ が成立する. 定理 4.34 より $\omega(G) = \chi(G)$ が得られる. □

この後の章で扱う比較可能グラフ, 弦グラフ, 区間グラフは理想グラフである. また, 強理想グラフ予想の解決の過程においていくつかのベルジュグラフの族が, 理想グラフであることが示された. すなわち, クロウ・フリー・ベルジュグラフ ($K_{1,3}$ を誘導部分グラフとして含まないベルジュグラフ) は理想グラフであり, ブル・フリー・ベルジュグラフ (ブルグラフを誘導部分グラフとして含まないベルジュグラフ) は理想グラフである等の結果が知られていた. (図 4.24)

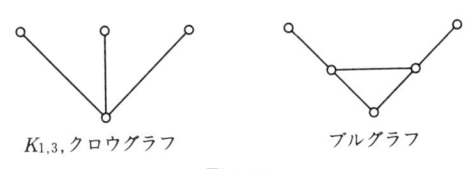

$K_{1,3}$, クロウグラフ　　　　ブルグラフ

図 4.24

グラフ G が**極小非理想グラフ** (minimal imperfect graph, p-critical graph) であるとは G 自身は理想グラフではないが, G 自身以外の G の誘導部分グラフすべてが理想グラフであるグラフのことである. 極小非理想グラフに対しては次の性質が知られている.

―――― **定理 4.44** ――――

極小非理想グラフ G に対して，$|V(G)|=\alpha(G)\omega(G)+1$ が成立する．また G の任意の点 x に対して，$\alpha(G)=\theta(G-x)$，$\omega(G)=\chi(G-x)$ が成立し，$G-x$ は $\omega(G)$ 個の大きさ $\alpha(G)$ の独立集合に分割でき，また $\alpha(G)$ 個の大きさ $\omega(G)$ のクリークに分割できる．

[**証明**]　$G-x$ が理想グラフであるので定理 4.38 より

$$|V(G)|-1=|V(G-x)|\leq \omega(G-x)\alpha(G-x),$$
$$\omega(G-x)=\chi(G-x),$$
$$\alpha(G-x)=\theta(G-x).$$

また，G が理想グラフではないので定理 4.38 より

$$\omega(G)\alpha(G)\leq |V(G)|-1<|V(G)|,$$
$$\omega(G)\geq \omega(G-x),$$
$$\alpha(G)\geq \alpha(G-x).$$

これらより

$$|V(G)|-1\leq \omega(G-x)\alpha(G-x)\leq \omega(G)\alpha(G)\leq |V(G)|-1$$

となり，

$$|V(G)|=\omega(G)\alpha(G)+1,$$
$$\omega(G)=\omega(G-x)=\chi(G-x),$$
$$\alpha(G)=\alpha(G-x)=\theta(G-x)$$

が成立する．

$G-x$ を $\chi(G-x)=\omega(G)$ 色で彩色すると $\omega(G)$ 個の独立集合 $V_1, V_2, \cdots, V_{\omega(G)}$ に分割され，$|V_i|\leq \alpha(G-x)=\alpha(G)$ である．したがって，

$$\omega(G)\alpha(G)=|V(G-x)|=\sum_{i=1}^{\omega(G)}|V_i|\leq \omega(G)\alpha(G)$$

となり，$|V_i|=\alpha(G)$ $(i=1,2,\cdots,\omega(G))$ が成立する．これより $G-x$ は $\omega(G)$ 個の大きさ $\alpha(G)$ の独立集合に分割できることがわかる．

$G-x$ の最小クリーク被覆を $L_1, L_2, \cdots, L_{\theta(G-x)}$ とする．このとき $\theta(G-x)=\alpha(G)$ で，$|L_i|\leq \omega(G-x)=\omega(G)$ であるので

$$\omega(G)\alpha(G)=|V(G-x)|=\sum_{i=1}^{\theta(G-x)}|L_i|\leq \theta(G-x)\omega(G-x)=\alpha(G)\omega(G)$$

となる．したがって，$|L_i|=\omega(G)$ $(i=1,2,\cdots,\theta(G-x))$ が成立し，$G-x$ は $\alpha(G)$ 個の大きさ $\omega(G)$ のクリークに分割できることがわかる．□

理想グラフの研究では極小非理想グラフの性質の研究，理想グラフ性を保存する切断集合の性質の研究等が行われ，強理想グラフ予想の解決へと発展していった．

演習問題 4.5

4.43 $\omega(G) \lneq \chi(G)$ なるグラフの例を求めよ．

4.44 $\alpha(G) \lneq \theta(G)$ なるグラフの例を求めよ．

4.45 $\omega(G)\alpha(G) \lneq |V(G)|$ なるグラフの例を求めよ．

4.46[†] G が定理 4.38 の条件(1)を満たすことと，$\bar{G}$ が定理 4.38 の条件(2)を満たすことが同値であることを示せ．

4.47[†] G が定理 4.38 の条件(3)を満たすことと，$\bar{G}$ が定理 4.38 の条件(3)を満たすことが同値であることを示せ．

4.48 $\omega(G) = \chi(G)$ ならば，$\omega(G)\alpha(G) \geq |V(G)|$ であることを示せ．

4.49[†] $K_{s,t,r}$ が理想グラフであることを示せ．

4.50[†] 木が理想グラフであることを示せ．

4.51[†] C_{2n+1} $(n \geq 2)$ が極小非理想グラフであることを示せ．

4.6 彩色の総数と染色多項式

ポスターの各々の場所に色を付けて，ポスターを完成させる作業をしている田鎖君に，比較検討のために様々なバリエーションの色付けを作成するように依頼があった．隣接する場所（領域）に同じ色を付けることは意味がないので，隣接する領域に異なる色を付けるようにして，色付けのバリエーションを作成しなければならない．田鎖君は色付けのバリエーションを考えながら，今使える色で何通りの色付けがあるかを示しておけば，依頼に対して，全体でいくつかあるバリエーションの中で"これがいいデザインですよ，"と薦めることができると思い，今使用できる色でできるバリエーションの個数を求めたくなった．ポスターの領域の隣接関係に対応したグラフ G（図 4.25）に対して，今使用できる色の個数が k のとき，G の k-彩色の個数が田鎖君の求める数となることがわかる．k-彩色の個数を求めるためにいくつかの概念を導入する．グラフ G の k-彩色の個数を $P(G, k)$ で表す．$P(G, k)$ の k に具体的な数を代入

すれば，G の k-彩色に必要な数が定まる．例えば，完全グラフ K_3 の k-彩色の総数を考えると，K_3 の3点を v_1, v_2, v_3 としたとき，点 v_1 への着色の仕方は k 通りあり，次の点 v_2 への着色の仕方は点 v_1 につけた色以外の $k-1$ 色から色が選べるので，$k-1$ 通り，最後の点 v_3 への着色の仕方は，v_1 と v_2 につけた色

	同一の色を塗ってはいけない領域
A	B, C, D
B	A
C	A, D, F
D	A, C, E
E	D, F
F	C, E, G
G	F

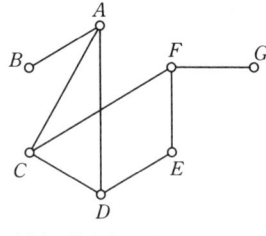

領域に対応するグラフ

図 4.25

以外の $k-2$ 色から選べばいいので，$k-2$ 通りある．したがって，K_3 の k-彩色の総数は $k \cdot (k-1) \cdot (k-2)$ 通りであり，$P(K_3, k) = k \cdot (k-1) \cdot (k-2)$ である．この考えを一般化すると次の結果が得られる．

定理 4.45

(1) $P(K_p, k) = k(k-1)(k-2)\cdots(k-p+1)$

(2) $P(N_p, k) = k^p$

[証明] (1) K_p の最初の点の色の選び方が k 通り，2番目の点の色の選び方が最初の点につけられた色以外からの $k-1$ 通り，3番目の点の色の選び方が1番目と2番目の点につけられた色以外からの $k-2$ 通り…となるので，$P(K_p, k) = k(k-1)(k-2)\cdots(k-p+1)$ を得る．

(2) N_p が辺を含まないので，N_p の各点の色はすべて k 色の中から自由に選べる．したがって，$P(N_p, k) = k^p$ を得る．□

一般的なグラフについて，定理4.45の証明と同じような考察をして，$P(G, k)$ を求めることは繁雑すぎて現実的ではない．次に示す除去 $G-e$ と縮約 G/e を利用した漸化関係を用いればもっと系統的に $P(G, k)$ を求めることができる．

4.6 彩色の総数と染色多項式

定理 4.46

グラフ G の任意の辺を e とするとき,
$$P(G, k) = P(G-e, k) - P(G/e, k)$$
が成り立つ.

[証明] $e = \{u, v\}$ とする. $G-e$ の k-彩色のうち, 点 u と v が異なる色のものは, 辺 $e = \{u, v\}$ が存在しても彩色となるので, G の k-彩色とみなせる. 一方, 点 u と v が同色のものは, 点 u と v を同一視しても彩色となるので, G/e の k-彩色とみなせる. したがって,
$$P(G-e, k) = P(G, k) + P(G/e, k)$$
が成り立ち, 定理の等式を得る. □

定理 4.46 を繰り返し用いることによってグラフ G に対する $P(G, k)$ を求めた例が, 図 4.26 に示してある.

定理 4.45 と 4.46 より, $P(G, k)$ が k の大きさに関係なく常に k に関する多項式で表されることが示せる. このことにより, $P(G, k)$ は G の **染色多項式** と呼ばれている.

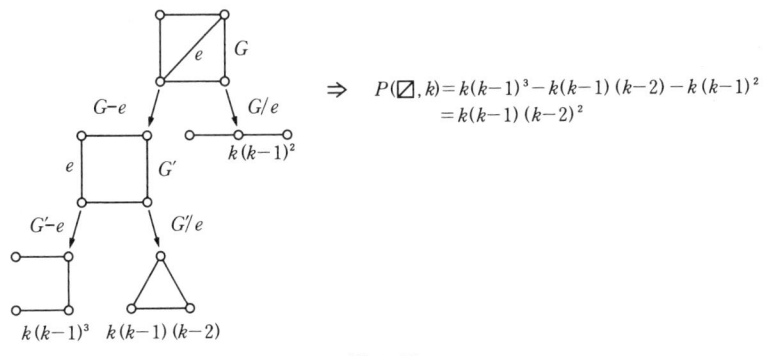

$$P(\square, k) = k(k-1)^3 - k(k-1)(k-2) - k(k-1)^2$$
$$= k(k-1)(k-2)^2$$

図 4.26

定理 4.47

位数 p の任意のグラフ G に対して, $P(G, k)$ は k に関する p 次多項式である.

[証明] G のサイズ q に関する帰納法で証明する. $q = 0$ のときは定理 4.45(2)

により定理は成立する．$q>0$ のとき，G の任意の辺 e を選び，$G-e$ と G/e を構成する．帰納法の仮定より $P(G-e, k)$ は k に関する p 次多項式，$P(G/e, k)$ は k に関する $p-1$ 次多項式である．また，定理 4.46 より

$$P(G, k) = P(G-e, k) - P(G/e, k)$$

であるので，$P(G, k)$ は k に関する p 次多項式であることがわかる．□

グラフ G の染色多項式を決定するための漸化式としては次のようなものも知られている．ここで，G の**切断集合** $S \subseteq V(G)$ とは，G から S の点を除いたグラフ $G-S$ の成分数が，G の成分数より大きくなるような点部分集合のことである（図 4.27）．

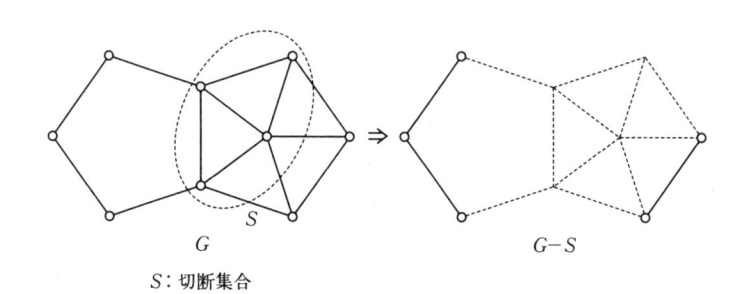

S：切断集合

図 4.27

定理 4.48

S を点数が s である G の切断集合で，$G-S$ が 2 つの成分 H_1, H_2 からなるようなものとする．$G_1 = \langle V(H_1) \cup S \rangle_V$, $G_2 = \langle V(H_2) \cup S \rangle_V$ とするとき，$\langle S \rangle$ が完全グラフならば，

$$k(k-1)\cdots(k-s+1) \cdot P(G, k) = P(G_1, k) \cdot P(G_2, k)$$

が成り立つ．

[証明] G_1 を k-彩色するとき，まず S の点を彩色し，次に G_1 の残りの点を彩色するとする．このとき $\langle S \rangle$ が完全グラフであることから，$k(k-1)\cdots(k-s+1)$ 通りの彩色の仕方が S の点にはある．S を彩色した後の G_1 の残った点すなわち，G_1-S の点の彩色の仕方を $\eta(G_1)$ 通りとすれば，

$$P(G_1, k) = k(k-1)\cdots(k-s+1) \cdot \eta(G_1) \tag{4.3}$$

を得る.

同様に,S を彩色した後の $G_2 - S$ の点の彩色の仕方を $\eta(G_2)$ とすれば,
$$P(G_2, k) = k(k-1)\cdots(k-s+1)\eta(G_2) \tag{4.4}$$
を得る.$\langle S \rangle$ が切断集合であるので,
$$P(G, k) = k(k-1)\cdots(k-s+1) \cdot \eta(G_1)\eta(G_2)$$
を得る.この式と (4.3),(4.4) 式より求める式が得られる.□

定理 4.48 は,完全グラフを切断集合に持つグラフの染色多項式を求めるのに有用である.極小な切断集合が完全グラフとなるグラフは弦グラフ (三角木グラフ) と呼ばれ,多くの性質が知られている (弦グラフについては 9.2 節で触れる).弦グラフは近傍が残りのグラフで完全グラフとなるような点の順序付けを持つので,定理 4.48 は弦グラフの染色多項式を求めるのに有用であるといえる.

図 4.28 は定理 4.48 を利用して,グラフの染色多項式を求めた例である.染色多項式に関する性質として以下のようなものが知られている.

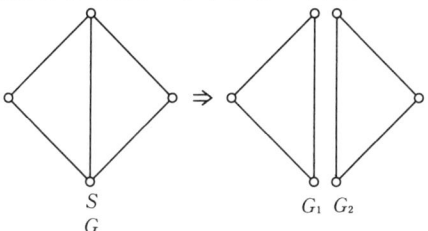

$k(k-1)P(\diamondsuit, k) = k(k-1)(k-2) \cdot k(k-1)(k-2)$
$\therefore P(\diamondsuit, k) = k(k-1)(k-2)^2$

図 4.28

定理 4.49

G を位数 p,サイズ q のグラフで,l 個の成分 $G_1, G_2, \cdots, G_l$ を持つものとする.このとき次の (1)〜(4) が成り立つ.

(1) $P(G, k)$ の k^p の係数は 1 である.
(2) $P(G, k)$ の k^{p-1} の係数は $-q$ である.
(3) $P(G, k)$ の定数項は 0 である.
(4) $P(G, k) = \prod_{i=1}^{l} P(G_i, k)$.

> **定理 4.50　ホイットニー，ロータ**
> 染色多項式の係数は，符号 + と − が交互に現れる．

定理 4.45, 4.46, 4.48 等を用いれば，与えられたグラフの染色多項式を決定することができる．特に，木と閉路に関しては一般公式を求めることができる．

> **定理 4.51**
> 位数 p の木 T の染色多項式は
> $$P(T, k) = k(k-1)^{p-1}$$
> である．

[証明]　T の位数 p に関する帰納法で証明する．

$p=1$ のときは定理 4.45 より，$P(T, k) = P(K_1, k) = k$ であり，$p=2$ のときは，$P(T, k) = P(K_2, k) = k(k-1)$ である．

$p \geqq 3$ のとき，v を T の次数 1 の点とし，v に接続する辺を $e = vu$ とすれば，定理 4.48 より，

$$k \cdot P(T, k) = P(T-v, k) \cdot P(e, k) \tag{4.5}$$

が成り立つ．帰納法の仮定より，$P(T-v, k) = k(k-1)^{p-2}$ が成り立ち，$P(e, k) = k(k-1)$ であるから，これらを (4.5) 式に代入することにより，求める等式が得られる．□

> **定理 4.52**
> 位数 $p \geqq 3$ のグラフ C_p の染色多項式は，
> $$P(C_p, k) = (k-1)^p + (-1)^p(k-1)$$
> である．

[証明]　位数 p に関する帰納法で証明する．$p=3$ のときは $C_3 \cong K_3$ であるから，定理 4.45 より，

$$P(C_3, k) = k(k-1)(k-2) = (k-1)^3 + (-1)^3(k-1)$$

となって，定理の等式は成り立つ．$p>3$ のとき，e を C_p の辺とすれば，$C_p - e$ が位数 p の木であるので，定理 4.46 と定理 4.51 より

$$P(C_p, k) = P(C_p - e, k) - P(C_{p-1}, k) = k(k-1)^{p-1} - P(C_{p-1}, k) \tag{4.6}$$

が成り立つ．ここで，帰納法の仮定より
$$P(C_{p-1}, k) = (k-1)^{p-1} + (-1)^{p-1}(k-1)$$
であるから，この式を (4.6) に代入して定理の等式を得る．□

現在，染色多項式の分野において，最も興味ある概念は，染色的同値と染色的一意性である．2つのグラフ G と H が **染色的同値** であるとは，G と H の染色多項式が同じときのことをいう．例えば，位数が同じ木の染色多項式はすべて同じであるので，位数が同じ木は染色的同値である．

また，グラフ G が **染色的一意** であるとは，$P(G,k) = P(H,k)$ なるグラフ H がすべて G と同型であるときである．K_p, N_p は染色的一意である．また，C_p が染色的一意であり，$W_4, W_5, W_7, W_9, W_{10}$ 等は染色的一意である．

第4章の終わりに

グラフの彩色問題は，4色予想の研究と共に発達してきた問題である．様々な問題が彩色問題に還元できることが知られており，彩色に関するよい結果が望まれている．彩色問題は，やはり NP-完全であるので，研究対象となるグラフの族をある程度絞りこむことによって有効な結果が得られることが予想される．理想グラフはそのような族の1つの例である．

平面的グラフについては，クラトフスキーの定理までしかここでは扱っていないが，第8章で扱う連結度の概念と共によく研究されている．平面のみならずトーラス，射影平面等の他の閉曲面の場合に研究対象が拡張され，数多くの研究者の関心を集めている．

染色多項式や平面性の研究において，グラフを代数的に扱う手法が発達し，タット多項式の理論やマトロイド等の分野へと発展している．

演習問題 4.6

4.52 次頁のグラフ G, H の染色多項式を求めよ．

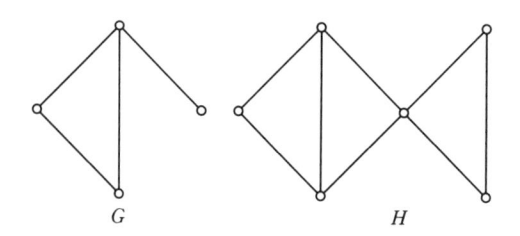

4.53 $P(K_5, k)$, $P(K_{1,4}, k)$, $P(P_5, k)$ を求めよ．

4.54 下図左のグラフ G の $G-e$, G/e を求めよ．

4.55 下図中央のグラフ H の彩色多項式を定理 4.46 を用いて求めよ．

4.56 $P(W_5, k)$ を求めよ．

4.57 下図右のグラフ I の彩色多項式を定理 4.48 を用いて求めよ．

4.58† 定理 4.49 を証明せよ．

4.59† 定理 4.50 を定理 4.46 を用いてサイズに関する帰納法で示せ．

4.60† $P(K_{2,s}, k) = k(k-1)^s + k(k-1)(k-2)^s$ を示せ．

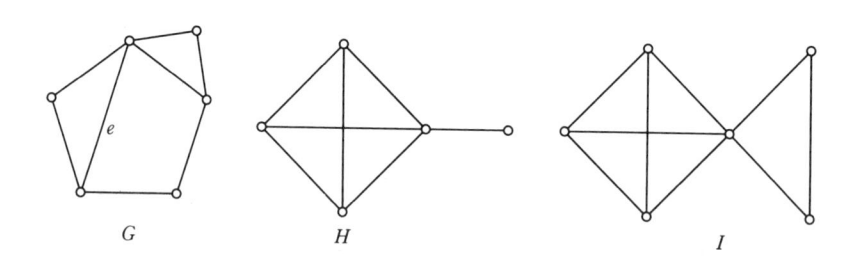

5 マッチングと辺彩色

5.1 マッチングと結婚定理

　ある警備会社ではいくつかの建物の夜間警備を請け負っており，一晩に何回か，それらの建物の巡回パトロールを行っている．巡回パトロールは安全や，作業効率のために2人1組のチームで行われている．警備会社では，巡回パトロールの他に多くの仕事を抱えているので，当直の警備員が巡回パトロールにでられる時間帯に制限があり，また巡回パトロールはかなり神経を使う業務なので，どの警備員も一晩に1回だけパトロールにでる規則になっている．さて，なるべく多くの回数，巡回パトロールを行いたいが，そのためにはどのようなチームを組めばいいのであろうか（表5.1）．

　この問題の解決を命ぜられた原田君は，次のようなグラフを考えることで問題解決の糸口を見つけようとした．すなわち，警備員に対応して点をとり，パ

表 5.1

氏名	チームを組める相手
中島	松田，栗山，岩沢
松田	中島，岩沢，栗山
岩沢	松田，佐藤，中島
北村	小嶋，緑川，佐藤，苅米
福田	安田，生田
安田	福田，苅米
栗山	中島，松田
小嶋	北村
緑川	北村
佐藤	岩沢，北村
生田	福田，苅米
苅米	生田，北村，安田

トロールにでられる時間帯が共通部分を持つような警備員に対応する点どうしを辺で結ぶことで得られるグラフを構成するのである(図5.1)．これらの辺から，マッチング，すなわち，互いに隣接しない辺の集合を選び出すことができれば，パトロールをするチームが得られることに原田君は気がついた．

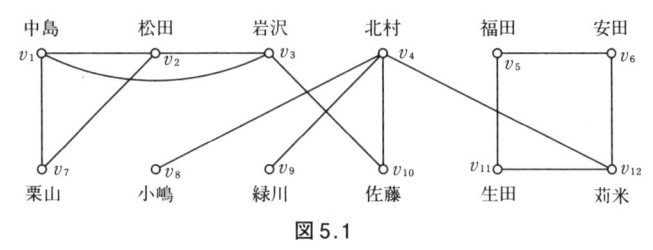

図 5.1

辺部分集合 $M \subseteq E(G)$ がグラフ G の**マッチング**といわれるのは，M のどの2本の辺も互いに隣接していないときである．グラフ G のマッチングで辺の本数が最大であるものを G の**最大マッチング**と呼ぶ．したがって，ここでの問題は，警備員のパトロールにでられる時間帯から構成されたグラフのマッチングを求めること，さらに可能であるならばその最大マッチングを求めることに他ならない．最大マッチングを求めるために，マッチングに関係した2, 3の概念を導入する．M をグラフ G のマッチングとする．このとき，点 v が M の辺に接続しているならば，v は M によって**飽和されている**という．また，G の道で $E(G) - M$ に属する辺と M に属する辺が交互に現れるものを M に関する**交互道**あるいは **M-交互道**と呼ぶ．図 5.2 のグラフで太線で示した辺集合はマッチングであり，このマッチングを M とするとき，点 v_9 は M によって飽和されているが，点 v_2 は M によって飽和されておらず，$v_2 v_3 v_{10} v_4 v_9$ は M-交互道の例である．また，グラフの点がすべて M によって飽和されているマッチング，すなわちすべての点を飽和しているマッチングを**完全マッチング**という．両端点が M によって飽和されていない M-交互道を **M-増大道**ある

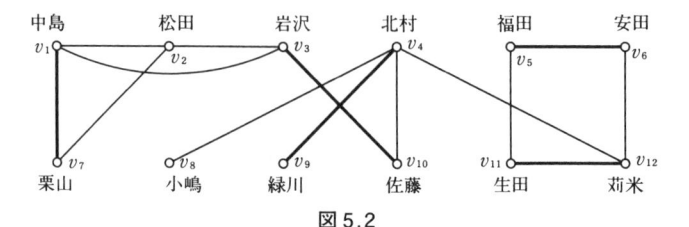

図 5.2

5.1 マッチングと結婚定理

いは M に関する**増大道**と呼ぶ.

次の結果は,マッチングの基本的な性質を示しており,最大マッチングや完全マッチングを求めようとするときに有用なものである.

定理 5.1

M_1 と M_2 をグラフ G のマッチングとし,H を辺集合が $E(H) = (M_1 - M_2) \cup (M_2 - M_1)$ である G の全域部分グラフとする.このとき,H の各成分は次の (1)〜(3) のいずれかの形をしている.
  (1) 孤立点.
  (2) 長さが偶数の閉路で,辺が M_1 と M_2 に交互に属しているもの.
  (3) 辺が M_1 と M_2 に交互に属している長さが 1 以上の道で,両端点が M_1 と M_2 の一方に関して飽和されていないもの.

[証明] G の各点に接続している M_1 と M_2 の辺は,各々 1 本以下であるので,H の各点の次数は 2 以下である.したがって,H の各成分は,孤立点,閉路,長さが 1 以上の道のいずれかである.また,マッチングの辺は互いに隣接していないので,H の閉路,及び長さが 1 以上の道の辺は,M_1 と M_2 に交互に属している.したがって,H の閉路はすべて長さが偶数の閉路で辺が M_1 と M_2 に交互に属しているものである.残っているのは,H の道の端点が M_1 あるいは M_2 の一方に関して飽和されていないことを示すことである.

H の成分で道であるものを P とする.点 u を P の端点とし,辺 $e = \{u, v\}$ を P 上で点 u に接続している辺,すなわち $e \in E(H) = (M_1 - M_2) \cup (M_2 - M_1)$ である辺とする.辺 e が $M_1 - M_2$ の辺のとき,点 u は M_1 によって飽和されているので,点 u が M_2 によって飽和されていないことが示せば証明は終わる.点 u が M_2 によって飽和されていたとすると,M_2 に含まれている辺で点 u に接続しているものが存在するはずである.その辺を f とする.e と f が隣接しているので $f \notin M_1$ となり,$f \in M_2 - M_1 \subseteq E(H)$ となる.これは,P が点 u でまだ終わっていないことを意味していて,点 u が道 P の端点であることに反する.したがって,点 u は M_2 によって飽和されていない.辺 e が $M_2 - M_1$ の辺のときも同様にして,点 u が M_1 によって飽和されていないことがいえる.□

マッチング M_1 と M_2 がともに完全マッチングならば,辺集合が $E(H) = (M_1 - M_2) \cup (M_2 - M_1)$ である G の全域部分グラフ H の成分は,孤立点か偶閉路 (長

さが偶数の閉路）だけである．このことに注意すると，次の結果が得られる．

系5.2

木には完全マッチングが高々1個しか存在しない．

[証明] M_1 と M_2 を木 T の異なる完全マッチングとすると，辺集合が $E(H)$ $= (M_1 - M_2) \cup (M_2 - M_1)$ である T の全域部分グラフ H には閉路が存在し，T が閉路を含まないことに反する．□

さて，マッチングがグラフのすべての点を含んでいれば，そのマッチングは完全マッチングであり，最大マッチングである．しかし，すべての点を含んでいないマッチングが最大マッチングであるか否かを確かめることは，それほど簡単なことではない．次の結果は，最大マッチングの特徴付けを与えたものである．

定理5.3　ベルジュ

グラフ G のマッチング M が最大マッチングであるのは，G に M-増大道が存在しないとき，かつそのときに限る．

[証明] G にマッチング M に関する増大道 $v_1 e_1 v_2 \cdots e_k v_{k+1}$ が存在したとする．$e_{2i-1} \in E(G) - M$ と $e_{2i} \in M$ を交換して，次のような新しいマッチング M' をつくる．
$$M' = (M - \{e_2, e_4, \cdots, e_{2n}\}) \cup \{e_1, e_3, \cdots, e_{2n+1}\}$$
このとき，$|M'| = |M| + 1$ となり，M が最大マッチングではないことがわかる．

逆に，マッチング M が最大マッチングではないとし，M-増大道が存在することを示す．ここで，M' を G の最大マッチングとする．M と M' の対称差 $(M - M') \cup (M' - M)$ を辺集合として持つ G の全域部分グラフを H とすると，定理5.1より，H の各成分は，孤立点あるいは，M と M' の辺が交互に現れる偶閉路か道となる．ここで，$|M| < |M'|$ であるから，H の成分の中には両端点が M で飽和されていない道が存在する．H の作り方から，この道は両端点が M によって飽和されていない M-交互道，すなわち，M-増大道である．□

図5.2のグラフに示されたマッチング M には M-増大道が存在しないので，このマッチング M は最大マッチングであり，この組み合わせで行うパトロールが最も多い回数で行えるものとなっていることがわかる．

5.1 マッチングと結婚定理

さて，図5.2のマッチングに基づいてパトロールを行ったところ，警備員の組み合わせに不備があることがわかった．表5.1では警備員の経験を加味していなかったので，経験が足りない新人どうしのペアができてしまったのである．そこで原田君は，警備員の経験まで考慮に入れた組み合わせを作らなければならなくなった．このために原田君は，警備員を新人とベテランに分け，新人とベテランを組み合わせることを考え，次のようなグラフを構成することにした．すなわち，点集合をベテランに対応する点の集合Uと新人に対応する点の集合Vに分け，Uの点uとVの点vを，点uに対応するベテランと点vに対応する新人のパトロールにでられる時間帯に共通な部分があるとき辺で結ぶことによりグラフを構成したのである．このとき，対応するグラフは，UとVを部集合とする2部グラフになり，その2部グラフの最大マッチングが求める新人とベテランの組み合わせとなる（図5.3）．

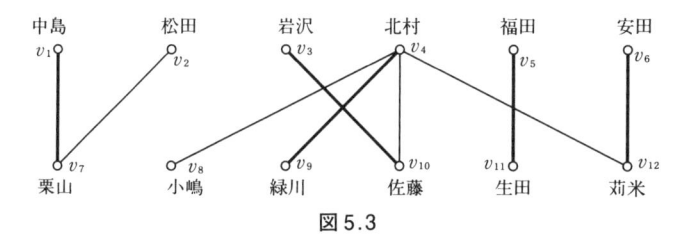

図 5.3

2部グラフのマッチングも，先ほどのC.ベルジュの特徴付けを利用すれば求めることができるが，2部グラフに関しては次の結婚定理と呼ばれる結果が知られている．

定理 5.4 結婚定理

GをU, Vを部集合に持つ2部グラフとするとき，Uのすべての点を飽和するマッチングが存在するための必要十分条件は，Uの部分集合Sすべてに対して

$$|N(S)| \geq |S| \qquad (5.1)$$

が成り立つことである．ただし，$N(S)$はSの点に隣接する点すべてからなる点集合である．

[証明] GのマッチングMがUのすべての点を飽和している，すなわち，Uの点すべてが，Mのいずれかの辺と接続しているとする．Uの任意の部分集

合 S に対して，S の点はすべて M の異なる辺によって $N(S) \subseteq V$ の異なる点と結ばれているから，$|N(S)| \geqq |S|$ が成り立つ．

逆に，G を定理の条件を満たすが，すなわち U のすべての部分集合 S に対して $|N(S)| \geqq |S|$ が成立するが，U のすべての点を飽和するマッチングが存在しない 2 部グラフとする．M を G の最大マッチングとすると，仮定より U の中で M によって飽和されていない点 v が存在する．W を v と M-交互道で結ばれた点の集合とする．定理 5.3 より，W の v 以外の点すべては，M によって飽和されている．$S = U \cap W$，$T = V \cap W$ とおくと，v 以外の S の点はすべて M の辺で必ず T のいずれかの点と隣接しており，また T の各点も M の辺で S のいずれかの点と隣接している．したがって，

$$T \subseteq N(S) \tag{5.2}$$

及び

$$|T| = |S| - 1 \tag{5.3}$$

が成立する．

一方，v 以外の S の点 u が $V - T$ の点 w と隣接しているとすると，$\{u, w\} \notin M$ であるから，点 v と点 u を結ぶ M-交互道に辺 $\{u, w\}$ を加えると，点 v と点 w を結ぶ M-交互道が得られる．これは $w \in V - T$ に反する．よって，

$$N(S) \subseteq T$$

でなければならない．(5.2) とあわせて，

$$N(S) = T \tag{5.4}$$

を得る．(5.3) と (5.4) より

$$|N(S)| = |T| = |S| - 1 < |S|$$

を得るが，これは (5.1) の仮定に反する．□

定理 5.4 の結婚定理より次の結果が得られる．

系 5.5

辺集合が空でない正則 2 部グラフは完全マッチングを持つ．

また，結婚定理を用いると，次のような組合せ論や横断の理論においてよく知られている定理も示すことができる．ここで，空でない有限集合の族 $\{S_1, S_2, \cdots, S_n\}$ が**個別代表系**あるいは，**横断**を持つといわれるのは，$s_k \in S_k$ なる相異なる要素の集合 $\{s_1, s_2, \cdots, s_n\}$ が存在する，すなわち，どの集合に対しても

その集合だけの代表となる要素が存在するときである．例えば，$S_1 = \{a, b, c\}$，$S_2 = \{a, b, c\}$，$S_3 = \{c, e, f, g\}$，$S_4 = \{f, g, h\}$に対して，$\{a, c, e, g\}$は個別代表系である．

定理 5.6

空でない有限集合の族$\{S_1, S_2, \cdots, S_n\}$が個別代表系を持つための必要十分条件は，$1 \leq k \leq n$なるすべての$k$に対して，どのような$k$個の$S_i$の和集合も$k$個以上の要素を持つことである．

[**証明**] 空でない有限集合の族$\{S_1, S_2, \cdots, S_n\}$から，次のようにして2部グラフを構成する．集合$S_i$に対応して点$u_i$を，$\bigcup_{i=1}^{n} S_i = \{s_1, s_2, \cdots, s_m\}$の要素$s_j$に対応して点$v_j$をとる．そして，点$u_i$に対応する集合$S_i$が点$v_j$に対応する要素$s_j$を含んでいるとき，点$u_i$と$v_j$を辺で結ぶ．このときできるグラフは2部グラフであり，$\{S_1, S_2, \cdots, S_n\}$が個別代表系を持つのは，点$u_i$がすべて飽和されるマッチングが存在することである．結婚定理より，そのようなマッチングが存在する条件は，$\{u_1, u_2, \cdots, u_n\}$の任意の部分集合$W$に対して，$|N(W)| \geq |W|$が成立することであり，これは，$1 \leq k \leq n$なるすべての$k$に対して，どのような$k$個の$S_i$の和集合も$k$個以上の要素を持つことに対応している．□

さて，一般のグラフに対する完全マッチングの存在条件について，基本的かつ重要な定理がW.T.タットによって与えられている．

定理 5.7 タット

グラフGが完全マッチングを持つための必要十分条件は，$V(G)$の部分集合Sすべてに対して，

$o(G-S) \leq |S|$

が成り立つことである．ただし，$o(G-S)$は位数が奇数である$G-S$の成分の個数を表している．

この定理やC.ベルジェの増大道に関する定理を利用することにより，最大マッチングや完全マッチングを求めるアルゴリズムがJ.エドモンドやC.ウィラー，C.ザーン等によって求められている．それらのアルゴリズムは複雑で煩雑なのでここでは触れないが，2部グラフの最大マッチングを求めるアルゴリズムは比較的簡単であるので以下に示すことにする．このアルゴリズムは結婚

定理と C. ベルジェの増大道に関する定理に基づいたもので，マッチングの改良を増大道を利用することによって行っている．

アルゴリズム 5.8

<u>入力</u>　部集合 $U=\{u_1, u_2, \cdots, u_n\}$, $V=\{v_1, v_2, \cdots, v_m\}$ を持つ 2 部グラフ G と G の適当なマッチング M.

<u>出力</u>　M より辺数の多いマッチングか，M が最大であるという情報．

<u>方法</u>　点に対するラベル付け．

---

1. M によって飽和されていない U の点すべてに $*$ 印をつける．
2. 以下，step(i) と step(ii) をラベル付けができなくなるまで交互に繰り返す．step(i) と step(ii) が実行できなくなったら step 3 へ行く．
   (i)　U の点で最も新しくラベル付けされた点 u_i を選び，$E(G)-M$ の辺で u_i と隣接している V の点で，まだラベル付けされていない点すべてに (u_i) の印をつける．この手続きを U の新しくラベル付けされた点すべてに対して行う．
   (ii)　V の点で最も新しくラベル付けされた点 v_i を選び，M の辺で v_i と隣接している U の点で，まだラベル付けされていない点すべてに (v_i) 印をつける．この手続きを V の新しくラベル付けされた点すべてに対して行う．
3. M の辺と接続していない V の点でラベルが付いている点を探す．そのような点がなければ，現在のマッチングが最大であるといって終了．そのような点 v が存在すれば，v をブレークスルー点と呼び step 4 へ行く．
4. 以下のようにして交互道を見つける．
   (i)　ブレークスルー点 v から出発し，点 v のラベルが示している点 u へ行く．
   (ii)　点 u から u のラベルの示している点へ行く．
   この操作を $*$ がラベル付けられた点に到達するまで繰り返す．このとき得られた道が交互道 P である．
   step 5 へ行く．
5. 以下 (i), (ii) にしたがって新しいマッチングを構成する．
   (i)　道 P 上にない現在のマッチング M の辺．
   (ii)　現在のマッチング M に含まれていない道 P 上の辺．
   ラベルをすべて除き，step 1 へ戻る．□

5.1 マッチングと結婚定理

定理 5.7 はタットの 1-因子定理とも呼ばれている．**因子**とは，全域部分グラフのことであり，r-正則全域部分グラフを r-**因子**といい，因子の各成分が特別なグラフ $H_1, H_2, \cdots, H_k$ のいずれかと同型なとき $\{H_1, H_2, \cdots, H_k\}$-**因子**という．完全マッチングは 1-因子であり，P_2-因子である．

新学期が始まり，セミナーに新入生が入ってきた．学生相互の親睦を深めるため，また集中して研究を行うために，全員でセミナーハウスで合宿を行うことになった．セミナーハウスへ行くまでに何本かの列車を乗り継いで行くので，各列車の席順を決めなければならない．まだ学期が始まって間もないので，各々の人はそれほど多くの人とは親しくなっていない．最初から知り合いでない人を隣り合わせの席にするとセミナーの雰囲気が硬くなるので，とりあえず行きの列車の席割りは知り合いどうしが隣り合うようにしたい．この席の割り振りを頼まれた菱沼さんは，この問題の解決のために次のようなグラフを構成して考えることにした．すなわち，学生に対応して点をとり，学生どうしが知り合いのとき対応する点を辺で結ぶことによってグラフを構成したのである（図 5.4）．

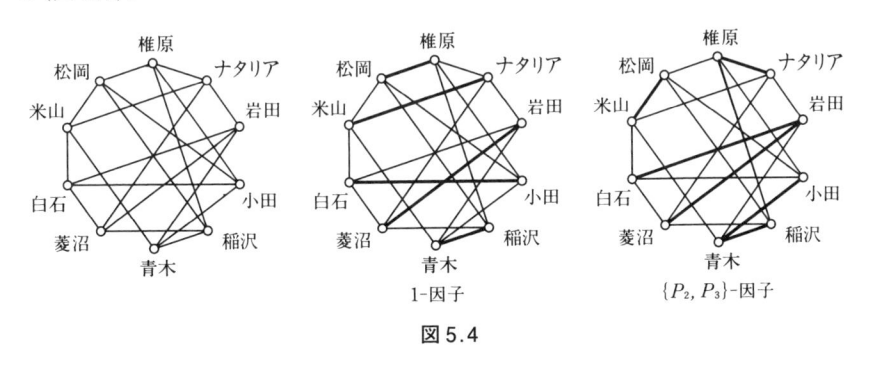

図 5.4

このグラフに 1-因子，すなわち完全マッチングがあれば，マッチングの辺で結ばれている点に対応している学生どうしを隣り合った席に割り振ることによって，求める席の割り振りができることになる．また新幹線のように座席が 2 人用と 3 人用に分かれているときの席の割り振りは，対応するグラフに $\{P_2, P_3\}$-因子が存在すれば解決できる．

タットの定理を利用すると，グラフに 1-因子（完全マッチング）が存在するかどうかが判定できる．例えば，橋を含まない 3-正則グラフはタットの条

定理 5.9 ピーターソン
橋を含まない 3 - 正則グラフは 1 - 因子を持つ，すなわち 1 - 因子と 2 - 因子に分解できる．

[証明] G を橋を含まない 3 - 正則グラフとする．G が 1 - 因子を含まないと仮定して矛盾を導く．タットの定理より，$V(G)$ の部分集合 S で $o(G-S) \geq |S|+1$ なるものが存在する．ここで $|S|=k$ とし，$G_1, G_2, \cdots, G_n (n>k)$ を $G-S$ の奇成分とする．各 G_i が奇成分であるので，G_i と S を結ぶ辺が存在し，更に，G が橋を含まないので，G_i と S を結ぶ辺は 2 本以上あることがわかる．さて，G_i と S を結ぶ辺がちょうど 2 本であるとすると，G が 3 - 正則グラフで橋を含まないので G_i に奇点が奇数個存在することになり，系 1.6（1.3 節）の"連結グラフの奇点の個数が偶数"という結果に反する．したがって，各 G_i と S を結ぶ辺の本数は，各々 3 本以上存在することがわかり，$\cup_{i=1}^{n} V(G_i)$ と S を結ぶ辺が $3n$ 本以上あることがわかる．一方，S の各点の次数が 3 であるので，$\cup_{i=1}^{n} V(G_i)$ と S を結ぶ辺は $3k$ 本以下であることがわかる．したがって $3k \geq 3n$，すなわち $k \geq n$ を得る．これは，$k<n$ という仮定に反する．故に，G には 1 - 因子が存在する．□

また $\{P_2, P_3\}$ - 因子に関しては，次のような結果が知られている．

定理 5.10
r - 正則グラフには $\{P_2, P_3\}$ - 因子が存在する．

橋を含まない 3 - 正則グラフは，1 - 因子と 2 - 因子に分解できることが定理 5.9 よりわかった．更に，その 2 - 因子の成分がすべて偶閉路であれば，2 - 因子が 2 つの 1 - 因子に分解でき，元の 3 - 正則グラフは 3 個の 1 - 因子に分解が

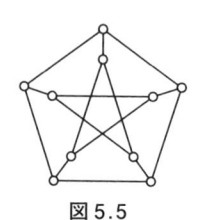

図 5.5

5.1 マッチングと結婚定理　　125

できる．図5.5のグラフからもわかるように，3-正則グラフが3個の1-因子に分解できるということは一般には成立しないことである．

演習問題 5.1

5.1 (a) $M = \{\{a, b\}, \{c, d\}, \{e, f\}\}$ は次のグラフ G の最大マッチングであるか．
(b) M によって飽和されていない G の点はどれとどれか．
(c) 不飽和の点から始まり不飽和な点で終わる G の M-交互道を求めよ．
(d) $M' = \{\{a, c\}, \{b, e\}, \{d, h\}\}$ に対して $E(J) = (M - M') \cup (M' - M)$ となる G の全域部分グラフ J を求めよ．

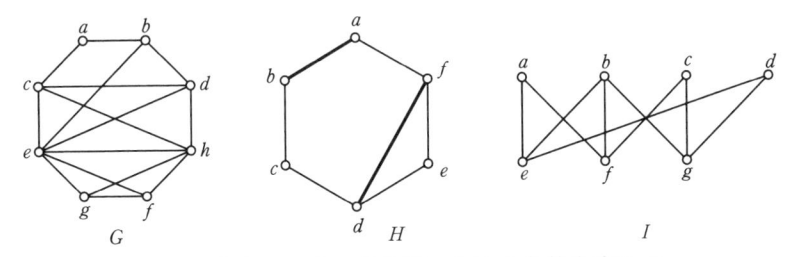

5.2 K_n 及び $K_{n, m}$ が完全マッチングを持つための条件を求めよ．

5.3 上のグラフ H におけるマッチング $M = \{\{a, b\}, \{d, f\}\}$ に関する増大道を見つけよ．

5.4 上のグラフ I に，完全マッチングが存在しないことを定理5.4を利用して示せ．

5.5† 系5.5を証明せよ．

5.6 $\{\{a, b, c\}, \{a, c, e\}, \{d, e, f\}, \{b, c, e\}\}$ に対して，定理5.6の証明で利用したグラフを構成し，個別代表系が存在するかを調べよ．

5.7 左下のグラフ G に完全マッチングがないことを定理5.7を利用して示せ．

5.8 右下のグラフ H にアルゴリズム5.8を適用せよ．

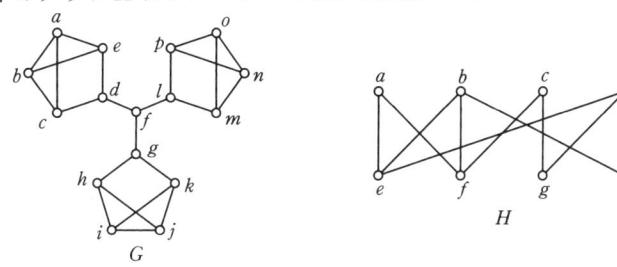

5.9 定理 5.9 の逆の成立しないグラフを挙げよ．

5.10 K_5 及び $K_{3,4}$ の $\{P_2, P_3\}$-因子を見つけよ．

5.11 辺数最大のマッチングのマッチングの大きさを**辺独立数**といい $\alpha'(G)$ で表す．また，グラフ G のすべての点が $F \subseteq E(G)$ のいずれかの辺に接続しているとき，F を**辺被覆**という．辺数が最小の辺被覆の大きさを**辺被覆数**といい $\beta'(G)$ で表す．

(a) $\{\{a, b\}, \{c, g\}, \{e, f\}\}$ は次の I のマッチングであるか，辺被覆であるか．

(b) $\{\{a, b\}, \{a, g\}, \{c, d\}, \{e, f\}\}$ は次のグラフ I のマッチングであるか，辺被覆であるか．

(c) $\alpha'(I)$, $\beta'(I)$ を求めよ．

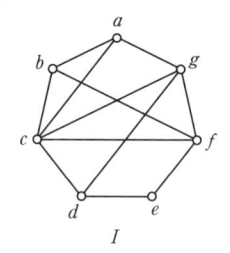

5.12 $\alpha'(K_n)$, $\beta'(K_n)$, $\alpha'(K_{n,m})$, $\beta'(K_{n,m})$ $(n \geq m)$ を求めよ．

5.13 $\alpha'(C_n)$, $\beta'(C_n)$, $\alpha'(W_n)$, $\beta'(W_n)$ を求めよ．

5.2 辺彩色

早大，明大，日体大，帝京大，青学大，筑波大，慶大，東大の 8 大学でラグビーのリーグ戦を行うことになり，今シーズンの全スケジュールの作成を朝倉君は依頼された．朝倉君は，対戦表に対応した次のようなグラフを構成することによって，この問題を解決しようと試みた．すなわち，各チームに対応して点をとり，2 チームの対戦が計画されているとき，対応する 2 点を辺で結ぶことにより，グラフを構成する（図 5.6）．次に，隣接する辺に異なる色が着くような，グラフの辺の彩色を考えた．隣接していない 2 辺は，対応する 2 試合が同時に開催できることを示しているので，同色の辺に対応していた試合は，すべて同時に開催できることがわかる．したがって，グラフの辺に色をつけることに関する情報が，スケジュールを決定するために有用となる．

5.2 辺彩色

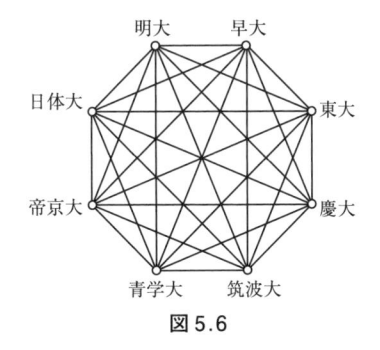

図 5.6

このように，同色の辺が互いに隣接しないようにグラフの辺に色を塗ることをグラフの**辺彩色**と呼び，形式的には次のように定義される．グラフ $G = (V, E)$ の辺集合 $E(G)$ から k 個の要素を持つ集合 $S = \{c_1, c_2, \cdots, c_k\}$ への写像 $\gamma: E(G) \rightarrow S$ で，すべての隣接している 2 辺 e と f に対して，$\gamma(e) \neq \gamma(f)$ であるものを G の辺彩色と呼び，$\gamma(e) = c$ のとき，辺 e は色 c で**着色**されているという．k 色を用いてグラフ G を辺彩色しているとき，その彩色を k-**辺彩色**という．また，$E_i = \{e : \gamma(e) = c_i\}$ $(i = 1, 2, \cdots, k)$ とおけば，G の辺集合 $E(G)$ の分割 $E(G) = E_1 \cup E_2 \cup \cdots \cup E_k$ が得られる．すなわち，どの 2 つの部分集合 E_i と E_j にも共通部分がなく，部分集合 $E_1, E_2, \cdots, E_k$ 全体の和集合が $E(G)$ となっている．したがって，G の k-辺彩色は互いに隣接しない辺の部分集合 E_i への $E(G)$ の分割 $\{E_1, E_2, \cdots, E_k\}$ と考えてもよい．前に述べたラグビーの試合のスケジュールは，対戦表に対応するグラフの辺彩色 $\{E_1, E_2, \cdots, E_k\}$ を求め，E_i ごとに，すなわち同じ色のついた辺に対応する試合ごとに開催日を設定していけば解決できることがわかる．

さて，グラフを辺彩色すればよいことはわかったが，ラグビーのシーズンは短いので，試合の開催日はなるべく少なくした方がなにかと都合がよい．そこで，辺彩色で用いられる色の個数をなるべく少なくするという問題を考えるために次のような概念を導入する．グラフ G に対して，k-辺彩色が存在するとき G は k-**辺彩色可能**であるという．G が k-辺彩色可能であるが $(k-1)$-辺彩色可能でないとき，すなわち，k-辺彩色が存在するような最小の k を G の**辺染色数**と呼び $\chi'(G)$ で表す．$\chi'(G) = k$ であるとき G は k-**辺染色的**であるという．辺彩色において，1 つの点に接続している辺はすべて異なる色で着色され

ていなくてはならないから，G の最大次数を $\Delta(G)$ とするとき $\chi'(G) \geq \Delta(G)$ が成り立つ．完全グラフ K_p の辺彩色は，この不等式の等号が成り立つ場合の例と成り立たない場合の例を与えている．

定理 5.11

完全グラフ K_p に対して，
(1) p が奇数のとき，$\chi'(K_p) = \Delta(K_p) + 1 = p$
(2) p が偶数のとき，$\chi'(K_p) = \Delta(K_p) = p-1$
である．

[証明] (1) p が奇数のとき，K_p の p 個の点 $v_1, v_2, \cdots, v_p$ を正 p 角形の頂点に配置し，K_p を描くとする．辺 $\{v_i, v_{i+1}\}$ に色 i ($i = 1, 2, \cdots, p-1$) を，辺 $\{v_p, v_1\}$ に色 p をつけ，さらに残りの各辺に対してその辺と平行な辺 $\{v_i, v_{i+1}\}$ と同じ色をつけると，K_p の p-辺彩色が得られ，$\chi'(K_p) \leq p$ が成り立つ（図 5.7）．一方，K_p の辺彩色においては同色の辺が隣接せず，1 本の辺が 2 点と接続していることより，$(p-1)/2$ 本以下の辺しか同じ色をつけることができない．このことと K_p の辺の本数が $p(p-1)/2$ 本であることから，$\chi'(K_p) \geq p$ が成り立つ．以上より，$\chi'(K_p) = p$ である．

(2) p が偶数のときは，まず K_p の辺全体を K_{p-1} と $K_{1, p-1}$ の辺和に分割する．いま $p-1$ が奇数であるから，K_{p-1} に (1) で示したような $(p-1)$-辺彩色を施せば，(1) の辺彩色の方法より，各点 v_i に対してその点に接続しているどの辺にも現れていない色 i がちょうど 1 つずつ存在し，かつそれらの色はすべて異なっていることがわかる．したがって，残った $K_{1, p-1}$ の辺にそれらの色をつければ K_p の $(p-1)$-辺彩色が得られる（図 5.7）．したがって，$\Delta(K_p) = p-1$ であるので，$\chi'(K_p) = p-1$ が成立する．□

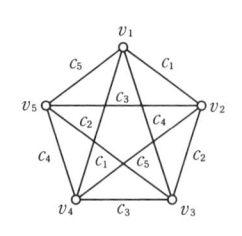

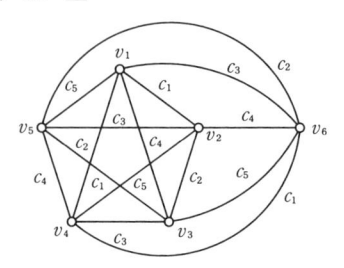

図 5.7

完全2部グラフ $K_{n,m}$ の辺染色数も等式 $\chi'(G)=\Delta(G)$ の成り立つ例となっている．

定理 5.12

$\chi'(K_{n,m}) = \max\{m, n\}$

[証明] 一般性を失うことなく $m \geq n$ と仮定してよい．このとき $\chi'(K_{n,m}) \geq m$ は，$K_{n,m}$ の最大次数が m であることより直ちにわかる．次に $\chi'(K_{n,m}) \leq m$ を示すために，$K_{n,m}$ を以下のように描く．すなわち，m 点 $v_1, v_2, \cdots, v_m$ を一直線 l 上に等間隔で置き，残りの n 点 $u_1, u_2, \cdots, u_n$ を直線 l と平行な別の直線 l' 上に等間隔に置く．そして，v_i と u_j のすべてを結ぶ．

このように描いた $K_{n,m}$ の辺を l' 上の点 u_i に着目して彩色する．すなわち，すべての辺を接続している点 u_i ごとに分類し，u_1 に接続している辺集合から順に，各辺集合ごとに各辺を時計回りに次のように彩色する．

u_1 に接続する辺：$\{1, 2, \cdots, m\}$,
u_2 に接続する辺：$\{2, \cdots, m, 1\}$,
    $\cdots$
u_n に接続する辺：$\{n, \cdots, m, 1, 2, \cdots, n-1\}$.

これが，$K_{n,m}$ の m-辺彩色となっていることは簡単に確かめられる．したがって，$\chi'(K_{n,m}) \leq m$ が成り立つ（図5.8）． □

図 5.8

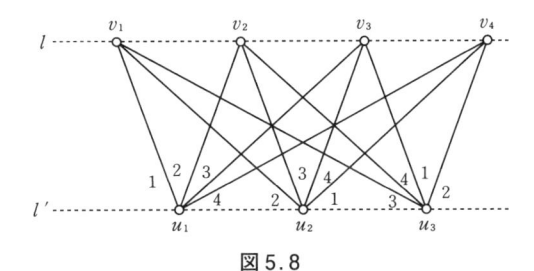

一般の2部グラフの辺染色数に関しては，次の D. ケーニヒの結果が知られている．

定理 5.13　ケーニヒ

2部グラフ G に対して，$\chi'(G) = \Delta(G)$ が成り立つ．

2部グラフに関する D. ケーニヒの結果や完全グラフに関する定理 5.11 の結果は，実は特別な例ではなく，すべての単純グラフ G の辺染色数は，$\Delta(G)$ あるいは，$\Delta(G)+1$ のいずれかである．このことは，V.G. ビジングによって示された．

定理 5.14 ビジング

空でない任意の単純グラフ G に対して，
$$\Delta(G) \leq \chi'(G) \leq \Delta(G)+1$$
が成り立つ．

この定理の証明は，グラフの辺を適当に彩色し，それを塗りなおすという手法で行われている．グラフの辺を彩色するとき，"隣接する辺が同色となってはならない" という制限をはずしたほうが，すなわち "隣接する辺の色が同じでもよい" という条件の下で彩色を行ったほうが考える問題によっては有効な場合がある．そこで，"隣接する辺の色が同じでもよい" という条件の下での辺彩色，すなわち，グラフの辺に色をつけるとき何の制約条件もない場合を，グラフ G の**辺着色**といい，k 色による辺着色を k-**辺着色**という．さて，ビジングの定理を証明するために必要ないくつかの概念と命題を以下に述べる．

定理 5.15

G を位数 3 以上の連結グラフで奇閉路ではないものとするとき，G の 2-辺着色で次数 2 以上のすべての点において 2 色が共に現れるようなものが存在する．

[証明] まず，G がオイラーグラフの場合について考える．G が偶閉路のときは，G の 2-辺彩色が求める辺着色となる．G が偶閉路でないときは次数 4 以上の点 v_1 が存在する．$v_1 e_1 v_2 \cdots e_q v_1$ を次数 4 以上の点 v_1 から始まる G のオイラー回路とし，i が奇数のとき辺 e_i に色 c_1 を，i が偶数のとき辺 e_i に色 c_2 を着色すれば，各点に 2 色が共に現れる辺着色が得られる．

次に，G がオイラーグラフでない場合を考える．新たな点 v' を G に加え，v' と G の奇点すべてを辺で結んで得られるグラフを G' とする．奇点の個数は偶数であるから v' の次数が偶数となり，G' はオイラーグラフとなる．よって，前半で述べたように G' のオイラー回路 $v' e_1 v_2 \cdots e_q v'$ に基づいて G' の 2-辺着

色が得られる．G'に対する着色の仕方から，G'においてv'以外の次数4以上の点には2色がそれぞれ次数の半分の回数だけ現れていることがわかる．したがって，G'の頂点v'を除去して元のGに戻したとき，Gの次数2以上の各点には2色が共に現れている．□

Gのk-辺着色が与えられているとき，$c(v)$を点vに接続している辺に現れる色の個数とすると，$c(v) \leq \deg_G v$ が成り立つ．k-辺着色がk-辺彩色となるのは，任意の点においてこの不等式が等号で成り立つときである．$\sum_{v \in V(G)} c(v)$が最大となるようなk-辺着色をグラフGの**最適なk-辺着色**と呼ぶ．図5.9は最適なk-辺着色とそうでないk-辺着色の例である．

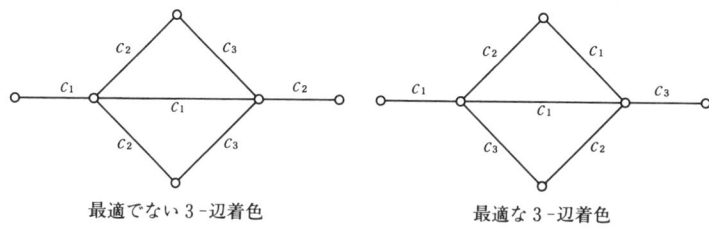

最適でない3-辺着色　　　　　最適な3-辺着色

図5.9

――― 定理5.16 ―――
$\{E_1, E_2, \cdots, E_k\}$をグラフ$G$の最適な$k$-辺着色$\gamma$とする．点$u$において，$u$に現れない色$c_l$と$u$に2度以上現れる色$c_m$が存在するとき，色$c_l$の塗られた辺の集合$E_l$と色$c_m$の塗られた辺の集合$E_m$から誘導される辺誘導部分グラフ$\langle E_l \cup E_m \rangle_E$の成分で$u$を含むものは奇閉路である．

[証明] $\langle E_l \cup E_m \rangle_E$の成分で$u$を含むものを$H$とする．$H$が奇閉路でないと仮定すると，定理5.15より，色$c_l, c_m$による$H$の2-辺着色$\gamma_{l,m}$で次数2以上の点すべてに両方の色が現れるものが存在する．Hの辺のみをこの辺着色$\gamma_{l,m}$に塗り換えると，Gの新しいk-辺着色γ'が得られる．$c_{\gamma'}(v)$を新しいk-辺着色γ'で各点に現れる色の個数とすると，uがHにおいて次数2以上であるので，

$\qquad c_{\gamma'}(u) = c(u) + 1$
$\qquad c_{\gamma'}(v) \geq c(v) \qquad (v \neq u)$

が成り立ち，$\sum_{v \in V(G)} c_{\gamma'}(v) > \sum_{v \in V(G)} c(v)$ となる．これは初めのk-辺着色γが最適であることに矛盾する．よって，Hは奇閉路でなければならない．□

これらの概念と定理を用いてビジングの定理を示すことができる．

[定理 5.14 の証明] 一般に $\chi'(G) \geq \Delta(G)$ であるので，$\chi'(G) \leq \Delta(G)+1$ が示せれば十分である．そこで，$\chi'(G) > \Delta(G)+1$ と仮定して矛盾を導くことにする．G に最適な $(\Delta(G)+1)$-辺着色 $\gamma: E_1 \cup E_2 \cup \cdots \cup E_{\Delta(G)+1}$ を施すとすると，仮定から γ は辺彩色ではない．したがって，$c(u) < \deg_G u$ となる点 u が存在する．さて，ここで u に接続している辺に現れない色を c_0，2度以上現れる色を c_1 とし，辺 $\{u, v_1\}$ を色 c_1 が塗られた辺とする．

$\deg_G v_1 < \Delta(G)+1$ であるから，v_1 の接続辺に現れない色 c_2 が存在する．c_2 が u の接続辺にも現れないとすれば，辺 $\{u, v_1\}$ の色を c_2 に変えることで，$\sum_{v \in V(G)} c(v)$ が γ より大きい $(\Delta(G)+1)$-辺着色が得られ，γ が最適な $(\Delta(G)+1)$-辺着色であることに反する．したがって，色 c_2 は u の接続辺に現れている．$\{u, v_2\}$ を色 c_2 の辺とする．v_2 を v_1 に置き換えて前述のことと同様に考えれば，v_2 の接続辺には現れない色 c_3 を持つ u の接続辺 $\{u, v_3\}$ が存在する．

以下，この論法を繰り返すことにより，点の列 $v_1, v_2, \cdots$ と色の列 $c_1, c_2, \cdots$ で
(1) 辺 $\{u, v_j\}$ は色 c_j を持ち
(2) 色 c_{j+1} は v_j の接続辺に現れない

という性質を満たすものが得られる．u の次数 $\deg_G u$ は有限であるから，$v_k = v_{l+1}, c_k = c_{l+1}$ $(k<l)$ を満たす k, l が存在する．l をそのような番号の中の最小の数とする．

さて，ここで，(1)，(2) の性質に基づいて G の辺を塗り換え新しい辺着色を構成することを考える．まず，辺 $\{u, v_j\}$ $(1 \leq j \leq k-1)$ の色を c_{j+1} に塗り換える．これによって得られた新しい辺着色 $\gamma': E_1' \cup E_2' \cup \cdots \cup E_{\Delta(G)+1}'$ も $(\Delta(G)+1)$-辺着色である．また，任意の点 v に対して

$$c_{\gamma'}(v) \geq c(v)$$

が成り立つから，γ' は最適な $(\Delta(G)+1)$-辺着色でもある．ここで，$c_{\gamma'}(v)$ は辺着色 γ' において，点 v に現れる色の個数である．点 u には色 c_0 の辺が接続してなく，色 c_k の辺が2本以上接続しているので，定理 5.16 より辺誘導部分グラフ $\langle E'c_0 \cup E'c_k \rangle_E$ の u を含む成分 H' は奇閉路である．

次に，辺 $\{u, v_j\}$ $(k \leq j \leq l-1)$ の色を c_{j+1} で，辺 $\{u, v_l\}$ の色を $c_k = c_{l+1}$ で塗り換えることにより，γ' から更に新しい $(\Delta(G)+1)$-辺着色 $\gamma'': E_1'' \cup E_2'' \cup \cdots \cup E_{\Delta(G)+1}''$ が構成できる．γ' と同様に，構成の仕方より任意の点 v に対して，

$$c_{\gamma''}(v) \geq c(v)$$

が成り立つので,γ''も最適な$(\Delta(G)+1)$-辺着色である.ここで,$c_{\gamma''}(v)$は辺着色γ''において,点vに現れる色の個数である.また点uには色c_0の辺が接続してなく,$c_{l+1}=c_k$であるので色c_kの辺が2本以上接続している.したがって,辺誘導部分グラフ$\langle E''c_0 \cup E''c_k \rangle_E$の$u$を含む成分$H''$も定理5.16より奇閉路である.

ここで,点v_kの次数に着目すると,H'が奇閉路なので,H'において2であり,γ''の作り方より,辺$\{u, v_k\}$の色がc_kからc_{k+1}に置き換わったので,H''において次数は1となる.これはH''が次数1の点を含むことになり,H''が奇閉路であることに,矛盾する.□

グラフが多重グラフの場合については,次のような結果が知られている.

―― 定理 5.17 ――
ループを含まない多重グラフGに対して,
$$\chi'(G) \leq \Delta(G) + \mu(G)$$
が成り立つ.ただし,$\mu(G)$はGの2点間を結ぶ辺の最大本数である.

―― 定理 5.18 シャノン ――
ループを含まない多重グラフGに対して,$\chi'(G) \leq 3/2 \cdot \Delta(G)$が成り立つ.

辺彩色のためのアルゴリズムとしては,次のようなものが知られている.これはウェルシュ・パウエルのアルゴリズムの辺彩色版といえる.

―― アルゴリズム 5.19　辺彩色アルゴリズム ――
入力:グラフGの辺集合$E(G)=\{e_1, e_2, \cdots, e_q\}$
出力:Gの辺彩色
方法:彩色可能な色の中で最小の番号を利用する.

1. $i=1$
2. $c=1$
3. e_iの隣接辺で色cを持つものが存在しなければ,辺e_iに色cをつけstep 5へ行く
4. cを$c+1$に置き換えて,step 3へ
5. $i<q$ならばiを$i+1$に置き換えてstep 2へ戻る.$i=q$ならば終了.□

辺彩色において同色辺集合はマッチングであるので，マッチングを順次求めて行くと辺彩色が得られることになる．

アルゴリズム 5.20　最大マッチングによる辺彩色

入力：グラフ G

出力：G の辺彩色

方法：G の最大マッチングを同色辺集合とする．

---

1. $c=1$
2. G の最大マッチング M を求める．
3. M の辺すべてに色 c をつける．
4. c を $c+1$ に置き換える．
5. G を $G-M$ (G から M の辺すべてを除いたグラフ)に置き換える．
6. $E(G)=\phi$ ならば終了．$E(G) \neq \phi$ ならば step 2 へ戻る．□

G が 2 部グラフならば step 2 は，アルゴリズム 5.8 を用いれば実現でき，2 部グラフでないときはこの本では紹介していないが J・エドモンド等のアルゴリズムを用いれば実現できる．

第 5 章の終わりに

マッチングは元々パイロットとナビゲーターとの組み合せを考えることから始まったものである．人材配置に関する応用があり，アルゴリズム的側面からの研究が活発になされている．因子に関しては $W.T.$ タットによる f-因子定理という重要な結果が知られており，様々な角度から研究されている．

辺彩色においては，ビジングの定理という決定的な結果が得られており，個々のグラフの辺染色数が $\Delta(G)$ あるいは $\Delta(G)+1$ のいずれかであるかの決定に関心が集まっている．辺彩色はグラフの辺集合のマッチングへの分解と考えることができ，マッチングとの関係が深いといえる．

演習問題 5.2

5.14 次頁の各グラフ G, H, I は 3-辺彩色可能か，4-辺彩色可能か．

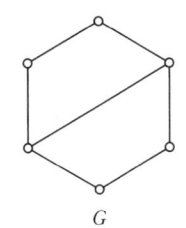

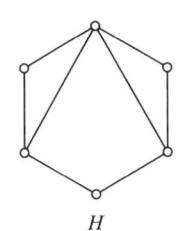

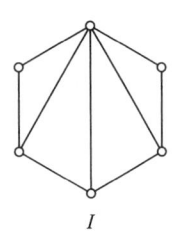

5.2 辺彩色

5.15 次頁の各グラフ G, H, I の辺染色数を求めよ．

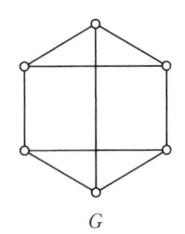

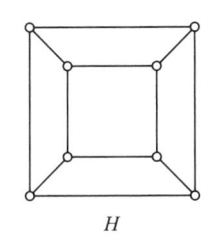

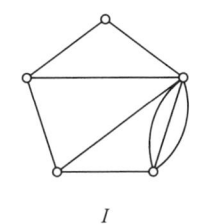

5.16 $\chi'(W_{2n+1})$, $\chi'(W_{2n})$, $\chi'(C_{2n+1})$, $\chi'(C_{2n})$ を求めよ．

5.17 $G \not\equiv K_n$ で $\chi'(G) = \Delta(G)$ となるグラフを1つ挙げよ．

5.18 $\chi'(G) = \Delta(G) + \mu(G)$ となる単純グラフでない多重グラフの例を1つ挙げよ．

5.19 $\chi'(G) = 3/2 \cdot \Delta(G)$ となるグラフを1つ挙げよ．

5.20† 3-正則ハミルトングラフ G に対して，$\chi'(G) = 3$ であることを示せ．

5.21† 奇位数の r-正則グラフ G に対して，$\chi'(G) = r+1$ であることを示せ．

5.22† 木の辺染色数を求めよ．

5.23† サイズが偶数のオイラーグラフには，2辺着色で各点に現れる2色の数が等しいものが存在することを示せ．

6 有向グラフと比較可能グラフ

6.1 有向グラフ

　コンピュータソフトウェアは，いくつかの処理 step と条件にしたがった step から step への移動からなっている．ソフトウェアのテストでは，テストデータを入力して，すべての step の動きと，各 step 間の可能な動きをチェックする必要がある．テストのスケジュールの作成を依頼された田山君は step の動きを表現するグラフを考え，グラフ全体を含む回路を構成し全体の動きを把握しようと考えた．この問題について考えるために，2, 3 の概念を導入する．
　有向グラフまたは**ダイグラフ** D とは，**点**と呼ばれる要素からなる空でない有限集合 $V(D)$（**点集合**）と，**弧**と呼ばれる $V(D)$ の要素の順序対の有限集合 $A(D)$（**弧集合**）からなるものである．したがって，有向グラフの各弧には向きがあることになり，辺に向きのあるグラフを有向グラフというのである．また，有向グラフに対して，向きのない辺からなるグラフ，すなわち普通のグラフを**無向グラフ**という．弧 $a=(u,v)$ が存在するとき，弧 a は**点 u を点 v へ結ぶ**といい，u を弧 a の**始点**，v を弧 a の**終点**という．弧 (u,v) を $u \to v$ と表すときもある．弧 (u,v) と (v,u) が同時に存在しても，多重弧にはならないことに注意してほしい．$v \in V(D)$ に対して，v を始点とする弧の本数を v の**出次数**，また v を終点とする弧の本数を v の**入次数**といい，各々，$\mathrm{od}_D v$（あるいは $\mathrm{od}(v)$），$\mathrm{id}_D v$（あるいは $\mathrm{id}(v)$）で表す．$\mathrm{od}_D v = 0$ の点を**シンク**，$\mathrm{id}_D v = 0$ の点を**ソース**という．また，$\deg_D v = \mathrm{od}_D v + \mathrm{id}_D v$ である．定理 1.5（握手の補題）と同様の考察から，有向グラフの次数と弧の本数の間に次の関係が成り立つことがわかる．

定理 6.1

D を有向グラフとするとき,
$$\sum_{u \in V(D)} \mathrm{od}_D(u) = \sum_{u \in V(D)} \mathrm{id}_D(u) = |A(D)|$$
が成り立つ.

有向歩道, 有向小道, 有向道, 有向回路, 有向閉路等の概念は, グラフにおける歩道等の定義において辺の向きを考慮することによって得られるものである. 点 u から点 v への有向道が存在するとき, 点 u から点 v へ**到達可能**であるという. 有向グラフの連結性には様々な種類がある. 有向グラフ D の弧を向きのない辺に置き換えることによって得られるグラフ $G(D)$ を有向グラフ D の**基礎グラフ**あるいは**底グラフ**といい, 基礎グラフが連結のとき, 有向グラフ D を**弱連結**, あるいは単に**連結**という. 有向グラフ D の任意の 2 点に対して, 少なくとも一方から他方へ到達可能なとき, **片方向連結**といい, 共に他方へ到達可能なとき**強連結**であるという (図 6.1). 強連結な向き付けについては 3.2 節で扱っている.

a:弧 (a, f) の始点
f:弧 (a, f) の終点
$\mathrm{od}_D a = 2$
$\mathrm{id}_D a = 1$
$afed$:有向 a-d 道
$abcda$:有向閉路
D:強連結な有向グラフ

強連結ではない片方向連結な有向グラフ

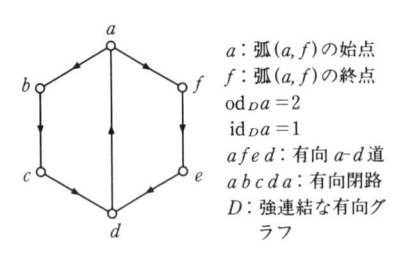

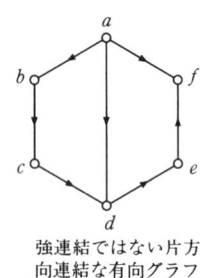

図 6.1

連結な有向グラフのすべての弧を含む閉じた有向小道を**オイラー有向回路**といい, オイラー有向回路を持つ有向グラフを**オイラー有向グラフ**という.

定理 6.2

連結な有向グラフ D がオイラー有向グラフであるための必要十分条件は, D の任意の点 v において $\mathrm{od}_D v = \mathrm{id}_D v$ が成り立つことである.

この定理の証明は, 定理 2.1 とほぼ同様である.

6.1 有向グラフ

有向グラフの重要なクラスの1つに**トーナメント**がある．トーナメントとは，完全グラフを向き付けることによって得られる有向グラフのことである．有向グラフ D の任意の3点 u, v, w に対して，"$(u, v) \in A(D)$, $(v, w) \in A(D)$ $\rightarrow (u, w) \in A(D)$" が満たされる時，$D$ を**推移的な有向グラフ**という．推移的なトーナメントについては，様々な性質が知られている．

--- **定理6.3** ---
トーナメント T が推移的であるための必要十分条件は，T に有向閉路が存在しない．すなわち T が非有向閉路的であることである．

[証明]　(u, v), (v, w) を非有向閉路的トーナメント T の弧とする．T が非有向閉路的であるので，$(u, w) \in A(T)$ となり，T は推移的である．

逆に，推移的トーナメント T に有向閉路 $v_1, v_2, \cdots, v_k, v_1$ が存在したとすると，T の推移性より，T に弧 (v_1, v_3), (v_1, v_4), $\cdots$, (v_1, v_k) が存在することになる．これは，(v_k, v_1) が T の弧であることに反する．したがって，T は非有向閉路的である．□

トーナメントの点 v_i における出次数は，v_i の**得点**と呼ばれ，非負整数列 s_1, s_2, $\cdots$, s_p がトーナメントの**得点列**と呼ばれるのは，位数 p のトーナメントで，$\mathrm{od}_T v_i = s_i$ となるようなものが存在するときである（図6.2）．次の結果は，どのような数列が推移的トーナメントの得点列となるかの特徴付けを与えている．

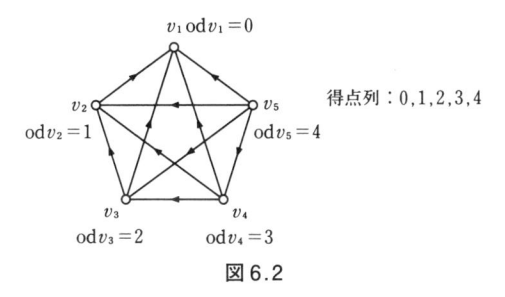

$v_1 \; \mathrm{od} v_1 = 0$
$\mathrm{od} v_2 = 1$
$\mathrm{od} v_5 = 4$
$\mathrm{od} v_3 = 2$　$\mathrm{od} v_4 = 3$

得点列：0, 1, 2, 3, 4

図6.2

--- **定理6.4** ---
p 個の非負整数からなる非減少数列 S が位数 p の推移的トーナメントの得点列となるための必要十分条件は，S が数列：$0, 1, \cdots, p-1$ であることである．

[証明] トーナメント T を $V(T) = \{v_1, v_2, \cdots, v_p\}$, $A(T) = \{(v_i, v_j) | 1 \leq j < i \leq p\}$ で定めると，T は推移的であり，$\mathrm{od}_T v_i = i-1$ である．したがって，$S : 0, 1, \cdots, p-1$ は推移的トーナメントの得点列である．

逆に，T を推移的トーナメントとする．すべての点の出次数が異なることが示せると，位数 p のトーナメントの出次数としての可能な数が $0 \sim p-1$ の p 通りしかないので，T の得点列が $S : 0, 1, \cdots, p-1$ であることがわかる．今 $u, v \in V(T)$ に対して，$\mathrm{od}_T u = \mathrm{od}_T v$ とする．T がトーナメントであることより，弧 (u, v) あるいは，(v, u) が $A(T)$ に存在するので，$(u, v) \in A(T)$ とし，$W = \{w \in V(T) | (v, w) \in A(T)\}$ とする．T の推移性と $(u, v) \in A(T)$ より，すべての $w \in W$ に対して，$(u, w) \in A(T)$ となる．したがって，このとき，$\mathrm{od}_T v = |W|$, $\mathrm{od}_T u \geq |W| + 1$ となり仮定に反する．□

この結果より，ただちに次のことがわかる．

定理 6.5

p 個の非負整数からなる非減少数列 S が位数 p の推移的トーナメントの入次数列となるための必要十分条件は，S が数列：$0, 1, \cdots, p-1$ であることである．

定理 6.6

位数 p の推移的トーナメントは 1 個しか存在しない．

有向グラフ D のすべての点を含む有向道を D の**ハミルトン有向道**といい，D のすべての点を含む有向閉路を**ハミルトン有向閉路**という．またハミルトン有向閉路を持つ有向グラフを**ハミルトン有向グラフ**という．ハミルトン有向グラフに対しては次の結果が知られている．

定理 6.7　ウッドオール

D を位数 $p \geq 3$ の有向グラフとする．$(u, v) \in A(D)$ なる D の任意の点 u, v に対して，$\mathrm{od}_D u + \mathrm{id}_D v \geq p$ が成立するならば，D はハミルトン有向グラフである．

この定理は次の定理を用いると証明ができる．

定理 6.8　メニエル

D を位数 $p≧3$ の強連結有向グラフとする．D の任意の非隣接点 u,v に対して，$\deg_D u + \deg_D v ≧ 2p-1$ が成立するならば，D はハミルトン有向グラフである．

（定理 6.7 の証明）

まず，D が強連結であることを示す．D の任意の 2 点 u,v に対して $(u,v)\notin A(D)$ のとき，$\mathrm{od}_D u + \mathrm{id}_D v ≧ p$ より $(u,w),(w,v)\in A(D)$ なる点 w が存在し，u から v への有向道 u,w,v が存在する．したがって，D は強連結である．u,v を D の非隣接点とすると

$$\begin{aligned}\deg_D u + \deg_D v &= (\mathrm{od}_D u + \mathrm{id}_D u) + (\mathrm{od}_D v + \mathrm{id}_D v)\\ &= (\mathrm{od}_D u + \mathrm{id}_D v) + (\mathrm{od}_D v + \mathrm{id}_D u)\\ &≧ p+p = 2p ≧ 2p-1\end{aligned}$$

であるので定理 6.8 より，D がハミルトン有向グラフであることがいえる．□

推移的でないトーナメントの性質としては次のようなものが知られている．

定理 6.9

(1) トーナメントはハミルトン有向道を持つ．

(2) 位数 $p(≧3)$ の強連結なトーナメントの各点は長さ k の有向閉路 $(3≦k≦p)$ に含まれる．

[証明]

(1) トーナメントの位数 p に関する帰納法で示す．$p≦3$ のときは明らかに成立している．p 点以下のトーナメントにはハミルトン有向道が存在すると仮定する．T を位数 $p+1$ のトーナメントとし，v を T の点とする．$T-v$ は位数 p のトーナメントであるので，ハミルトン有向道 $v_1 \to v_2 \to \cdots \to v_p$ が存在する．$(v,v_1)\in A(T)$ ならば $v \to v_1 \to v_2 \to \cdots \to v_p$ が T のハミルトン有向道である．したがって，$(v,v_1)\notin A(T)$ とする．このとき $(v_1,v)\in A(T)$ である．今 (v,v_i) なる弧が存在したとする．v_j を $(v,v_i)\in A(T)$ なる弧のうちで v_1 からみて初めて現れる弧の点とする．このとき $v_1 \to \cdots \to v_{j-1} \to v \to v_j \to \cdots \to v_p$ が T のハミルトン有向道となる．また，すべての v_i に対して，(v,v_i) なる弧が存在しないとすると，$v_1 \to v_2 \to \cdots \to v_p \to v$ が T のハミルトン

有向道となる.

(2) v を T の点とし,有向閉路の長さ k に関する帰納法で示す.まず,$k=3$ について考える.$W=\{w\in V(T);(v,w)\in A(T)\}$;$Z=\{z\in V(T);(z,v)\in A(T)\}$ とする.T が強連結であるので,W と Z は共に空集合ではなく,$(w_\alpha,z_\alpha)\in A(T)(w_\alpha\in W,z_\alpha\in Z)$ なる弧が存在する.したがって,$vw_\alpha z_\alpha v$ が T の v を含む長さ 3 の有向閉路となる.

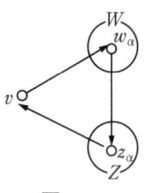

図 6.3

次に,T に $v=v_1$ を含む長さ k の有向閉路 $C:v_1\to v_2\to\cdots\to v_k\to v_1$ が存在するとする.このとき $(v_i,u),(u,v_{i+1})\in A(T)$ なる点 $u(u\neq v_j\ (j=1,2,\cdots,k))$ が存在すれば $v_1\to v_2\to\cdots\to v_i\to u\to v_{i+1}\to\cdots\to v_k\to v_1$ が求める $(k+1)$-有向閉路である.そのような点が存在しなければ,$V(T)-V(C)$ は $W=\{w\in V(T)-\{v_1,v_2,\cdots,v_k\};(v_i,w)\in A(T),i=1,2,\cdots,k\}$ と $Z=\{z\in V(T)-\{v_1,v_2,\cdots,v_k\};(z,v_i)\in A(T),i=1,2,\cdots,k\}$ に分割される.T が強連結であるので,W と Z は共に空集合ではなく,$(w_\alpha,z_\alpha)\in A(T)(w_\alpha\in W,z_\alpha\in Z)$ なる弧が存在する.

したがって,$v_1\to w_\alpha\to z_\alpha\to v_3\to\cdots\to v_k\to v_1$ が求める $(k+1)$-有向閉路となる.□

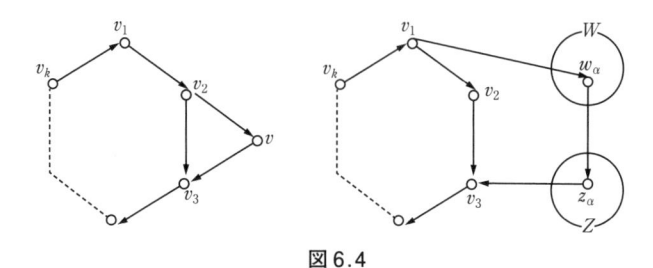

図 6.4

演習問題 6.1

6.1 次の有向グラフ D に対して，以下の問に答えよ．
  (a) 弧 α の始点，終点を求めよ．
  (b) 点 a の入次数，出次数を求めよ．
  (c) 長さ 4 の有向閉路を求めよ．
  (d) b–c 有向道を求めよ．
  (e) D は弱連結，片方向連結，強連結のいずれかであるか．

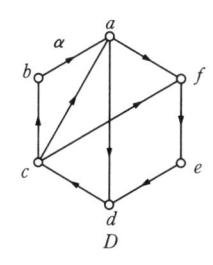

6.2 次の有向グラフ D に対して，以下の問に答えよ．
  (a) 弧 (u, v) の始点及び終点を求めよ． (b) 点 w を始点とする弧を求めよ．
  (c) 点 z を終点とする弧を求めよ． (d) 点 x の入次数，出次数を求めよ．

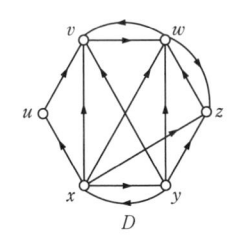

6.3[†] 定理 6.1 を証明せよ．
6.4[†] 定理 6.2 を証明せよ．
6.5[†] 定理 6.5 を証明せよ．
6.6 ハミルトン有向グラフが強連結であることを示せ．
6.7 定理 6.7 の逆が成立しない例を示せ．
6.8 定理 6.8 の逆が成立しない例を示せ．

6.2 比較可能グラフ

　緊急のトラブルが発生したとき，グループの全員に連絡をとらなくてはいけないが，1人1人に連絡をとっていたのでは時間がかかってしまう．そこで，何人かに連絡し，後は順次，次の人に連絡してもらい全員に連絡する方法をとることにしたい．このとき，連絡すべき人が休暇や出張等で連絡できないときには，連絡網において休みの人が連絡すべき人にも連絡するようにしたい．このような条件を満たす連絡網の作成を依頼された小野君は，緊急の連絡が深夜や早朝にも行われるので，連絡すべき人を知り合いの人の中から選びたいと思っている．小野君は，グループの人々の間の知り合いの関係を表すグラフを作ることで，この問題を解決することを考えた．

　有向グラフの弧の向きを除いたグラフを基礎グラフといったが，逆に，無向グラフ G の各辺に向きを付けて有向グラフを作ることを G の**向き付け**といった．先ほどの連絡網の問題は，友好関係に対応したグラフのうまい向き付けを見つけることによって解決が可能になる．うまい向き付け，すなわち条件"連絡すべき人が休暇や出張等で連絡できないときには，休みの人が連絡すべき人にも連絡する"を満たす向き付けを考えればよいことになる．さて，条件"連絡すべき人が休暇や出張等で連絡できないときには，休みの人が連絡すべき人にも連絡する"は向き付けにおいては，条件"$u \to v, v \to w \Rightarrow u \to w$"に対応している．したがって，連絡網の問題は友好関係に対応したグラフに，"$u \to v, v \to w \Rightarrow u \to w$"を満たす向き付けができれば解決できることになる．条件"$u \to v, v \to w \Rightarrow u \to w$"を満たす向き付けを**推移的な向き付け**といい，推移的な向き付けのできるグラフを，**比較可能グラフ**という．

　いま考えているグループの人々に対応する図6.5(a)のグラフは，幸運にも推移的な向き付けができるので，小野君の悩みは解決されたことになる．しかし，図6.5(b)のグラフのように推移的な向き付けがないグラフも存在する．したがって，比較可能グラフについてもう少し詳しく考えてみる必要がある．比較可能グラフの特徴付けとしては，次のようなものが知られている．

6.2 比較可能グラフ

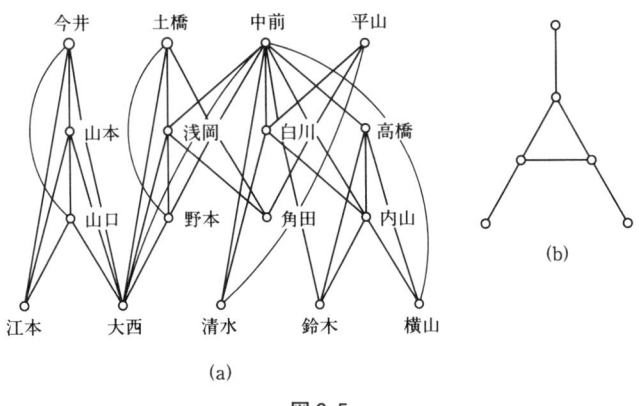

図6.5

定理6.10

グラフ G が比較可能グラフであるための必要十分条件は，長さが奇数の G の閉歩道 $[a_1, a_2, \cdots, a_{2q}, a_{2q+1}, a_1]$ すべてに，$\{a_{2q}, a_1\}$ あるいは，$\{a_{2q+1}, a_2\}$，あるいは，$\{a_i, a_{i+2}\}$ $(i=1, 2, \cdots, 2q-1)$ の形をした辺が存在することである．

連絡網を階層別に分けて，連絡網の深さを考えることは，連絡の迅速さをとらえることになり，考慮すべきことである．比較可能グラフにおいて有向道の長さは染色数と関係していることが知られている．

比較可能グラフの染色数を考える前に非閉路的有向グラフについて考える．**非閉路的有向グラフ**とは有向閉路を含まない有向グラフのことである．またグラフ G の向き付けで，向き付けられた有向グラフが非閉路的になるとき，その向き付けを**非閉路的な向き付け**という．非閉路的有向グラフ D の**ソース分解**とは次のような点集合 $V(D)$ の分解 $V(D) = V_1 \cup V_2 \cup \cdots \cup V_k$ のことである．ここで，V_1 は D の入次数 0 の点（ソース）全体の集合であり，V_i は $D - \bigcup_{j=1}^{i-1} V_j$ の入次数 0 の点の集合である（図6.6）．非閉路的有向グラフには，入次数 0 の点（ソース）が存在するので，非閉路的有向グラフに対してソース分解は常に可能である．

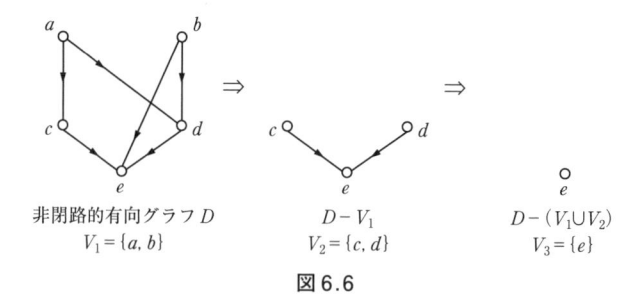

非閉路的有向グラフ D 　　　　$D-V_1$ 　　　　$D-(V_1\cup V_2)$
$V_1=\{a,b\}$ 　　　　$V_2=\{c,d\}$ 　　　　$V_3=\{e\}$

図 6.6

ソース分解は，次のような性質を持っている．

―― 定理 6.11 ――

D を非閉路的有向グラフ，$\{V_1, V_2, \cdots, V_k\}$ を D のソース分解とすると，次が成立する．

(1) 各 V_i は独立集合である．
(2) $(u,v)\in A(D)$ に対して，$u\in V_i, v\in V_j$ とすると，$i<j$ である．
(3) $V_i(i>1)$ の任意の点 v に対して，$(u,v)\in A(D)$ なる点 u が V_{i-1} に存在する．

非閉路的な向き付けと染色数の間には次のような関係がある．この定理はソース分解を用いることにより証明できる．

―― 定理 6.12 ――

$\mathcal{A}$ をグラフ G の非閉路的な向き付けの集合，G_α を $\alpha\in\mathcal{A}$ で向き付けられた非閉路的有向グラフ，$\mathcal{P}_\alpha$ を G_α の有向道の集合とする．このとき
$$\chi(G)=\min_{\alpha\in\mathcal{A}}\{\max_{P\in\mathcal{P}_\alpha}|P|\}$$
が成立する．ただし，$|P|$ は P に含まれる点の個数を表す．

[証明] $\{V_1, V_2, \cdots, V_k\}$ を G_α のソース分解とする．定理 6.11(3) より，V_k の点から V_{k-1} の点へ，V_{k-1} の点から V_{k-2} の点へ $\cdots$ と V_1 の点まで戻ることにより，点数が k の有向道が得られる．したがって，$\max_{P\in\mathcal{P}_\alpha}|P|\geq k$ が得られる．また，$v_{s_1}\to v_{s_2}\to\cdots\to v_{s_m}$ を G_α の有向道で $v_{s_i}\in V_{s_i}$ なるものとすると，定理 6.11(2) より $s_1<s_2<\cdots<s_m$ となり，$m\leq k$ が得られる．したがって，$\max_{P\in\mathcal{P}_\alpha}|P|\leq k$ となる．以上より $\max_{P\in\mathcal{P}_\alpha}|P|=k$ が成立する．

6.2 比較可能グラフ

また，定理6.11(1)より各V_iは独立集合であるので，V_iの点すべてに色iを付ければ，Gのk-彩色となる．したがって，$\chi(G) \leq k = \max_{P \in \rho_\alpha}|P|$となり，$\chi(G) \leq \min_{\alpha \in \mathscr{A}}\{\max_{P \in \rho_\alpha}|P|\}$が得られる．

一方Gを$\chi(G)$彩色し，そのときの同色点集合を$U_1, U_2, \cdots, U_{\chi(G)}$とする．このとき$G$の向き付け$\beta$を次のようにする．"$\{u,v\} \in E(G)$, $u \in U_i$, $v \in U_j$に対して，$i<j$ならば$u \to v$と向き付ける．"この向き付けの結果得られた有向グラフG_βは非閉路的有向グラフである．$P: v_{s_1} \to v_{s_2} \to \cdots \to v_{s_m}$を$G_\beta$の有向道とすると（ただし，$v_{s_i} \in U_{s_i}$とする），$s_1 < s_2 < \cdots < s_m$となるので，有向道$P$上の点はすべて異なる$U_i$に属していることがわかる．したがって，$G_\beta$の一つの有向道上の点の色はすべて異なっていて，$\chi(G) \geq \max_{P \in \rho_\beta}|P|$が成立する．ここで，$\rho_\beta$は$G_\beta$の有向道全体の集合である．$G_\beta$が$G$を非閉路的に向き付けた有向グラフの1つであるので，$\chi(G) \geq \max_{P \in \rho_\beta}|P| \geq \min_{\alpha \in \mathscr{A}}\{\max_{P \in \rho_\alpha}|P|\}$が成立する．

以上より，$\chi(G) = \min_{\alpha \in \mathscr{A}}\{\max_{P \in \rho_\alpha}|P|\}$が成立する．□

推移的な向き付けは非閉路的な向き付けであることに注目すると，次のことが成立する．

--- **定理6.13** ---

比較可能グラフGに対して，$\chi(G) = \omega(G)$が成立する．

[証明] G_αを比較可能グラフGを推移的に向き付けた有向グラフとする．$P: v_1 \to v_2 \to \cdots \to v_k$を$G_\alpha$の有向道とすると，向き付けの推移性により$i<j$なるすべての$i,j$に対して$(v_i, v_j) \in A(G_\alpha)$なる弧が存在する．したがって，$\langle\{v_1, v_2, \cdots, v_k\}\rangle$は$G$の完全部分グラフとなる．完全部分グラフの点の色はすべて異ならなければいけないので，$\chi(G) \geq \max_{P \in \rho_\alpha}|P|$が成立する．ここで，$\rho_\alpha$は$G_\alpha$の有向道全体の集合である．推移的な向き付けは非閉路的な向き付けなので，定理6.12より$\chi(G) = \min_{\alpha \in \mathscr{A}}\{\max_{P \in \rho_\alpha}|P|\} \leq \max_{P \in \rho_\alpha}|P|$となる．したがって，$\chi(G) = \max_{P \in \rho_\alpha}|P|$が成立する．

さらにPの点がGの完全部分グラフを形成するので，$\chi(G) = \max_{P \in \rho_\alpha}|P| \leq \omega(G)$が成立する．一般に$\chi(G) \geq \omega(G)$であるので，$\chi(G) = \omega(G)$が成立する．□

比較可能グラフの誘導部分グラフは，また比較可能グラフであるので，次のことが成立する．

> **定理 6.14**
> 比較可能グラフは理想グラフである．

演習問題 6.2

6.9 次のグラフ (a)〜(d) の中で比較可能グラフはどれとどれか．比較可能グラフならば，推移的な向き付けをし，比較可能グラフでないならば，定理 6.10 の条件を満たさない長さが奇数の閉歩道を求めよ．

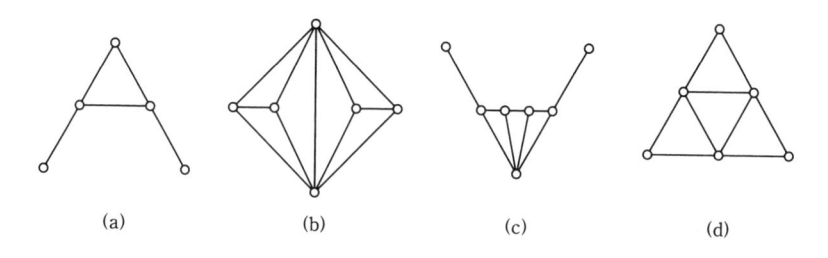

(a)　　　(b)　　　(c)　　　(d)

6.10[†] 比較可能グラフの誘導部分グラフは，また比較可能グラフであることを示せ．

6.11 $G, \overline{G}$ が共に比較可能グラフでないグラフを示せ．

6.12 $G, \overline{G}$ が共に比較可能グラフであるグラフを示せ．

6.13[†] 非閉路的有向グラフにはソースとシンクが存在することを示せ．

6.14[†] 定理 6.11(1) を証明せよ．

6.15[†] 定理 6.11(2) を証明せよ．

6.16[†] 定理 6.11(3) を証明せよ．

6.17[†] 定理 6.12 の証明における G_β が非閉路的であることを示せ．

6.18 (a) 次の有向グラフ D のソース分解を行え．
　　(b) 次の有向グラフ D にソース分解に基づいた彩色を行え．

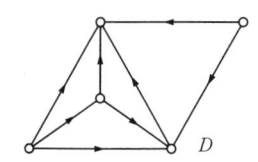

6.3 置換グラフ

4.2 節で紹介した航空路問題や次に紹介する貨車の入れ換え問題は置換グラフという比較可能グラフに関係したグラフを考えることに対応している.

貨物列車の編成は，通常，同じ種類の貨物を積んだ車両が何台かずつ到着し，それらの車両を行き先別に並べ直すことによって行われる．並べ直しは，例えば，平行に並んだ何本かの支線を利用して行われる．このとき，支線は"first in-first out"で，すなわち，先に入った貨車が先に出て行くように利用される．最終的に $[1,2,3,4,5,6,7,8]$ の順に並べられなければならない車両が，$[5,4,1,2,6,7,3,8]$ の順で到着したとき，$Q_1, Q_2, \cdots, Q_k$ の各支線を利用して，以下のように並び換えを行う．まず，貨車 5 を支線 Q_1 に入れる．貨車 4 を支線 Q_1 に入れると貨車 5 と 4 の順番が入れ換わらないので，貨車 4 を支線 Q_2 に入れる．貨車 1 も同様に支線 Q_1, Q_2 に入れずに，支線 Q_3 に入れる．貨車 2 は，支線 Q_1, Q_2 に入れることができないが，支線 Q_3 には入れてもよいので，支線 Q_3 に貨車 1 の後に入れる．貨車 6 は，支線 Q_1, Q_2, Q_3 のいずれに入れてもよいが，ここでは支線 Q_1 の貨車 5 の後に入れる．貨車 7 は支線 Q_1, Q_2, Q_3 のいずれに入れてもよいので支線 Q_1 の貨車 5, 6 の後に入れる．貨車 3 は Q_1, Q_2 に入れることはできないが，Q_3 に入れることができるので，支線 Q_3 の貨車 1, 2 の後に入れる．最後の貨車 8 は Q_1, Q_2, Q_3 のいずれの支線に入れてもよいので，支線 Q_1 に貨車 5, 6, 7 の後に入れるとする．この後，貨車 1 から順に貨車の番号にしたがって支線より引き出してくれば，$[1,2,3,4,5,6,7,8]$ の順に並べることができる (図 6.7).

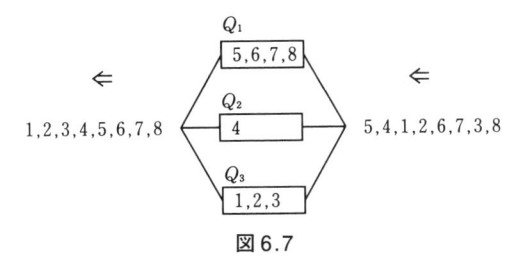

図 6.7

以上のようにすれば，貨車の入れ換えができるが，上手に支線を利用しないと使用する支線の本数が増えてしまう．例えば，貨車 6 は支線 Q_1, Q_2, Q_3 のい

ずれに入れることも可能であったが，Q_3 に入れると，貨車 3 が支線 Q_1, Q_2, Q_3 のいずれにも入れることできず，入れ換えのために新たに支線 Q_4 の使用が必要になってしまう．どのように支線を利用すれば，使用する支線が最小になるのだろうか．この問題の解決を依頼された栗原君は，次のようなグラフを構成することで，貨車の入れ換え問題の分析をしようと思った．すなわち，貨車に対応して点をとり，貨車の間で入れ換えが必要なときかつそのときに限り，対応する点どうしを辺で結ぶ（図 6.8）．

このグラフの彩色を考えると，2 点が同色であるのは，それらが辺で結ばれていないとき，すなわち，対応する貨車の入れ換えが必要でないときである．したがって，同色の点に対応する貨車はすべて同じ支線に入れてよいことになる．故に，グラフ G の染色数 $\chi(G)$ が必要な支線の最小本数であり，$\chi(G)$ 色で彩色したときの同色の点集合が同じ支線に入れてよい貨車の集合となる．

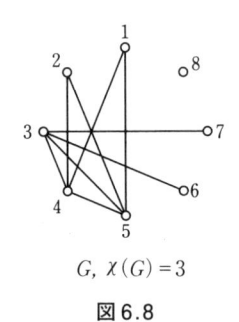

$G, \chi(G) = 3$

図 6.8

さて，航空路問題や貨車の入れ換え問題で利用したグラフは，置換グラフと呼ばれるグラフである．$\{1, 2, \cdots, p\}$ の置換 $\pi = [\pi_1, \pi_2, \cdots, \pi_p]$ に関する**置換グラフ** $G[\pi]$ とは，$\{1, 2, \cdots, p\}$ を点集合として持ち，点 i と j が辺で結ばれるのは，置換 π における i と j の位置が $[1, 2, \cdots, p]$ の位置関係と入れ換わっているときである．置換 $\pi = [\pi_1, \pi_2, \cdots, \pi_n]$ において，π_i^{-1} で数 i の π における位置を表す．例えば，$\pi = [1, 5, 4, 2, 3]$ において $\pi_1^{-1} = 1$，$\pi_2^{-1} = 4$，$\pi_3^{-1} = 5$，$\pi_4^{-1} = 3$，$\pi_5^{-1} = 2$ である．π_i^{-1} を用いると，置換グラフ $G[\pi]$ において，$\{i, j\} \in E(G[\pi])$ であるための必要十分条件は $(i-j)(\pi_i^{-1} - \pi_j^{-1}) < 0$ と表せる．また，グラフ G が置換グラフであるといわれるのは，$G \cong G[\pi]$ なる置換 π が存在するときである．$G[\pi]$ の辺 $\{i, j\}$ に対して $i < j$ のとき $i \to j$ と向き付けると $G[\pi]$ の推移的な向き

付けが得られる．すなわち $i \to j, j \to k$ とすると $i<j, j<k$ であり，$\{i,j\}, \{j,k\} \in E(G[\pi])$ より $\pi_i^{-1} > \pi_j^{-1}, \pi_j^{-1} > \pi_k^{-1}$ であるので，$i<k$ かつ $\pi_i^{-1} > \pi_k^{-1}$ となる．これより $\{i,k\} \in E(G[\pi])$ で $i \to k$ が成立し，この向き付けが推移的向き付けであることがわかる．置換グラフは次のように推移的向き付けを用いて特徴付けられている．

定理 6.15

グラフ G が置換グラフであるための必要十分条件は，G と $\overline{G}$ が共に比較可能グラフであることである．

$\pi = [5,1,3,2,4]$ に対する置換グラフ $G[\pi]$　　　$G[\pi]$ の推移的向き付け

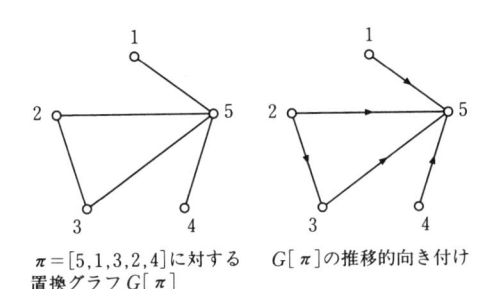

図 6.9

比較可能グラフが理想グラフである（定理 6.14）ので，置換グラフも理想グラフである．

したがって，次のことが成立する．

定理 6.16

π を $\{1,2,\cdots,p\}$ の置換とすると，$\chi(G[\pi]) = \omega(G[\pi])$ である．

貨車の入れ換え問題において，到着した順序に対応した置換 $\pi = [\pi_1, \pi_2, \cdots, \pi_p]$ から置換グラフ $G[\pi]$ を構成すると，$i,j (i<j)$ が $G[\pi]$ で隣接しているのは，i,j が π 上で j,i の順に並んでいることを意味している．したがって，$G[\pi]$ の隣接する 2 点に対応する 2 台の貨車は異なる支線に入れなければならないことになる．これは，$G[\pi]$ の隣接点には異なる色が塗られるという彩色に対応していることである．以上まとめると，次のようになる．

定理 6.17

$\{1, 2, \cdots, p\}$の置換πに関する置換グラフ$G[\pi]$のk-彩色とk本の平行な支線を利用した置換πに対応する貨車の入れ換えは1対1に対応する。

置換πにおいて，部分列$[\pi_{i_1}, \pi_{i_2}, \cdots, \pi_{i_k}]$が減少列といわれるのは，$\pi_{i_1} > \pi_{i_2} > \cdots > \pi_{i_k}$となっていることである．例えば，$\pi = [5, 2, 3, 4, 1]$において$[5, 3, 1]$，$[5, 4]$等は減少列である．減少列$[\pi_{i_1}, \pi_{i_2}, \cdots, \pi_{i_k}]$において任意の2つの数の位置が$[1, 2, \cdots, p]$と入れ換わっているので，$\langle\{\pi_{i_1}, \pi_{i_2}, \cdots, \pi_{i_k}\}\rangle$は置換グラフ$G[\pi]$で完全部分グラフとなる．したがって，定理6.16と定理6.17を考えると次の結果が成立することがわかる．

定理 6.18

置換πに対して，以下の数は同じである．
(1) $G[\pi]$の染色数．
(2) πに対応する貨車列の入れ換えを行うために必要な支線の最小本数．
(3) πの最も長い減少列の長さ．

同じ支線を利用する貨車の集合が$G[\pi]$の同色点集合に対応しているので，貨車の入れ換え方法より$G[\pi]$の彩色が得られることになる．

アルゴリズム 6.19

入力 $\{1, 2, \cdots, p\}$の置換$\pi = [\pi_1, \pi_2, \cdots, \pi_p]$．

出力 $G[\pi]$の点彩色．

方法 j回目の繰り返しにおいて，"π_jがQ_iの最後の成分より大きい"を満たすQ_iのなかで，最も小さい番号iを持つQ_iへπ_jを入れる．

1. $j = 1$とする．
2. $i = 1$とする．
3. Q_iの最後の成分がπ_jより小さいとき，あるいは，Q_iに何も成分がないときは，Q_iの最後にπ_jを加え，π_jに色iを付けstep 5へ．
4. $i = i + 1$とし，step 3へ．
5. $j < p$のとき$j = j + 1$としてstep 2へ．$j = p$のとき終了．□

第6章の終わりに

有向グラフは，道路網，エネルギーの流れ，食物連鎖網等様々な問題のモデル化に利用されている．第7章で扱うネットワークのように，有向グラフ自身および，弧の上の重みや流れを研究する場合も多いが，有向グラフから無向グラフを構成し，無向グラフの構造より元の有向グラフを考察することが有効な場合もある．近年，インターネット上でのウェブサイトのリンク関係の問題においても，強連結有向グラフの概念を用いた考察などが行われている．

演習問題6.3

6.19 $\pi = [3, 2, 4, 1, 5]$に対応する置換グラフを求めよ．

6.20 問6.19の置換グラフのクリーク数と染色数を求めよ．

6.21 問6.19の置換グラフにアルゴリズム6.19を適用して彩色せよ．

6.22 問6.19の置換グラフの推移的向き付けを求めよ．

6.23[†] 置換$\pi = [\pi_1, \pi_2, \cdots, \pi_p]$を逆順に並べた置換を$\pi^r$とする．$G[\pi^r]$が$G[\pi]$の補グラフとなることを示せ．

7 ネットワーク

7.1 ネットワークの定義と例

米国から日本へ米を輸入することになった．そのために，石原さんのプロジェクトチームが米国のアーカンソー州の"秋田おとめ"をサンフランシスコ，ロサンゼルス，サンディエゴの3港から，日本の横浜，晴海，千葉の3港へ運び，東京の倉庫へと輸送する計画を立てることになった．陸上輸送はトラックや列車を使ってかなり多量に運ぶことが可能であるが，海上輸送は港湾設備等の問題で輸送能力はあまり大きくない．各地点間の米の輸送可能量表が7.1に示されている．このとき，一定期間にアーカンソー州から東京まで運ぶ米の量をなるべく多くしたい．

表7.1

アーカンソー州(A)からの輸送可能量	
サンフランシスコ(F)	10
ロサンゼルス(L)	13
サンディエゴ(D)	11

東京(T)の倉庫への輸送可能量	
横浜(Y)	13
晴海(H)	7
千葉(C)	14

港から港へ輸送可能量

	Y	H	C
F	5	3	3
L	4	6	3
D	4	1	7

この問題の解決のためにまず，プロジェクトチームでは，図7.1のような有向グラフを使うことにより問題を表現することを考えた．すなわち，サンフランシスコ(F)，ロサンゼルス(L)，サンディエゴ(D)，横浜(Y)，晴海(H)，千葉(C)の各港に対応して，点 F, L, D, Y, H, C をとり，F, L, D の各点から Y, H, C へ向きの付いた辺をつけ，点 F, L, D と Y, H, C を結ぶ各辺には，それ

第 7 章 ネットワーク

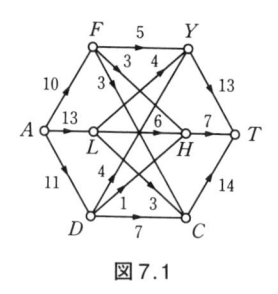

図 7.1

ら 2 港の間で一定期間に輸送可能な量がつけてある．また，アーカンソー州と東京を表す点 A, T と各港を結ぶ辺には，陸上輸送で一定期間に運べる量を表す数字をつけてある．各辺ごとにつけられた数を越えないように米の輸送量を決定し，全体の輸送量をできるだけ多くすることが，今，石原さんのプロジェクトチームに課せられた問題となる．

この問題を解決するために，いくつかの概念を導入する．特定の 2 点 s, t を持つ連結有向グラフ D と，D の各弧 a に付随する数 $c(a)$ の集合が与えられているとき，その全体のシステムを**ネットワーク**と呼び，$N = (D, s, t, c)$ で表す．D を N の**有向底グラフ**と呼び，点 s を**ソース***，点 t を**シンク***と呼ぶ．これは，1 つの流通システムをネットワークで表したとき，外部から物が入ってくる場所を点 s で示し，外部へ物がでていく場所を点 t で示すという応用上の慣例からつけられた名である．また，シンクとソース以外の点をネットワークの**内点**と呼ぶ．弧 a に付随する数 $c(a)$ は，その弧を利用して輸送できる物の量の上限に対応しており，弧 a の**容量**と呼ぶ．各弧 a に容量 $c(a)$ が定義されていることは，有向グラフ D の弧集合 $A(D)$ から数の集合 S への関数 $c : A(D) \to S$ が与えられたと考えることができ，c を**容量関数**と呼ぶ．

ここでは，米の輸送経路に対応するネットワークを利用して，アーカンソー州から東京まで運ぶ米の最大量を求めることが問題であり，そのために，各弧ごとにその弧を利用して運ぶ米の量を考えなければならない．そこで，実際に

---

* ネットワークのソースとシンクは，その有向底グラフにおける入次数 0 の点，出次数 0 の点とは限らないこと，すなわち，有向グラフのソースとシンクとは異なることに注意して欲しい．

7.1 ネットワークの定義と例

各弧を流れる物の量に対応した**流れ**と呼ばれる数 $f(a)$ をネットワーク N の各弧 a ごとに定義する．このとき，ネットワーク N の有向底グラフ D の弧集合 $A(D)$ から数の集合 S への関数 $f: A(D) \to S$ が与えられたと考えることができ，f を**流量関数**（**流れ**，**フロー**）と呼ぶ．各弧ごとに，輸送可能量の上限を越えて米を運ぶことはできず，また，各港ごとに運び込まれる米の総量と運びだされる米の総量は，最終的に等しくなければならないはずである．このような応用上の必然性から，ネットワークの流れ f は次の条件 (1), (2) を満たしているものと定義するのが自然である．

(1) 任意の弧 a に対して，$0 \le f(a) \le c(a)$．（**容量制限**）
(2) 任意の内点 v において，流れ f によって v に流入する流れの総和と流出する流れの総和は等しい．（**保存条件**）

有向グラフ D の点 v に対して，v を始点とする（すなわち，v からでていく）弧の集合を $o(v)$，v を終点とする（すなわち，v に入ってくる）弧の集合を $i(v)$ で表せば，保存条件 (2) は次の式で表せる．

(2') 任意の内点 v に対して，
$$\sum_{a \in o(v)} f(a) = \sum_{a \in i(v)} f(a)$$
が成立する．

図 7.2 は図 7.1 のネットワークの流れの例を示している．各弧につけられた数のうち右が容量，左が流れである．

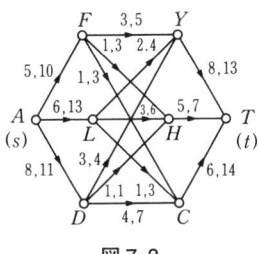

図 7.2

すべての弧 a に対して $f(a) = 0$ とすると，この f は任意のネットワークにおいて，流れの条件 (1), (2) を満たしている．このような f を **0-流れ**と呼び，どのようなネットワークにも存在するものである．

さて，保存法則 (2) は，運んでいる物が途中に滞留しないことを保証してい

ると考えられるから，ソース s からでたものはすべて最終的にシンク t へ届くということになる．したがって，ネットワーク N 全体の流れの総量の変化が s と t に現れるはずである．実際，次のような関係が成り立つ．

定理7.1

ネットワーク N の任意の流れ f に対して
$$\sum_{a \in o(s)} f(a) - \sum_{a \in i(s)} f(a) = \sum_{a \in i(t)} f(a) - \sum_{a \in o(t)} f(a)$$
が成り立つ．

[証明]　N の有向底グラフ D の各点 v に対して，
$$f^+(v) = \sum_{a \in o(v)} f(a), \quad f^-(v) = \sum_{a \in i(v)} f(a)$$
とおくと，各弧はその始点と，終点で1回ずつ f^+ と f^- の中で数えられるから，
$$\sum_{v \in V(D)} f^+(v) = \sum_{v \in V(D)} f^-(v)$$
が成り立つ．左辺と右辺はそれぞれ
$$\sum_{v \in V(D)} f^+(v) = f^+(s) + f^+(t) + \sum_{u \in V(D) - \{s,t\}} f^+(u)$$
$$\sum_{v \in V(D)} f^-(v) = f^-(s) + f^-(t) + \sum_{u \in V(D) - \{s,t\}} f^-(u)$$
と書き換えられるが，保存法則(2)より s,t 以外の点 u に対して
$$f^+(u) = f^-(u)$$
であるから，
$$\sum_{u \in V(D) - \{s,t\}} f^+(u) = \sum_{u \in V(D) - \{s,t\}} f^-(u)$$
が成り立つ．これから，
$$f^+(s) + f^+(t) = f^-(s) + f^-(t)$$
が得られ，定理が成り立つ．□

定理7.1の式で与えられる値は，ソース s からでてシンク t へ届く流れ f の**総量**と考えられる．そこで，この値を流れ f の**総流量**または f の**値**（フローの値）と呼び $\mathrm{val}(f)$ で表す．すなわち，
$$\mathrm{val}(f) = \sum_{a \in o(s)} f(a) - \sum_{a \in i(s)} f(a) = \sum_{a \in i(t)} f(a) - \sum_{a \in o(t)} f(a) \tag{7.1}$$
前述の米の輸送問題は，輸送経路に対応するネットワークにおいて，$\mathrm{val}(f)$ が最大となる流れ f を求める問題ということになる．ネットワーク N の流れの中で，$\mathrm{val}(f)$ が最大となる流れ f を N の**最大流**と呼ぶ．

弧の容量を超えて物を運ぶことができないことにより，最大流と弧の容量の間に密接な関係があることが予想される．以下に述べる概念や結果は流れと弧

7.1 ネットワークの定義と例　　159

の容量の間の関係に関するものである.

ネットワーク $N=(D, s, t, c)$ において，$s\in S$, $t\in \bar{S}(=V(D)-S)$ なる点部分集合 $S\subseteqq V(D)$ に対して，S の点を始点とし $\bar{S}$ の点を終点とする弧全体の集合を $(S, \bar{S})$，逆に $\bar{S}$ の点を始点とし S の点を終点とする弧全体の集合を $(\bar{S}, S)$ で表す．このとき，$(S, \bar{S})$ を N の**カット**と呼ぶ．カット $K=(S, \bar{S})$ に属する弧の容量の総和を K の**容量**と呼び，$\mathrm{cap}(K)$ で表す．すなわち，

$$\mathrm{cap}(K) = \sum_{a\in (S,\bar{S})} c(a)$$

である (図 7.3).

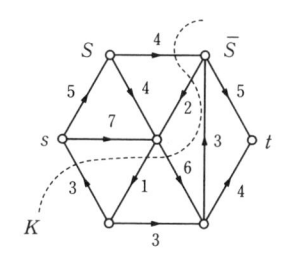

カット $K=(S,\bar{S})$ の例：
$\mathrm{cap}(K)=4+6+1=11$

図 7.3

定理 7.2

ネットワーク N 内の任意の流れ f と任意のカット $K=(S, \bar{S})$ に対して，

$$\mathrm{val}(f) = \sum_{a\in (S,\bar{S})} f(a) - \sum_{a\in (\bar{S},S)} f(a)$$

が成り立つ.

[証明]　保存法則 (2) と等式 (7.1) より，$v\in S$ に対して

$$\sum_{a\in o(v)} f(a) - \sum_{a\in i(v)} f(a) = \begin{cases} \mathrm{val}(f) & (v=s) \\ 0 & (v\in S-\{s\}) \end{cases} \tag{7.2}$$

が成り立つ．いま，S 内の 2 点を結ぶ弧の集合を E_S とすると，

$$\sum_{v\in S}\sum_{a\in o(v)} f(a) = \sum_{a\in E_S} f(a) + \sum_{a\in (S,\bar{S})} f(a)$$

$$\sum_{v\in S}\sum_{a\in i(v)} f(a) = \sum_{a\in E_S} f(a) + \sum_{a\in (\bar{S},S)} f(a)$$

が得られる．したがって，

$$\sum_{v\in S}\sum_{a\in o(v)} f(a) - \sum_{v\in S}\sum_{a\in i(v)} f(a) = \sum_{a\in (S,\bar{S})} f(a) - \sum_{a\in (\bar{S},S)} f(a) \tag{7.3}$$

となる．(7.2) 式の両辺をすべての $v\in S$ について加え，上の 2 式を用いれば，

$$\sum_{a \in (S, \bar{S})} f(a) - \sum_{a \in (\bar{S}, S)} f(a) = \sum_{v \in S} \left(\sum_{a \in o(v)} f(a) - \sum_{a \in i(v)} f(a) \right)$$
$$= \mathrm{val}(f)$$

が得られる．□

定理 7.3

任意の流れ f と任意のカット $K = (S, \bar{S})$ に対して，
$$\mathrm{val}(f) \leq \mathrm{cap}(K)$$
が成り立つ．

[証明] 任意の弧 a に対して，$f(a) \leq c(a)$ であるから，
$$\sum_{a \in (S, \bar{S})} f(a) \leq \sum_{a \in (S, \bar{S})} c(a) = \mathrm{cap}(K)$$
が成り立つ．一方，任意の弧 a に対して，$0 \leq f(a)$ であるから，
$$\sum_{a \in (\bar{S}, S)} f(a) \geq 0$$
が成り立つ．これらより
$$\sum_{a \in (S, \bar{S})} f(a) - \sum_{a \in (\bar{S}, S)} f(a) \leq \mathrm{cap}(K)$$
を得る．よって，定理 7.2 より
$$\mathrm{val}(f) \leq \mathrm{cap}(K)$$
が成り立つ．□

ネットワーク内のすべてのカットのうちで，最小の容量を持つカットを**最小カット**と呼ぶ．定理 7.3 によれば，N 内のどのような流れの値も，任意のカットの容量を越えることができないから，流れの値は最小カットの容量が上限となる．このことから，次の命題を得る．

系 7.4

流れ f とカット K が $\mathrm{val}(f) = \mathrm{cap}(K)$ を満たすならば，f は最大流であり，K は最小カットである．

したがって，米の輸送問題に関する最大流は，対応するネットワークの最小カットを求めることにより上界が定まることがわかり石原さんのチームの課題が解消したと思える．しかしながら，最小カットの大きさを持つ流れが存在するか，また具体的にはどのようにすれば最大流が求まるか等の問題がまだ残っている．これらの問題については次節で詳しく触れる．

7.2 最大流・最小カットの定理

演習問題 7.1

7.1 左下の点 s をソース，点 t をシンクとするネットワークにおいて，各弧 a に対応する 2 つの数字のうち，右側を容量 $c(a)$，左側を流れ $f(a)$ とする．このとき以下の問に答えよ．

(a) 弧 (u, w) において容量制限は成立しているか．

(b) 点 w に対して，$\sum_{a \in o(w)} f(a)$ と $\sum_{a \in i(w)} f(a)$ を求め，保存条件が成立しているか調べよ．

(c) $\sum_{a \in o(s)} f(a) - \sum_{a \in i(s)} f(a)$，$\sum_{a \in i(t)} f(a) - \sum_{a \in o(t)} f(a)$，及び $\mathrm{val}(f)$ を求めよ．

(d) $S = \{s, u\}$ とするとき，カット $(S, \bar{S})$ の容量及び，$\sum_{a \in (S, S)} f(a) - \sum_{a \in (\bar{S}, S)} f(a)$，を求めよ．また $\mathrm{cap}((S, \bar{S}))$ と $\mathrm{val}(f)$ の大小を比べよ．

(e) $\mathrm{cap}(K) = \mathrm{val}(f)$ となるカットは存在するか．

7.2[†] 系 7.4 を示せ．

7.3 右下の s をソース，t をシンクとするネットワークの最大流と最小カットを求めよ．

7.4[†] f をネットワーク $N = (D, s, t, c)$ の流れとし，$(S, \bar{S})$ を N のカットで．

(1) すべての $a \in (S, \bar{S})$ に対して，$f(a) = c(a)$

(2) すべての $a \in (\bar{S}, S)$ に対して，$f(a) = 0$

を満たすものとする．このとき f が最大流であり，$(S, \bar{S})$ が最小カットであることを示せ．

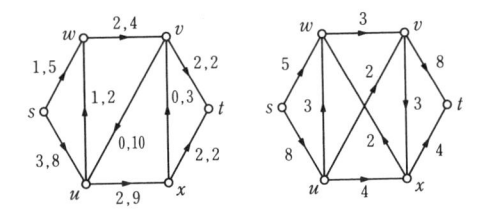

7.2 最大流・最小カットの定理

米の輸送量の最大値が，輸送ネットワークの最小カットの容量の大きさによって押さえられていることは 7.1 節で見たが，実際に最大値を与える流れの求め方についてはまだ触れていなかった．実際の流れを求めることを石原さん

のプロジェクトの中で検討していた岩井君は，シンクからソースへの有向道を求め，その有向道に沿って米を輸送すればよいのではと考えた．

図 7.4 は各輸送経路で運ぶ米の量を，ネットワークの流れとして表したものである．各弧につけられた数のうち左側が流れ，すなわち輸送される米の量であり，右側が容量，すなわち各経路で輸送可能な量の上限である．この流れを f とするとき，f の値は，

$$f((s, F)) + f((s, L)) + f((s, D)) = 8 + 11 + 11 = 30$$

である．3 港 Y, H, C から東京 T への輸送可能量の合計は 34 であるから，まだ余裕があると思われる．この流れ f が表す輸送量よりも大きい輸送量の流れあれば，そのほうが望ましいが，そのような流れは存在するであろうか．

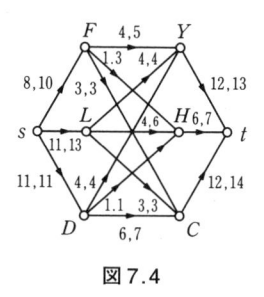

図 7.4

図 7.4 の流れをみると，ほとんどの弧で流れの値が容量の値より小さい．例えば，弧 (s, F) は容量が 10 で流れが 8 であり，弧 (s, F) に関してだけいえばあと 2 だけ流れを増やす余裕がある．さらに，弧 (F, Y) と (Y, t) に着目すると，弧 (F, Y) は 1，弧 (Y, t) も 1 だけ流れを増やすことができる．これらのことを考えあわせると，弧 (s, F)，(F, Y)，(Y, t) の流れをそれぞれ 1 ずつ増やすことによって，s から t への道 s, F, Y, t に沿って全体の流れの量がさらに 1 だけ増やせることがわかる（図 7.5）．

次に，道 s, D, H, t に着目すると，弧 (D, H) の流れがその容量 1 と等しく，これ以上この道に沿って流れを増やせないことがわかる．さらに，道 s, F, H, D, C, t も同じ弧 (D, H) を含むので，この道に沿っても流れを増やすことができないようにみえる．しかしこの場合は，道の向きと弧 (D, H) の向きが逆になっていることに注意すると次のように流れを増すことができることがわか

7.2 最大流・最小カットの定理

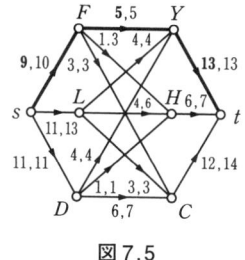

図7.5

る．道と同じ向きの弧 (s, F), (F, H), (D, C), (C, t) の流れを1ずつ増やし，反対向きの弧 (D, H) の流れを1減らせば，全体として保存法則は保たれており，流れの値は1増えていることがわかる（図7.6）．

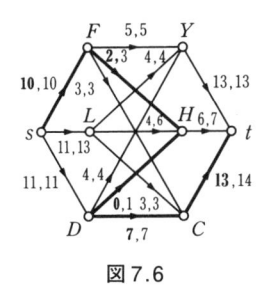

図7.6

上の2つの道 s, F, Y, t や s, F, H, D, C, t のように，その道に沿って流れを増やせる，という性質を持つ道について考える．

N 内の任意の道 P に対して，$\tau(P)$ を

$$\tau(P) = \min_{a \in A(P)} \tau(a)$$

で定義する．ただし

$$\tau(a) = \begin{cases} c(a) - f(a) & (\text{弧 } a \text{ が } P \text{ と同じ向きのとき}) \\ f(a) & (\text{弧 } a \text{ が } P \text{ と反対向きのとき}) \end{cases}$$

とする．道 P が s-t 道のとき，$\tau(P)$ は容量制限(1)を保ちながら P に沿って f を増量できる量の最大値である．$\tau(P) > 0$ であるとき，道 P は f-**非飽和**であるといい，$\tau(P) = 0$ であるとき，道 P は f-**飽和**であるという．各弧 a に対しても $c(a) > f(a)$ のとき f-**非飽和**，$c(a) = f(a)$ のとき f-**飽和**であるといい，

また，$f(a) = 0$ のとき f-**零**であるという．f-非飽和な s-t 道を f-**増大道**と呼ぶ．f-増大道 P が見つかったとき，次のようにして f より値の大きい流れ $\tilde{f}$ を得ることができる．

$$\tilde{f}(a) = \begin{cases} f(a) + \tau(P) & (a \in A(P) \text{ かつ } a \text{ と } P \text{ が同じ向きのとき}) \\ f(a) - \tau(P) & (a \in A(P) \text{ かつ } a \text{ と } P \text{ が反対向きのとき}) \\ f(a) & (a \notin A(P) \text{ のとき}) \end{cases}$$

この $\tilde{f}$ を P に基づく f の**修正流**と呼ぶ．

与えられた流れよりも大きい値を持つ流れを得るためには，増大道を見つけることが有効な手段であることがわかった．さらに，次の定理が成り立つ．

定理 7.5

ネットワーク N の流れ f が最大流であるための必要十分条件は，N が f-増大道を含まないことである．

[証明] N が f-増大道を含むとすると，この道に基づく修正流 $\tilde{f}$ は f より大きい値を持つから，f は最大流ではない．

逆に，N が f-増大道を含まないならば f は最大流であることを示す．N 内の f-非飽和道によって s と結ばれる点の全体を S とする．$s \in S$ であり，また N が f-増大道を含まないことから $t \in \bar{S}$ である．したがって，$K = (S, \bar{S})$ は N のカットになる．このとき，$(S, \bar{S})$ に含まれる各弧は f-飽和であり，$(\bar{S}, S)$ に含まれる各弧は f-零であることを示す．

弧 $a \in (S, \bar{S})$ の始点を u，終点を v とする．$u \in S$ だから S の定義より f-非飽和な s-u 道 P が存在する．弧 a が f-非飽和ならば，P に弧 a を加えて f-非飽和な s-v 道が得られるが，これは $v \notin S$ に反する．したがって，a は f-飽和でなければならない．$a \in (\bar{S}, S)$ ならば a は f-零であることも同様の論法で示せる．

このこととカットの容量の定義より

$$\sum_{a \in (S,\bar{S})} f(a) - \sum_{a \in (\bar{S},S)} f(a) = \sum_{a \in (S,\bar{S})} c(a) - \sum_{a \in (\bar{S},S)} 0 = \mathrm{cap}(K)$$

が成り立つ．ここで定理 7.2 を用いれば

$$\mathrm{val}(f) = \mathrm{cap}(K) \tag{7.4}$$

を得る．いま，$\tilde{f}$ を N の最大流，$\tilde{K}$ を N の最小カットとすると，定理 7.3 より

$$\mathrm{val}(f) \leq \mathrm{val}(\tilde{f}) \leq \mathrm{cap}(\tilde{K}) \leq \mathrm{cap}(K)$$

7.2 最大流・最小カットの定理

となるが，(7.4)よりこれらはすべて等式でなければならない．よって，
$$\mathrm{val}(f) = \mathrm{val}(\tilde{f})$$
すなわち，f が N 内の最大流であることが示せた．□

上の定理の証明の過程で，$\mathrm{val}(\tilde{f}) = \mathrm{cap}(\tilde{K})$ を満たす最大流 $\tilde{f}$ と最小カット $\tilde{K}$ の存在も同時に示したことになる．したがって，系 7.4 の逆である次の定理が得られる．

定理 7.6　最大流・最小カットの定理　フォード，ファルカーソン

任意のネットワークにおいて，最大流の値と最小カットの容量は等しい．

したがって，最小カットと大きさの等しい最大流の存在は確認できた．最後に残ったのはネットワークの流れ f に関して，f-増大道を探すための有効な手順を求めることである．

f を流れに持つネットワーク $N = (D, s, t, c)$ に関する**残余容量ネットワーク** $N_r = (D_r, s, t, c_r)$ とは次のように定義されるネットワークのことである．N_r の有向底グラフ D_r は $V(D_r) = V(D)$, $A(D_r) = \{a = (u, v) \in A(D) ; f(a) < c(a)\} \cup \{a_{rev} = (v, u) ; f(a) > 0, a = (u, v) \in A(D)\}$ なる有向グラフである．ここで，弧 $a = (u, v)$ に対して，弧の向きを逆にした弧 (v, u) を a_{rev} で表す．また，N_r の各弧 a に割り当てられている容量 $c_r(a)$ は

$$c_r(a) = c(a) - f(a) \quad (a = (u, v) \in A(D) \text{ で，} f(a) < c(a) \text{ のとき})$$
$$c_r(a_{rev}) = f(a) \quad (a = (u, v) \in A(D) \text{ で，} f(a) > 0 \text{ のとき})$$

で定められている．このとき，c_r を**残余容量**という．ネットワーク N の f-増大道が N_r の s-t 有向道に対応しているので，次の結果が成立する．

定理 7.7

ネットワーク N の流れ f が最大流であるための必要十分条件は，N に関する残余容量ネットワークに s-t 有向道が存在しないことである．

0-流れは任意のネットワークの流れであるので，0-流れと残余容量ネットワークを利用した次のような最大流を求めるアルゴリズムが知られている．

ネットワーク $N = (D, s, t, c)$

残余容量ネットワーク $N_r = (D_r, s, t, c_r)$
(──▶ は a_{rev} の弧を表している)

N_r の s-t 有向道

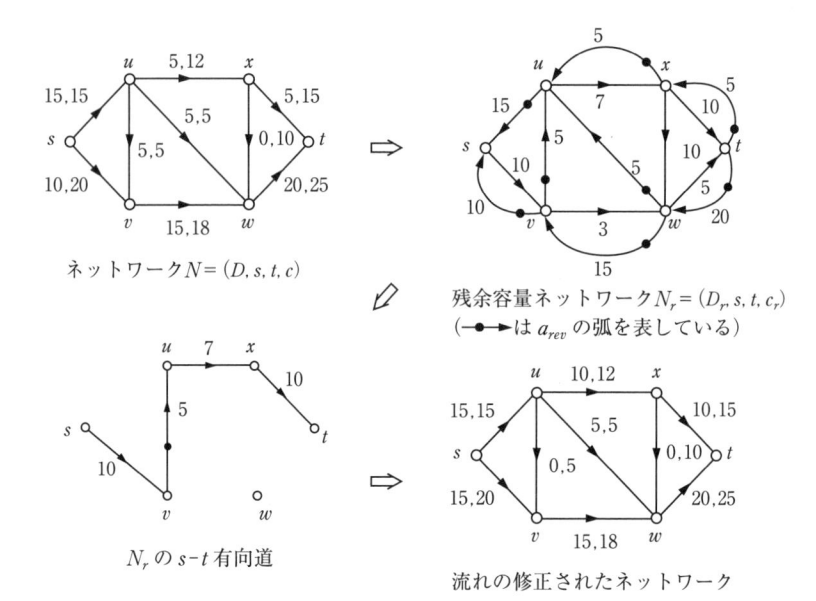

流れの修正されたネットワーク

図 7.7

アルゴリズム 7.8　フォード，ファルカーソンの最大フローアルゴリズム

入力：ネットワーク N

出力：修正された流れ

方法：残余容量ネットワークを利用して増大道を見つけ，流れを修正する．

1. 任意の弧 $a \in A(D)$ に対して，$f(a) = 0$ とする．
2. 流れ f に関する残余容量ネットワーク N_r を構成する．
3. N_r に s-t 有向道が存在しないときは終了．N_r に s-t 有向道 P が存在するときには，P 上の残余容量の最小値 $\tau(P)$ を求める．N のフロー f を次のように修正する．

$$f(a) = \begin{cases} f(a) + \tau(P) & (a \in P) \\ f(a) - \tau(P) & (a_{rev} \in P) \\ f(a) & (a \notin P) \end{cases}$$

step 2 へ戻る　□

7.2 最大流・最小カットの定理

弧の容量がすべて整数のときは，アルゴリズム 7.8 を用いると最大流が求まるが，図 7.8 のネットワークの場合 step 2 と step 3 の繰り返しが非常に多くなってしまう可能性がある．この欠点を修正したのが次に示すディニッツによるアルゴリズムである．

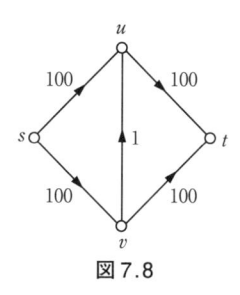

図 7.8

ネットワーク $N = (D, s, t, c)$ とその残余容量ネットワーク $N_r = (D_r, s, t, c_r)$ に関する**レベルネットワーク** N_L とは次のように定義されるネットワークのことである．N_L の有向底グラフ D_L は $V(D_L) = V(D)$, $A(D_L) = \{a = (u, v) \in A(D_r); d_{D_r}(s, v) = d_{D_r}(s, u) + 1\}$ なる有向グラフである．N_L の各弧 a には容量 $c_L(a) = c_r(a)$ が割り当てられている．

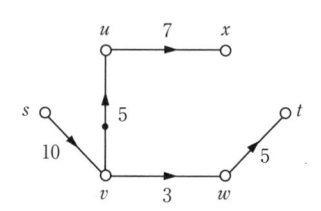

図 7.9 図 7.7 のネットワーク N に関するレベルネットワーク N_L

$d_{D_r}(s, v)$ は，D_r における点 s から点 v への距離であり，3.2 節で紹介した BFS アルゴリズムを利用すれば求めることができる．また，残余容量ネットワーク N_r の弧数最小の s–t 有向道とレベルネットワーク N_L の s–t 有向道が対応しているので，レベルネットワークを利用すると流れ f が修正できることがわかる．レベルネットワークを利用して，元のネットワークで増やすことのできる流れは次のように求めることができる．

アルゴリズム 7.9 レベルネットワークの極大流を求めるアルゴリズム

入力：レベルネットワーク N_L

出力：N_L の極大流 f_L

方法：N_L の s–t 有向道を見つけて，流れを修正する．

---

1. 任意の弧 $a \in A(D_L)$ に対して，$f_L(a) = 0$ とする．
2. N_L の s–t 有向道 P を求める．s–t 有向道が存在しなければ終了．
3. P 上の残余容量の最小値 $\tau(P)$ を求める．
4. 最初の N_L 上の f_L を次のように修正する．
$$f_L(a) = \begin{cases} f_L(a) + \tau(P) & (a \in P) \\ f_L(a) & (a \notin P,\ a: \text{最初の } N_L \text{ の弧}) \end{cases}$$
5. N_L の容量 c_L を次のように修正する．
$$c_L(a) = \begin{cases} c_L(a) - \tau(P) & (a \in P) \\ c_L(a) & (a \notin P) \end{cases}$$
6. 修正した N_L において $c_L(a) = 0$ となった弧 a を N_L より除く．step 2 へ戻る．□

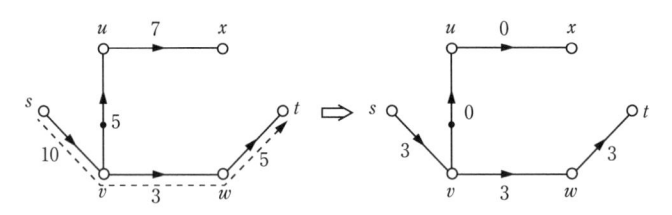

図 7.10　図 7.9 のレベルネットワークの s–t 有向道と極大流

これまでをまとめると次のアルゴリズムが得られる．

アルゴリズム 7.10 ディニッツの最大流アルゴリズム

入力：ネットワーク $N = (D, s, t, c)$

出力：N の最大流

方法：レベルネットワークを利用して N の流れを修正する．

---

1. 任意の弧 $a \in A(D)$ に対して，$f(a) = 0$ とする．
2. f に関する残余容量ネットワーク N_r を構成する．

3. N_r に関するレベルネットワーク N_L を構成する.
4. N_L に s–t 有向道が存在しなければ終了. N_L に s–t 有向道が存在するならば, N_L の極大流 f_L を求め f を
$$f(a) = \begin{cases} f(a) + f_L(a) & (a \in A(D_L)) \\ f(a) - f_L(a) & (a_{rev} \in A(D_L)) \end{cases}$$
と修正する. step 2 へ戻る. □

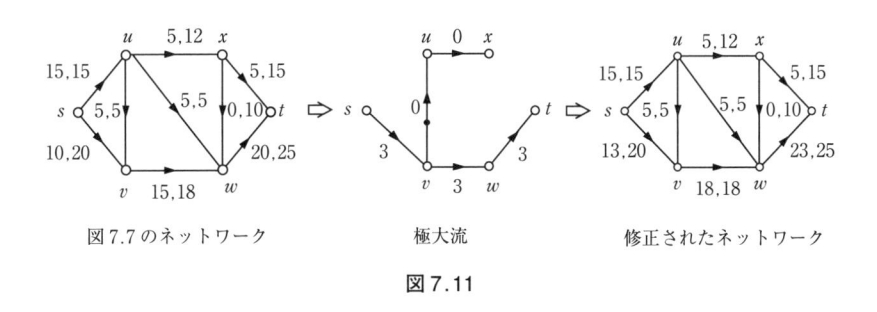

図 7.7 のネットワーク　　極大流　　修正されたネットワーク

図 7.11

第 7 章の終わりに

　ネットワークの理論は応用的側面から研究されてきた分野であり, 最大流・最小カットの定理のような非常に重要な結果が得られている. アルゴリズム的側面よりの増大道を効率よく求める方法や, 最大流の求め方の研究が現在も続けられている.

　最大流・最小カットの定理は, グラフに関する 2 つの不変量の min と max が一致するということを示している. このような min と max が一致するという現象は, 次の第 8 章の連結性に関する性質やマッチング等の性質においても見られることである. 線形計画法の手法と共にネットワークの手法が, これらの性質の最適性を調べるために用いられている.

演習問題 7.2

7.5　次頁のネットワーク N_1 に対して, 以下の問に答えよ.

　(a) 道 $P_1 : swxt$, 道 $P_2 : suvt$, 道 $P_3 : suxt$, 道 $P_4 : swvt$ の各々に対して $\tau(P_1)$, $\tau(P_2)$, $\tau(P_3)$, $\tau(P_4)$ を求めよ.

(b) P_1, P_2, P_3, P_4 うちの f-飽和なもの，f-非飽和なものはそれぞれどれか．

(c) P_3 に基づく f の修正流 f' を求め，$\mathrm{val}(f')$ を求めよ．

(d) f' に修正した後のネットワークに対して道 $P_5 : s\,w\,v\,x\,t$ に関する $\tau(P_5)$ を求めよ．

(e) P_5 に基づく f' の修正流 f'' を求め，$\mathrm{val}(f'')$ を求めよ．

(f) N_1 の最小カットを求めよ．

7.6 s をソース，t をシンクとするネットワーク N において，s-t 有向道が存在しないとき，N の最大流の値，最小カットの値を求めよ．

7.7 下図右のネットワーク N_2 にアルゴリズム 7.8 を適用して，残余容量ネットワーク及び最大流を求めよ．また最小カットも求めよ．

7.8 下図右のネットワーク N_2 にアルゴリズム 7.10 を適用して，レベルネットワーク及び最大流を求めよ．

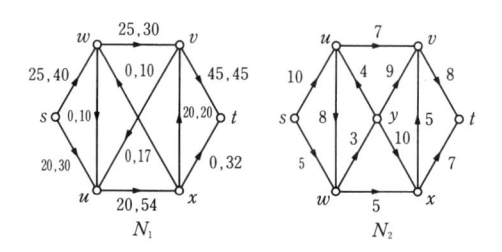

7.9[†] f をネットワーク N の流れ，P を f-増大道とし，f' を P に基づく修正流とする．このとき

$$\mathrm{val}(f') = \mathrm{val}(f) + \tau(P)$$

が成立することを示せ．

8 グラフの連結度とメンガーの定理

8.1 連結度と辺連結度

　図 8.1 のような通信網を構築することになった．各都市に中継局を設け，中継局間を光ファイバーで結ぶことにより，高速の通信システムとなる予定である．この通信システムの弱点及びその補強策に関する検討を依頼された清水さんは，東京と青森の間の通信が常に仙台を経由しなければならないことに注目した．仙台の中継局に万一事故が起これば，東京 − 青森間の通信は不可能になってしまう．そこで，清水さんは新潟と山形を結ぶ通信路の構築を提案したのであるが，そのようにした場合でも，仙台の中継局が故障したときには，新潟の中継局に青森と東京を結ぶ通信がすべて集まってしまい，新潟の中継局に過度の負担がかかるという弱点が存在する．さらにまた，富山 − 名古屋間の光ファイバー及，東京 − 静岡間の光ファイバーが切断されると，東京から名古屋への通信が不可能になるという弱点も改善されていない．したがって，通信システムの安全性を高めるには中継局間を結ぶ通信路をもっと多く作らなければならないことがわかる．どの程度まで通信路を作ればよいのかという，通信

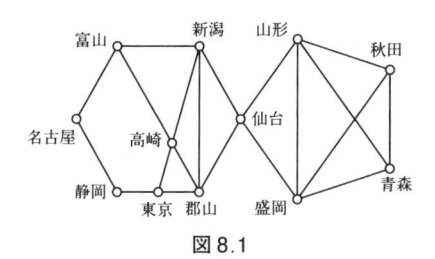

図 8.1

網の安全性を示す指針が必要になってくる．これらの問題をもっと詳しく考えるためにいくつかの概念を導入する．

グラフ G の点集合 $V(G)$ の部分集合 S に対して，$G-S$ の成分数が G より増えるとき，すなわち，$k(G) < k(G-S)$ となるとき，S を G の**点切断集合**あるいは**切断集合**という．$|S|=k$ であるとき，S を k-**切断集合**と呼ぶ．例えば，切断点は 1-切断集合を形成している．図 8.2 のグラフ G, H, I において，それぞれ $S=\{u\}$, $S=\{u, v\}$, $S=\{u, v, w\}$ は 1-切断集合，2-切断集合，3-切断集合となっている．前述の通信網においては，仙台が 1-切断集合，すなわち切断点になっていることを清水さんが指摘し，それを解消するために新潟と山形の間の通信路網建設を提案したのである．

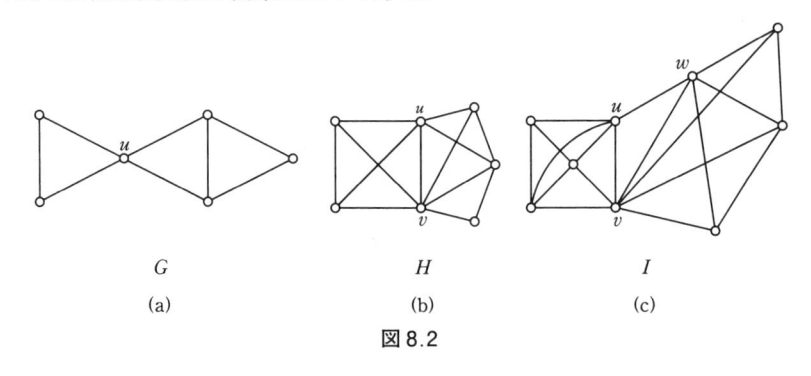

図 8.2

連結性の強さを表す基準として，連結グラフ G の**連結度**（または**点連結度**）$\kappa(G)$ を次のように定義する．連結グラフ G から点を除去して非連結グラフ，あるいは自明なグラフ（1 点のみからなるグラフ）とするときに除去すべき点の最小個数を連結度 $\kappa(G)$ と定める．G が完全グラフ K_p のとき，$\kappa(G)=p-1$ であり，$\kappa(K_1)=0$ である．最小の切断集合の大きさをそのグラフの連結度と定義することは，連結の強弱を自然に表している．図 8.2 の各グラフは，それぞれ $\kappa(G)=1$, $\kappa(H)=2$, $\kappa(I)=2$ となる．

前述の通信網の例で，光ファイバーが切断された場合の弱点にも触れたが，これは辺に関する連結の強さに関わる問題である．点連結度と同様に，辺に関する連結性の強さを表す辺連結度も定義できる．グラフ G の辺集合 $E(G)$ の部分集合 F に対して，$G-F$ の成分数が G より増えるとき，すなわち，$k(G) < k(G-F)$ となるとき，F を G の**辺切断集合**と呼ぶ．さらに，$|F|=k$ のとき，

8.1 連結度と辺連結度

F は k-**辺切断集合**と呼ばれる．1-辺切断集合とは橋のことである．連結グラフ G の**辺連結度** $\kappa_1(G)$ とは，G の最小辺切断集合の大きさのことである．また，$\kappa_1(K_1)=0$ とする．図8.2の各グラフは，それぞれ $\kappa_1(G)=2$，$\kappa_1(H)=2$，$\kappa_1(I)=3$ である．

グラフ G の連結度 $\kappa(G)$，辺連結度 $\kappa_1(G)$ 及び最小次数 $\delta(G)$ の間には次の関係があることが知られている．

定理8.1

任意の連結グラフ G に対して
$$\kappa(G) \leq \kappa_1(G) \leq \delta(G)$$
が成り立つ．

[**証明**] 連結グラフの任意の点 v に接続する辺の集合を $E(v)$ とすると，$G-E(v)$ は v を孤立点として持つので非連結グラフとなる．したがって，$E(v)$ は G の辺切断集合である．故に，任意の点 v に対して $\kappa_1(G) \leq |E(v)| = \deg_G v$ となる．特に G の最小次数 $\delta(G)$ を与える点 v に対しても上式は成り立つから，
$$\kappa_1(G) \leq \delta(G)$$
という関係が得られる．

$\kappa_1(G)=1$ のときは，$\kappa(G)=\kappa_1(G)$ であることが容易にわかるので，$\kappa_1(G) \geq 2$ とする．$\kappa_1(G)=\kappa_1$ とおき，F を G の κ_1-辺切断集合とする．F の任意の辺 $e=\{u,v\} \in F$ に対して，$G'=G-(F-e)$ とすれば，G' は連結でかつ e を橋として持つ．いま，$F-e$ の各辺の端点の少なくとも一方は u,v と異なるので，各辺ごとに u,v 以外の端点を1つ選んで，u,v を含まない点部分集合 S を作ることができる．このとき，$G-S$ が非連結ならば $\kappa(G) \leq |S| \leq \kappa_1-1$ となるので，$\kappa(G) < \kappa_1(G)$ が成り立つ．一方，$G-S$ が連結ならば e は $G-S$ の橋となっており，$G-S=\{e\} \cong K_2$ であるか，そうでなければ u,v のいずれかが $G-S$ の切断点になっている．いずれの場合も $\kappa(G) \leq |S|+1 \leq \kappa_1$ であるので，$\kappa(G) \leq \kappa_1(G)$ が成り立つ．□

図8.3(a)のグラフ G は，$\kappa(G)=1$，$\kappa_1(G)=2$，$\delta(G)=3$ となっている．すなわち，
$$\kappa(G) < \kappa_1(G) < \delta(G)$$
が成り立っている．一方，図8.3(b)のグラフ H の場合には

$\kappa(H) = \kappa_1(H) = \delta(H) = 3$

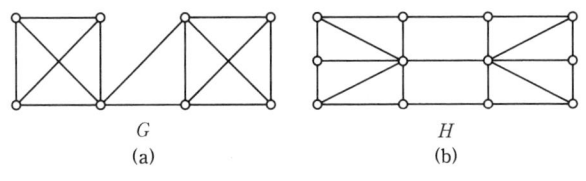

G
(a)

H
(b)

図 8.3

となっている．これらの例から，定理 8.1 の不等式は最良のものであることがわかる．さらに，次の定理が知られている．

定理 8.2

任意の正整数 $l < m < n$ に対して
$$\kappa(G) = l,\ \kappa_1(G) = m,\ \delta(G) = n$$
であるようなグラフ G が存在する．

[証明] K_{n+1} を 2 個並べ，一方の K_{n+1} の点のうちの l 点を $\{v_1, v_2, \cdots, v_l\}$，他方の K_{n+1} の点のうちの m 点を $\{u_1, u_2, \cdots, u_m\}$ とする．この 2 個の K_{n+1} に辺 $v_i u_i (i = 1, 2, \cdots, l)$ と辺 $v_l u_j (j = l+1, \cdots, m)$ を加えたグラフを G とする．

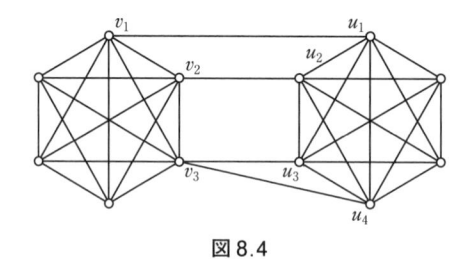

図 8.4

このとき $l < m < n$ より $\delta(G) = n$ である．また，$\{v_i u_i; i = 1, 2, \cdots, l\} \cup \{v_l u_j; j = l+1, \cdots, m\}$ は G の最小辺切断集合であるので，$\kappa_1(G) = m$ である．さらに $\{v_1, v_2, \cdots, v_l\}$ が G の最小切断集合であるので $\kappa(G) = l$ である．□

図 8.1 の通信システムにもっと多くの中継基地や通信路を構築していくと，システム全体の安全性は高まっていくが，対応するグラフは複雑になり，正確な連結度を求めることが難しくなってくる．しかし，正確にわからなくても連

8.1 連結度と辺連結度

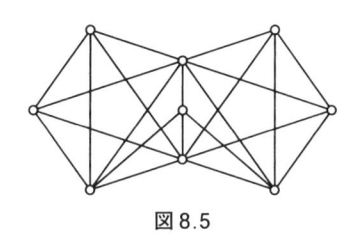

結度がある程度大きいという保証があれば，システムの安全性は高いということができる．一般に，グラフの連結度が正確にはわからなくても，その下界の1つは得られている，というようなことはあり得る．あるいは，適当な整数 n に対して，$\kappa(G) \geqq n$ を満たすすべてのグラフを考察するという場合もある．そこで，次のような定義をする．連結グラフ G が $\kappa(G) \geqq n$ を満たすとき，G は n-**連結**であるといい，$\kappa_1(G) \geqq n$ を満たすとき，G は n-**辺連結**であるという．言い換えると，$n-1$ 個以下の点をどのように連結グラフ G から除去しても非連結とならないことが保証されているとき，G は n-連結であるといい，同様に，$n-1$ 本以下の辺をどのように除去しても非連結とならないことが保証されているとき，G は n-辺連結であるという．定義から，G が n-(辺)連結で $n > m$ ならば，G は m-(辺)連結である．また 1-(辺)連結とは単に連結であることと同じ意味になる．図8.5のグラフ G は，$\kappa(G) = 3$，$\kappa_1(G) = 4$ であるから，1-, 2-, 3-連結であるが4-連結ではなく，1-, 2-, 3-, 4-辺連結であるが，5-辺連結ではない．

図 8.5

与えられた整数 $p > k \geqq 2$ に対して，位数 p の k-連結グラフが存在することが知られている．次のグラフ $H_{k,p}$ はF.ハラリーによるものである．

$H_{k,p}$ の構成法　ハラリー

(0) $2 \leqq k < p$ とする．

(1) $k = 2r$ のとき（k が偶数のとき）

(i) $v_0, v_1, \cdots, v_{p-1}$ を $H_{k,p}$ の点とする．

(ii) $v_i, v_j (0 \leqq i < j \leqq p-1)$ が隣接するのは $j - i \leqq r$，あるいは $p + i - j \leqq r$ のとき，かつこのときに限る．

(2) $k = 2r+1$，$p = 2s$ のとき（k が奇数で，p が偶数のとき）

$H_{2r,p}$ に v_i と v_{i+s} を結ぶ辺を加える．$(i = 0, 1, \cdots, s-1)$

(3) $k=2r+1$, $p=2s+1$ のとき（k, p が共に奇数のとき）

$H_{2r,p}$ に v_0 と v_s を結ぶ辺，v_0 と v_{s+1} を結ぶ辺及び，v_i と v_{i+s+1} ($i=1, 2,$ $\cdots, s-1$) を結ぶ辺を加える．□

図 8.6

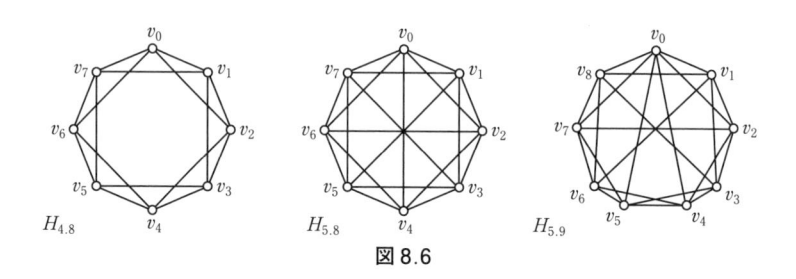

定理 8.3　ハラリー

$H_{k,p}$ は位数 p の k-連結グラフ ($2 \leqq k < p$) である．

位数 2 以上で切断点を持たないグラフ，すなわち，K_2 および 2-連結グラフのことを**ブロック**という．例えば，完全グラフ K_p はブロックであり，図 8.2 (b), (c) のグラフもブロックである．図 8.2 の (a) のグラフはブロックではない．また，グラフ G のブロックとは，G の部分グラフで自身がブロックであり，ブロックであるという性質について極大なもののことである．

DFS アルゴリズムを用いると切断点を求めることができるので，DFS アルゴリズムによって，グラフのブロックを求めることができる．

一般の n-連結に関する特徴付けは 8.2 節で取り上げる．連結度が高いほど，グラフ内の道や閉路に関する構造的な自由度が高くなることは，容易に推測できる．実際，連結度とグラフの周遊性に関する多くの結果が知られている．それらのうちのいくつかは次節で触れるが，ここでは平面性及びハミルトングラフとの関連を示す結果を紹介しておく．ここで，$\alpha(G)$ とは G の互いに隣接していない点の集合の最大の大きさを示す独立数のことである（第 5 章参照）．

定理 8.4　エルデス，シュバタル

位数 3 以上のグラフ G が $\kappa(G) \geqq \alpha(G)$ を満たすならば，G はハミルトングラフである．

定理 8.5 タット
4-連結平面的グラフはハミルトングラフである.

定理 8.6
位数 4 以上の任意の極大平面的グラフは 3-連結である.

次の定理は 2-連結グラフの構成的な特徴付けである.

定理 8.7
グラフ G が 2-連結であるのは, G が閉路グラフ C_p であるか, または C_p から次の操作を繰り返して得られるグラフであるとき, かつそのときに限る.
操作: グラフに既存の 2 点を結ぶ適当な長さの道を加える.

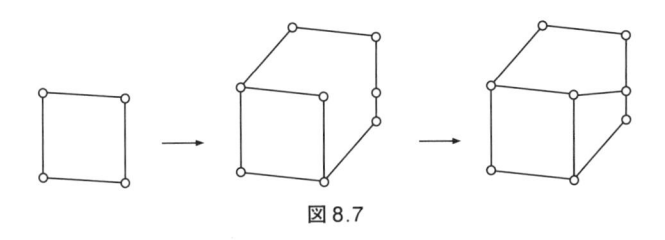

図 8.7

W.T. タットは, 構成的な方法による 3-連結グラフの特徴付けを与えた.

定理 8.8 タット
グラフ G が 3-連結であるのは, G が車輪グラフ W_p であるか, または W_p から次の(1), (2)の操作を繰り返して得られるグラフであるとき, かつそのときに限る.
  (1) 新しい辺を加える.
  (2) 次数 4 以上の点 v を, 2 つの隣接点 v', v'' に置き換え, もとのグラフで v と隣接していた点を v' または v'' の一方のみと隣接させ v', v'' が共に次数 3 以上の点となるようにする.

図8.8

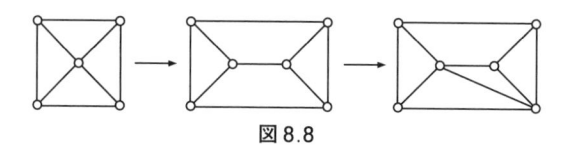

演習問題8.1

8.1 次のグラフ G に対して以下の問に答えよ．
   (a) 点 j を含む大きさ3の切断集合を求めよ．
   (b) $\kappa(G)$ を求めよ．
   (c) 辺 $\{d, h\}$ を含む大きさ4の辺切断集合を求めよ．
   (d) $\kappa_1(G)$ を求めよ．

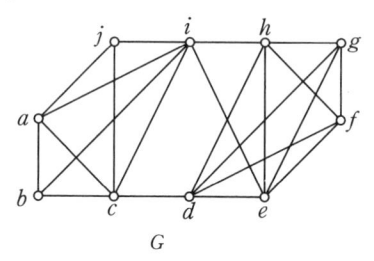

8.2 $K_{n,m}$ $(n \geq m)$ と W_n の連結度，辺連結度を求めよ．
8.3 位数2以上の木の連結度，辺連結度を求めよ．
8.4 $\kappa(G) = 2$, $\kappa_1(G) = 4$, $\delta(G) = 4$ となるグラフ G の例を求めよ．
8.5 下図のグラフ G, H, I のうちブロックはどれか．
8.6 $K_{n,m}, K_n$ がブロックとなるための条件を求めよ．
8.7 4-連結平面的グラフの例を挙げよ．
8.8† グラフ G が k-連結ならば k-辺連結であることを示せ．

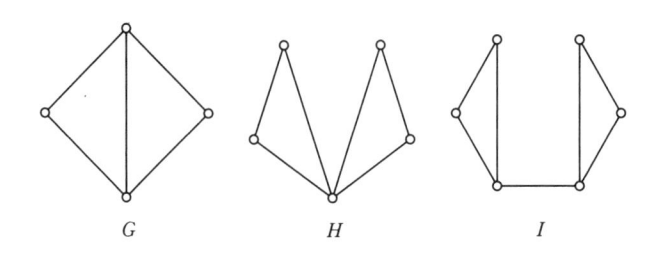

8.9[†] 3-正則グラフ G において $\kappa(G) = \kappa_1(G)$ であることを示せ.

8.10[†] 連結な k-正則2部グラフが2-辺連結であることを示せ($k \geq 2$).

8.11 下図の3連結グラフを W_5 から定理8.8の操作を用いて構成せよ.

8.12 定理8.4の逆の成立しない例を挙げよ.

8.13 定理8.6の逆の成立しない例を挙げよ.

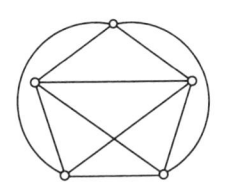

8.14 $H_{4,9}$, $H_{4,6}$, $H_{5,6}$, $H_{5,7}$ を描け.

8.2 メンガーの定理とその応用

　スポーツの試合が終わった後,観客はいくつかある最寄りの駅へスタジアムから移動する.同時に多くの人が移動するので,道路が非常に混んでしまう.そこで,最寄りの各駅までの道順を示すことになった.2つの道順が交差すると,そこで渋滞が生じてしまうので,どの2つの道順も交差しないように道筋を設定したい.この問題の解決を考えていた清水さんは,まず,そのような道順の設定が可能かどうかを検討しようと思った.スタジアムから駅までの道路網に対応するグラフの連結性が,そのような道筋の設定の可能性に関係しているのではと清水さんは考え,対応するグラフの連結性を調べることにした.

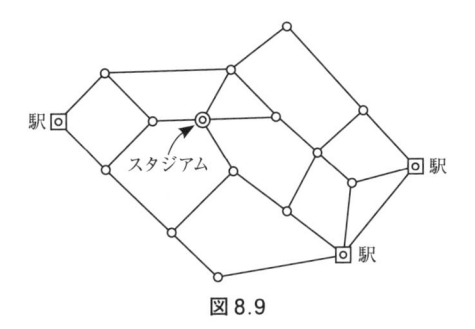

図8.9

この問題を考えるために，いくつかの概念を導入する．グラフ G の 2 点 u, v を結ぶ 2 つの道 P_1, P_2 が共通の辺を含まないとき，**辺素である**という．また，u, v 以外に共通の点を含まないとき，**内素である**という．G の辺部分集合 F に対して，$G-F$ が $u-v$ 道を含まないとき，F は点 u, v を**分離する**という．また，G の点部分集合 U に対しても，$G-U$ が $u-v$ 道を含まないとき，U は点 u と点 v を**分離する**という．これらの集合の大きさに関しては次のような K. メンガーによる結果が知られている．

定理 8.9

グラフ G の 2 点 u, v に対して，辺素な $u-v$ 道の最大数は，u と v を分離する辺の最小本数に等しい．

定理 8.10 メンガーの定理

グラフ G の非隣接点 u, v に対して，内素な $u-v$ 道の最大数は，u と v を分離する最小点数に等しい．

これらの定理は，ネットワークに関する結果を利用して示すこともできるが，ここでは別の手法による定理 8.10 の証明を行う．

[証明] u, v を G の非隣接点とし，m を内素な $u-v$ 道の最大本数，$P_1, P_2, \cdots, P_m$ を m 本の内素な $u-v$ 道とする．また，l を u と v を分離する最小点数とし，S を u と v を分離する最小の大きさの点集合($|S|=l$)とする．$m>l$ とすると，S のある点は $P_1, P_2, \cdots, P_m$ の中の 2 本の道に含まれることになる．これは $P_1, P_2, \cdots, P_m$ が内素であることに反する．したがって，$m \leq l$ である．

G のサイズに関する帰納法で $m=l$ となること，すなわち，l 本の内素な道が存在することを示す．$l=1$ のときは明らかに成立しているので $l \geq 2$ とする．

(1) 大きさ l の u と v を分離する任意の点集合の点は，すべて v と隣接している，あるいは，すべて u と隣接している場合．

このとき，大きさ l の u と v を分離する点集合のいずれにも含まれない点 w が存在したとする．$G-w$ の u と v を分離する点集合の最小の大きさは l であるので，帰納法の仮定より，$G-w$ の u と v の内素な $u-v$ 道の最大本数は l であり，$l=m$ が成立する．

G の点はすべて，大きさ l の u と v を分離する点集合のいずれかに含まれて

いると仮定する．したがって，uからvへの任意の道は，u, v以外に1点あるいは2点しか含まず，uとvを分離する大きさlの点集合のいずれに対してもその集合の点を1点しか含まない．Pをu–v道とする．P上のu, v以外の点を除いて得られるグラフG'には$l-1$本の内素なu–v道が存在する．G'の$l-1$本の内素なu–v道にPを加えると，Gのl本の内素なu–v道が得られる．

(2) Gに大きさlのuとvを分離する点集合で，uとの非隣接点及びvとの非隣接点を含むものが存在する場合．

Sを大きさlのuとvを分離する点集合で，uとの非隣接点及びvとの非隣接点を含むものとし，$S = \{s_1, s_2, \cdots, s_l\}$とする．

$G - S$の成分でu, vを含むものを各々G_u, G_vとする．このとき，Sの各点はG_uのいずれかの点と隣接し，G_vのいずれかの点と隣接している．G_uをu一点に縮約することによりGから得られるグラフをG_1，すなわち，$G - V(G_u - u)$にSの各点とuを結ぶ辺を加えたグラフをG_1とし，同様に，G_vをv一点に縮約することによりGから得られるグラフをG_2とする．SはG_1, G_2のいずれにおいても，大きさlのuとvを分離する点集合であり，大きさが最小のものである．もし，G_1（あるいはG_2）において，lより小さい大きさのuとvを分離する点集合が存在すれば，Gにおいてもlより小さい大きさのuとvを分離する点集合となるので，lの最小性に反する．

G_1及びG_2はGより位数が小さいので，帰納法の仮定よりG_1及びG_2にl本の内素なu–v道が存在する．G_1において，u–v道は辺us_iとs_i–v道を合わせたものであるので，v以外に共有点を持たないl本のs_i–v道$P_{s_i, v}$($i = 1, 2, \cdots, l$)がG_1に存在する．同様に，G_2において，u以外に共有点を持たないl本

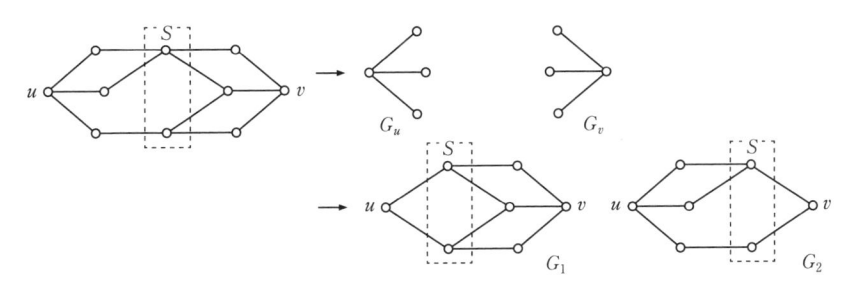

図 8.10

の u-s_i 道 $P_{u,s_i}(i=1, 2, \cdots, l)$ が存在する．P_{u,s_i} と $P_{s_i,v}(i=1, 2, \cdots, l)$ はすべて G 上の道である．したがって，P_{u,s_i} と $P_{s_i,v}$ を合わせた道 P_i は G 上の u-v 道であり，$P_1, P_2, \cdots, P_l$ は l 本の内素な G の u-v 道である． □

定理 8.10 は，この定理を発見した K. メンガーの名にちなんでメンガーの定理と呼ばれており，連結性の分野における重要な定理の 1 つである．定理 8.9 は数多く存在するメンガーの定理のバリエーションあるいは一般化の 1 つであるといえる．以下で特に，メンガーの定理をグラフの連結度の観点から述べ直したと考えられるいくつかの結果を紹介する．グラフ G の 2 点を分離する点集合あるいは辺集合を G から除去すると，非連結グラフとなることから，メンガーの定理をはじめとするこれら一連の結果とグラフの連結度の間には，密接な関連のあることが推測されるが，実際，定理 8.9, 8.10 と連結度の定義から，連結度を判定するための条件が得られることがわかる．

定理 8.11

位数 2 以上のグラフ G が k-辺連結であるための必要十分条件は，G の異なる 2 点が，k 本以上の辺素な道で結ばれていることである．

定理 8.12　ホイットニー

位数 2 以上のグラフ G が k-連結であるための必要十分条件は，G の任意の 2 点が，k 本以上の内素な道で結ばれていることである．

[証明]　G の任意の 2 点が辺で結ばれているとする．このとき，G は完全グラフである．したがって，k-連結ならば位数は $k+1$ 以上になるので，任意の 2 点は k 本の内素な道で結ばれている．また，任意の 2 点が k 本の内素な道で結ばれているならば，G の位数は $k+1$ 以上となり k-連結となる．

G が完全グラフでない場合について考える．$u, v \in V(G)$ とする．$uv \in E(G)$ のとき，$G-uv$ は $(k-1)$-連結である．したがって，$G-uv$ の u と v を分離する点集合の大きさは $k-1$ 以上であり，メンガーの定理より内素な u-v 道が $k-1$ 本存在する．故に，辺 uv と合わせて k 本の内素な u-v 道が存在する．$uv \notin E(G)$ のときは，G が k-連結であるので，G の uv を分離する点集合の大きさは k 以上であり，メンガーの定理より k 本の内素な u-v 道が存在する．

逆に，任意の $u, v \in V(G)$ に対して，k 本の内素な u-v 道が存在するならば，

任意の非隣接な $u, v \in V(G)$ に対しても k 本の内素な u–v 道が存在する．したがって，メンガーの定理より，非隣接な2点を分離する点集合の大きさは k 以上である．よって，G の連結度が k 以上であることがいえ，G が k-連結であることがいえる．□

次の定理も有用な結果の1つである．

定理 8.13

G を k-連結とし，u を G の点とする．このとき，u と異なる任意の k 個の点 $v_1, v_2, \cdots, v_k$ に対して，k 本の内素な u–v_i $(i=1, 2, \cdots, k)$ 道が存在する．

[証明] G から新しいグラフ H を以下のように構成する．すなわち，G に1点 x を加え，x と $v_1, v_2, \cdots, v_k$ を辺で結ぶことでグラフ H を構成する．このとき，H も k-連結である．したがって，定理 8.12 から，H には内素な k 本の u–x 道 $P_1, P_2, \cdots, P_k$ が存在する．H で x と隣接している点は $v_1, v_2, \cdots, v_k$ のみであるから，これら k 本の u–x 道における終点 x の直前の点は $v_1, v_2, \cdots, v_k$ でなければならない．したがって，$P_1-x, P_2-x, \cdots, P_k-x$ は，G において k 本の内素な u–v_i 道 $(i=1, 2, \cdots, k)$ となる．□

また，次のような結果も知られている．

定理 8.14

グラフ G が k-連結 $(k \geq 2)$ ならば，G の任意の k 個の点に対して，それらすべてを含む閉路が G に存在する．

[証明] $k=2$ のときはメンガーの定理より，任意の2点を結ぶ内素な道が2本存在するので，任意の2点を含む閉路が存在する．

$k \geq 3$ とし，G の k 点を $v_1, v_2, \cdots, v_k$ とする．C を $v_1, v_2, \cdots, v_k$ の点を最も多く含む閉路とする．C が $v_1, v_2, \cdots, v_k$ をすべて含んでいれば，命題は成立するので，C に含まれていない点が存在するとする．そこで $v_1, v_2, \cdots, v_m$ がこの順に C 上にあって，v_{m+1} が C 上にないとする．$k > m$ かつ G が k-連結であるので，定理 8.13 より v_{m+1} から $v_1, v_2, \cdots, v_m$ への内素な m 本の道が存在する．C 上の v_1–v_2 の部分を内素な v_1–v_{m+1} 道と v_{m+1}–v_2 道に置き換えると $v_1, v_2, \cdots, v_m, v_{m+1}$ を含む閉路が得られる．これは，C の最大性に反する．□

図 8.11

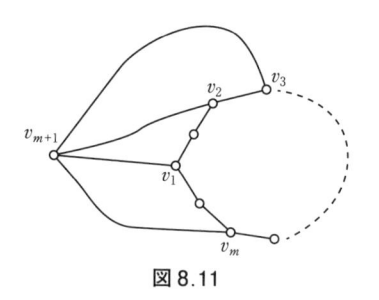

第8章の終わりに

　連結性に関してはメンガーの定理というきわめて重要な結果があり，メンガーの定理の様々なバリエーションが知られている．また，それらから派生した様々な未解決問題があり，活発に研究されている分野の1つである．また，連結性と平面性，ハミルトン性等の他の概念とあわせて研究することも行われており，興味深い結果が数多く得られている．最近の成果としては，縮約したときに連結度が落ちない辺，すなわち可約な辺に関する研究がすすめられ，いくつかのすぐれた結果が得られている．

演習問題 8.2

8.15 次のグラフ G に対して以下の問に答えよ．
 (a) 辺素な x–y 道の最大数を求めよ．
 (b) x, y を分離する辺の最小本数を求めよ．
 (c) 内素な x–y 道の最大数を求めよ．
 (d) x, y を分離する点の最小数を求めよ．

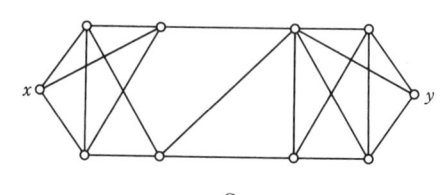

G

8.16 (a) $K_{3,4}$ の連結度を求めよ.
(b) $K_{3,4}$ の任意の2点を結ぶ内素な道が3本以上あることを示せ.

8.17 (a) $K_{3,3,3}$ の連結度を求めよ.
(b) $K_{3,3,3}$ の任意の6点を含む閉路が存在することを示せ.

8.18 (a) $K_{5,3}$ の連結度を求めよ.
(b) V_1 を $|V_1|=4$ なる $K_{5,3}$ の点部分集合とする. V_1 の1点から, V_1 の他の3点への内素な道が存在することを示せ.

8.19† 定理8.11を証明せよ.

8.20† G を k-連結グラフ, $v \in V(G)$ とする. このとき, $G-v$ が $(k-1)$-連結であることを示せ.

8.21† G を k-辺連結グラフ, $e \in E(G)$ とする. このとき, $G-e$ が $(k-1)$-辺連結であることを示せ.

8.22† G を位数3以上の2-連結グラフとする. 次が成立することを示せ.
(a) G の相異なる2辺に対して, それらを共に含む閉路が G に存在する.
(b) G の任意の1点と任意の1辺に対してそれらを共に含む閉路が G に存在する.

8.23† 「位数3以上のグラフ G が2-連結であるための必要十分条件は, G の任意の2点を含む閉路が存在することである.」を示せ.

9 交差グラフ（交グラフ）

9.1 交差グラフ（交グラフ）

様々な遺跡の調査をしていた大内君と長部君は種々の出土品に注目していた．出土品の土器や青銅器は一定期間使用され，副葬品等として遺跡で発見されたと考えられる．同種の出土品が見つかった遺跡は，その出土品の使用された時期に同時に存在していたといえる．すなわち，その遺跡の利用されていた時代に重なりがあるということを意味している．各遺跡からは多くの種類の遺物が見つかっており，同じ遺物が見つかるという情報をもとに，遺跡を利用されていた時代順に並べることが可能ではないかと大内君と長部君は考え，次のようなグラフを構成して検討することを考えた．

遺跡に対応して点を取り，2つの遺跡から同種の遺物が見つかったとき，対応する2点を辺で結んでグラフを作り，このグラフを元に遺跡の時代を考えようとするのである．このグラフは遺物の使用していた時代という期間の重なりによって構成されるグラフであるので，区間グラフとなる．区間グラフは交差グラフの一種であり，様々な側面より研究されている．本書では9.3節で詳しく扱っている．

交差グラフ（交グラフ） とは次のようなグラフのことである．$\mathscr{F}=\{S_1, S_2, \cdots, S_p\}$ をある集合の部分集合の族とする．ここで，各 S_i は空集合ではなく，また $S_i = S_j (i \neq j)$ なるものがあってもよいとする．$\mathscr{F}$ に関する交差グラフ $\Omega(\mathscr{F})$ とは，点集合が $V(\Omega(\mathscr{F})) = \mathscr{F}$ で，辺集合が $E(\Omega(\mathscr{F})) = \{S_i S_j ; i \neq j, S_i \cap S_j \neq \phi\}$ なるグラフのことである．また，グラフ G は，$\Omega(\mathscr{F}) \cong G$ となる集合族 $\mathscr{F}$ が存在するとき交差グラフであるという．このとき $\mathscr{F}$ を G の**集合表現**という．

$\mathscr{F} = \{\{1, 2\}, \{2, 3\}, \{3, 1\}, \{3, 4\}, \{3, 5\}\}$

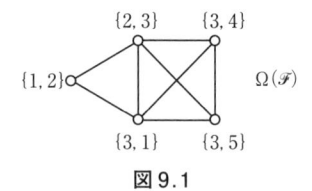

図 9.1

定理 9.1

任意のグラフは交差グラフである.

[**証明**] G をグラフ, $V(G) = \{v_1, v_2, \cdots, v_p\}$ とする. 各点 v_i の接続辺の集合を $E(v_i)$ とおく. $\mathscr{F} = \{\{v_i\} \cup E(v_i) ; v_i \in V(G)\}$ とすると, $\Omega(\mathscr{F}) \cong G$ となる. □

集合族を限定すると交差グラフの様々な族が得られる. 代表的なものとしては次のようなものがある.

(1) 数直線上の区間の族に関する交差グラフを**区間グラフ**という. すなわち, 数直線上の区間を点とし, 2つの区間に共通部分があるとき対応する2点を辺で結ぶことによって得られるグラフを区間グラフという.

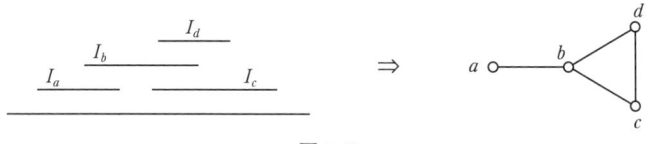

図 9.2

(2) グラフ G の辺集合に関する交差グラフを**線グラフ**といい $L(G)$ で表す. すなわち, グラフ G の辺を点とし, G の2辺が隣接しているとき (2辺に共有点があるとき) 対応する2点を辺で結ぶことによって得られるグラフを線グラフという.

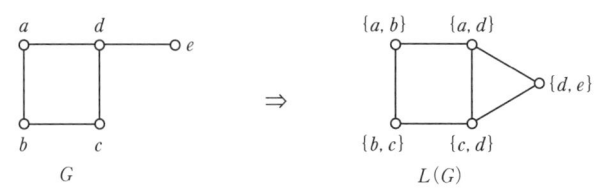

図 9.3

9.1 交差グラフ（交グラフ）　　189

(3) B_i を n 次元空間の各座標軸上の区間より構成される n 次元直方体とする．すなわち，$B_i = \{(x_1, x_2, \cdots, x_n); x_1 \in (a_{i_1}, b_{i_1}), x_2 \in (a_{i_2}, b_{i_2}), \cdots, x_n \in (a_{i_n}, b_{i_n})\}$ とする．このとき，$\{B_1, B_2, \cdots, B_p\}$ に関する交差グラフを**箱グラフ**という．

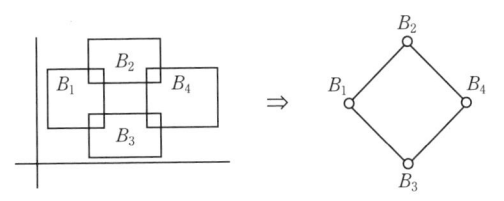

図 9.4

(4) $\{1, 2, \cdots, p\}$ の置換 $\pi = [\pi_1, \pi_2, \cdots, \pi_p]$ に対して，2 本の平行線上に $1, 2, \cdots, p$ と $\pi_1, \pi_2, \cdots, \pi_p$ を各々配置して，対応する番号を線で結ぶ．このとき，番号に対応して点を取り，番号に対応する線同士に交点があるとき，対応する点同士を辺で結ぶことでグラフを作る．このグラフを**置換グラフ**という．

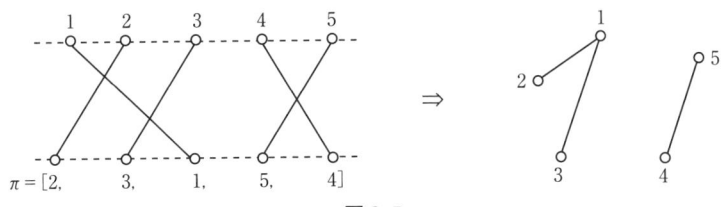

$\pi = [2, \quad 3, \quad 1, \quad 5, \quad 4]$

図 9.5

(5) 木 T の連結な部分グラフ（部分木）の集合 $\{T_1, T_2, \cdots, T_p\}$ に関する交差グラフを**部分木グラフ**という．すなわち，各 T_i を点とし，$V(T_i) \cap V(T_j) \neq \phi$ のとき T_i と T_j に対応する点を辺で結ぶことによって得られる

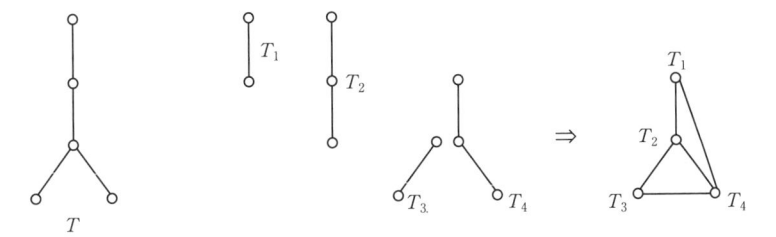

図 9.6

グラフを部分木グラフという．グラフ G がある木 T の部分木グラフとなるとき，その木 T と $\{T_1, T_2, \cdots, T_p\}$ をあわせて G の**木表現**という．木 T が道 P_n のとき，木表現を**道表現**という．P_n に対応する部分木グラフは区間グラフとなっている．

(6) グラフ G の極大なクリーク全体に関する交差グラフを**クリークグラフ**という．すなわち，G の極大なクリークを点とし，2つの極大なクリークに共通の点があれば対応する点を辺で結ぶことにより得られるグラフをクリークグラフという．

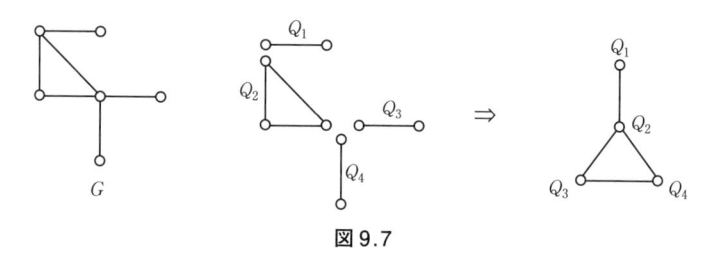

図 9.7

(7) 有向グラフ D に対して，$N^+(v) = \{w \in V(D) ; (v, w) \in A(D)\}$ に関する交差グラフを**競合グラフ**という．すなわち，各 $N^+(v)$ を点とし，$N^+(u) \cap N^+(v) \neq \phi$ のとき u と v を辺で結ぶことによって得られるグラフを競合グラフという．

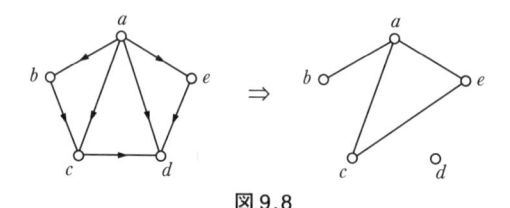

図 9.8

グラフ G に対して，$\mathscr{C} = \{Q_1, Q_2, \cdots, Q_t\}$ を G のクリーク集合とする．$\mathscr{C}$ が G の**辺クリーク被覆**であるとは $E(G) = E(Q_1) \cup E(Q_2) \cup \cdots \cup E(Q_t)$, $V(G) = V(Q_1) \cup V(Q_2) \cup \cdots \cup V(Q_t)$ となることである．すなわち，孤立点を持たないグラフ G において，$uv \in E(G)$ であるのは，$u, v \in Q_i$ なる Q_i が存在するときかつこのときに限るときである．辺クリーク被覆と交差グラフの間には次のような関係がある．

9.1 交差グラフ（交グラフ）

定理9.2

$\mathscr{F}=\{S_1, S_2, \cdots, S_p\}$ を交差グラフ G の集合表現とし，$x\in\bigcup_{i=1}^{p} S_i$ に対して $Q_x=\{S_i ; x\in S_i\}$ とすると，Q_x は G のクリークであり，$\mathscr{C}(\mathscr{F})=\{Q_x ; x\in\bigcup_{i=1}^{p} S_i\}$ は G の辺クリーク被覆である．

[証明] 任意の $S_i, S_j\in Q_x$ に対して，$x\in S_i, x\in S_j$ であるので，$S_i\cap S_j\neq\phi$ である．したがって，Q_x は G のクリークとなる．また，$S_iS_j\in E(G)$ とすると $S_i\cap S_j\neq\phi$ であり，$x\in S_i\cap S_j$ に対して $S_i, S_j\in Q_x$ となる．したがって，$\mathscr{C}(\mathscr{F})$ は G の辺クリーク被覆である．□

定理9.3

$\mathscr{C}=\{Q_1, Q_2, \cdots, Q_t\}$ をグラフ G の辺クリーク被覆とし，$v\in V(G)$ に対して $S_v=\{Q_i ; v\in Q_i\}$ とする。このとき $\mathscr{F}(\mathscr{C})=\{S_v ; v\in V(G)\}$ は G の集合表現となる．

[証明] S_v と v が対応しているので，$V(G)$ と $V(\mathscr{F}(\mathscr{C}))$ は1対1に対応している．$u, v\in V(G)$ に対して，$uv\in E(G)$ とする．$\mathscr{C}$ が G の辺クリーク被覆であるので，$u, v\in Q_i$ なる $Q_i\in\mathscr{C}$ が存在する．このとき，$Q_i\in S_u, Q_i\in S_v$ であるので，$S_u\cap S_v\neq\phi$ である．逆に $S_u\cap S_v\neq\phi$ とすると，$Q_i\in S_u\cap S_v$ に対して $u, v\in Q_i$ となる．Q_i が G のクリークであるので，$uv\in E(G)$ となる．以上より $\Omega(\mathscr{F}(\mathscr{C}))\cong G$ となる．□

定理9.2及び9.3より $\Omega(\mathscr{F})\cong G$ となる集合族 $\mathscr{F}$ は G のクリークを要素として持つ集合より構成されていることがわかる．2点が隣接することは，2点を結ぶ辺を含むクリークが存在するか，あるいはその辺自身がクリークであることを意味する．したがって $\Omega(\mathscr{F})\cong G$ となる集合族 $\mathscr{F}$ をさがすことは，G の辺をすべて被覆するクリークの集合をさがすことになる．定理9.4はこのことに触れたものである．

グラフ G の**交数** $i(G)$ とはグラフ G の集合表現のために必要な集合の要素の最小数のことである．すなわち，$i(G)=\min\{\left|\bigcup_{i=1}^{p} S_i\right| ; \mathscr{F}=\{S_1, S_2, \cdots, S_p\}, \Omega(\mathscr{F})\cong G\}$ である．また，グラフ G の**辺クリーク被覆数** $\theta_e(G)$ とは G の辺クリーク被覆のために必要なクリークの最小数のことである．すなわち，$\theta_e(G)=\min\{|\mathscr{C}| ; \mathscr{C}=\{Q_1, Q_2, \cdots, Q_t\} ; G$ の辺クリーク被覆$\}$ である．

図9.9

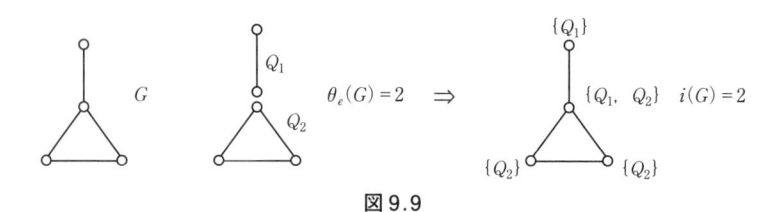

定理 9.4　エルデス，グッドマン，ポシャ

任意のグラフ G に対して，$i(G) = \theta_e(G)$ である．

[証明]　$\mathscr{F} = \{S_1, S_2, \cdots, S_p\}$ を $\Omega(\mathscr{F}) = G$ で $\left|\bigcup_{i=1}^{p} S_i\right| = i(G)$ なる集合族とすると，定理9.2 より $\mathscr{C}(\mathscr{F}) = \{Q_x ; x \in \bigcup_{i=1}^{p} S_i\}$ が辺クリーク被覆である．故に $i(G) \geq \theta_e(G)$ が成立する．

また，$\mathscr{C} = \{Q_1, Q_2, \cdots, Q_t\}$ を G の辺クリーク被覆で，$|\mathscr{C}| = \theta_e(G)$ なるものとすると，定理9.3 より $\mathscr{F}(\mathscr{C}) = \{S_v ; v \in V(G)\}$ は G の集合表現である．故に $i(G) \leq \theta_e(G)$ が成立する．

以上より $i(G) = \theta_e(G)$ である．□

交数については，次の結果が知られている．

定理 9.5

G を位数2以上の連結グラフとする．このとき $i(G) \leq |E(G)|$ であり，等号は G が3角形 (K_3) を含まないときのみ成立する．

[証明]　各辺は G のクリークであり，$E(G)$ は G の辺クリーク被覆であるので，$i(G) \leq |E(G)|$ となる．G が3角形を含まないとすると，G の辺を含むクリークは辺のみである．したがって，$E(G)$ が G の辺クリーク被覆で，大きさが最小のものとなり，$\theta_e(G) = |E(G)|$ が成立する．定理9.4 より，G が3角形を含まなければ $i(G) = |E(G)|$ となる．

G を，$i(G) = |E(G)|$ を満たす3角形を含むグラフの中で極小のものとする．G の辺 $e = uv$ に対して，$G - e$ が3角形を含まないとすると，G に3角形 $T = uvw$ が存在する．$G - e$ は連結で3角形を含まないので，定理9.2, 9.3, 9.4 より $\Omega(\mathscr{F}) \cong G - e$ で $i(G - e)$ を与える集合 U は $G - e$ のクリーク，すなわち辺に対応する要素で構成されている．したがって $U = E(G - e)$ と考えてよい．

$\mathscr{F} = \{S(\alpha); \alpha \in V(G)\}$ を $\Omega(\mathscr{F}) \cong G-e$ で $i(G-e) = |E(G-e)|$ を与えるものとする. このとき, 辺 uw, vw に対して, $uw \in S(u) \cap S(w), vw \in S(v) \cap S(w)$ であり, uw, vw は他の $S(\alpha)$ には含まれていない. $S'(u) = (S(u) - \{uw\}) \cup \{T\}$, $S'(v) = (S(v) - \{vw\}) \cup \{T\}, S'(w) = (S(w) - \{uw, vw\}) \cup \{T\}$ とし, $\mathscr{F}' = (\mathscr{F} - \{S(u), S(v), S(w)\}) \cup \{S'(u), S'(v), S'(w)\}$ とすると, $\Omega(\mathscr{F}') \cong G$ で $|\bigcup_{S \in \mathscr{F}'} S| = |E(G-e)| - 1 < |E(G)|$ となり矛盾である.

$G-e$ に3角形が存在したとすると, G の極小性により $i(G-e) < |E(G-e)|$ となる. したがって, $i(G-e) < |E(G-e)| < |E(G)| = i(G)$ であるので, $i(G-e) \leq i(G) - 2$ となる. $\mathscr{F} = \{S(\alpha); \alpha \in V(G)\}$ を $\Omega(\mathscr{F}) \cong G-e$ で $i(G-e)$ を与えるものとする. $\mathscr{F}' = (\mathscr{F} - \{S(u), S(v)\}) \cup \{S(u) \cup \{e\}, S(v) \cup \{e\}\}$ とすると, $\Omega(\mathscr{F}') \cong G$ で $|\bigcup_{S \in \mathscr{F}'} S| = i(G-e) + 1 < i(G)$ となり矛盾である. □

定理 9.6 エルデス，グッドマン，ポシャ

孤立点を含まない位数 p のグラフ G には，3角形と辺からなる辺クリーク被覆で大きさが $\left\lfloor \dfrac{p^2}{4} \right\rfloor$ 以下のものが存在する.

[証明] G の位数 p に関する帰納法で示す. $p = 2, 3$ のときは，明らかに成立している. $p+1$ 点以下のグラフに対して，定理が成立していると仮定し，位数 $p+2$ のグラフ G について考える.

$G \cong K_{1,p+1}$ のとき $K_{1,p+1}$ は $p+1$ 辺で辺クリーク被覆ができ, $p+1 \leq \left\lfloor \dfrac{(p+2)^2}{4} \right\rfloor$ より成立する. G の成分がすべて $K_{1,n}$ のときも同様に成立する.

次に, G の成分に $K_{1,n}$ でないものが存在する場合について考える. このとき, G の辺で両端点の次数が共に2以上のものが存在する. uv をそのような辺とする. $G-\{u,v\}$ には帰納法の仮定より, 大きさが $\left\lfloor \dfrac{p^2}{4} \right\rfloor$ 以下の辺と3角形からなる辺クリーク被覆が存在する. さて, $G-\{u,v\}$ の u,v 以外の任意の点 w は G において (1) u,v の両方と隣接している, (2) u,v の一方のみと隣接している, (3) u,v の両方と隣接してしていない, のいずれかである. (1) は u,v,w で G の3角形を形成し, (2) は w と u あるいは v を結ぶ辺ができる. したがって, $G-\{u,v\}$ の各点と点 u,v を結ぶ辺は $G-\{u,v\}$ の各点ごとに1つの辺ある

いは3角形で被覆できる．したがって，辺 uv とこれらのクリークを合わせた高々 $p+1$ 個の辺あるいは3角形を $G-\{u,v\}$ の $\left\lfloor\dfrac{p^2}{4}\right\rfloor$ 個の辺と3角形からなる辺クリーク被覆に加えることにより，高々 $\left\lfloor\dfrac{p^2}{4}\right\rfloor + p + 1 = \left\lfloor\dfrac{(p+2)^2}{4}\right\rfloor$ 個の辺と3角形による G の辺クリーク被覆が得られる．□

定理9.4 と 9.6 より次の結果が得られる．

定理9.7 エルデス，グッドマン，ポシャ

位数 p ($\geqq 2$) のグラフ G に対して，$i(G) \leqq \left\lfloor\dfrac{p^2}{4}\right\rfloor$ が成立する．

グラフ G が**一意交差的**といわれるのは，$|U|=i(G)$ となる U の部分集合族 $\mathcal{F}_1$ と $\mathcal{F}_2$ に対して，$\Omega(\mathcal{F}_1) \cong \Omega(\mathcal{F}_2) \cong G$ であるならば，$\mathcal{F}_1$ は U の要素を置き換えることにより $\mathcal{F}_2$ から得ることができる（言い換えれば，$\mathcal{F}_1$ と $\mathcal{F}_2$ は集合族として同型である）ときである．

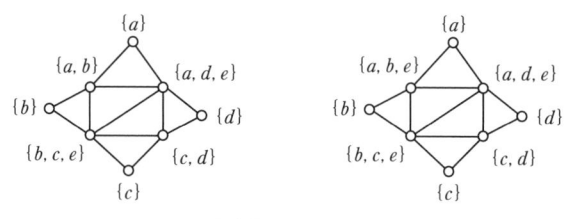

一意交差的でないグラフ

一意交差的なグラフ

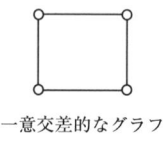

図9.10

一意交差的性質については次のことが知られている．

定理9.8 オルター，ワン

3角形を含まないグラフは一意交差的である．

$\mathcal{F}=\{S_1, S_2, \cdots, S_n\}$ の p-**交差グラフ** $\Omega_p(\mathcal{F})$ とは $V(\Omega_p(\mathcal{F}))=\mathcal{F}$，$E(\Omega_p(\mathcal{F}))=$

$\{S_iS_j ; i \neq j, |S_i \cap S_j| \geq p\}$ なるグラフのことである．グラフ G は $\Omega_p(\mathscr{F}) \cong G$ となる $\mathscr{F} = \{S_1, S_2, \cdots, S_n\}$ が存在するとき p-交差グラフといわれる．交差グラフは1-交差グラフである．

―― 定理9.9 ――
任意のグラフは p-交差グラフ $(p \geq 1)$ である．

[証明] u, v をグラフ G の点とし，$e(u, v)$ で u と v を結ぶ辺を表し，$e(u, v)_i$ ($i = 1, 2, \cdots, p$) で辺 $e(u, v)$ の p 本のコピーを表すとする．G の任意の点 v に対して，$S_p(v) = \{v\} \bigcup \left(\bigcup_{e(u,v) \in E(G)} \{e(u,v)_1, e(u,v)_2, \cdots, e(u,v)_p\} \right)$ とし，$\mathscr{F}_p = \{S_p(v) ; v \in V(G)\}$ とすると $\Omega_p(\mathscr{F}_p) \cong G$ となる．□

p-交差グラフは交差グラフの一般化の1つであり，他の一般化として tolerance graph がある．これらのグラフの族は近年よく研究されているグラフ族の1つである．

演習問題9.1

9.1 $\mathscr{F} = \{\{1,3\}, \{2,4\}, \{1,3,5\}, \{4\}, \{4,5\}\}$ に関する交差グラフを描け．

9.2 $\Omega(\mathscr{F}) \cong$ ⟨図⟩ となる集合族 $\mathscr{F}$ を求めよ．

9.3 下図のグラフ G に関する線グラフ $L(G)$ を求めよ．

9.4 下図のグラフ G に関するクリークグラフを求めよ．

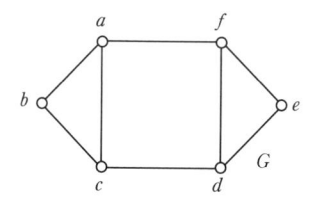

9.5 次の有向グラフ D に関する競合グラフを求めよ．

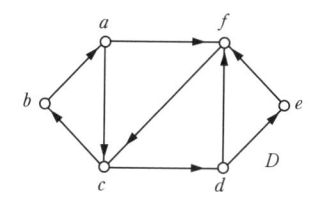

9.6 上図のグラフ G の辺クリーク被覆を求めよ．

9.7 問 9.1 の集合族 $\mathscr{F}$ に対応する辺クリーク被覆 $\mathscr{C}(\mathscr{F})$ を求めよ．

9.8 前頁のグラフ G の最小の大きさの辺クリーク被覆に関する集合表現を求めよ．

9.9 前頁のグラフ G の $i(G)$ と $\theta_e(G)$ を求めよ．

9.10 $i(K_n), i(K_{n,m}), i(C_{2n+1})$ を求めよ．

9.11 $i(W_5), i(W_6)$ を求めよ．

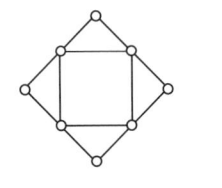

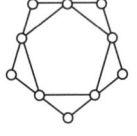

星状 4 角形   星状 5 角形

9.12 星状 4 角形，星状 5 角形の交数を求めよ．

9.13† 星状 4 角形が一意交差的であることを示せ．

9.14 C_4 を p-交差グラフとして実現する集合族を求めよ．

9.2 弦グラフ

　行列式の計算方法としてガウスの消去法がある．この方法は，非零な成分 m_{ij} をピボットとして選び，m_{ij} を 1 にし，i 行及び j 列の m_{ij} 以外の成分をすべて 0 にすることによって行われる．この方法の欠点は，行列の成分に非零なものが少ないとき，すなわち，行列が**疎行列**のとき，i 行及び j 列の成分を 0 にするときに他の零成分を非零な成分にしてしまうことにある．すなわち，m_{ij} をピボットとし，$m_{it} \neq 0$，$m_{sj} \neq 0$ かつ $m_{st} = 0$ のとき，m_{it} と m_{sj} を 0 にするための操作により，m_{st} が非零になってしまう可能性が存在してしまうことである．このような変化を避けるためには，ピボットの選択の順序を上手にやることが必要になる．すなわち，ピボットとなる成分 m_{ij} としては，

$$m_{it} \neq 0, \ m_{sj} \neq 0 \ \text{ならば}, \ m_{st} \neq 0 \tag{9.1}$$

となる性質が満たされるものの中から選ばなければならない（図 9.11）．

9.2 弦グラフ

$$\begin{bmatrix} & \vdots & & \vdots & \\ \cdots & m_{ij} & \cdots & m_{it} & \cdots \\ & \vdots & & \vdots & \\ \cdots & m_{sj} & \cdots & m_{st} & \cdots \\ & \vdots & & \vdots & \end{bmatrix} \begin{matrix} \\ i\,\text{行} \\ \\ \\ \\ \end{matrix}$$

j 列

(a)

$$M = \begin{matrix} & 1 & 2 & 3 & 4 & 5 \\ 1 & \begin{bmatrix} 1 & 1 & 1 & 0 & 0 \\ 1 & 3 & 2 & 1 & 1 \\ 1 & 2 & 2 & 0 & 1 \\ 0 & 1 & 0 & 2 & 1 \\ 0 & 1 & 1 & 1 & 3 \end{bmatrix} & \begin{matrix} 1 \\ 2 \\ 3 \\ 4 \\ 5 \end{matrix} \end{matrix}$$

(b)

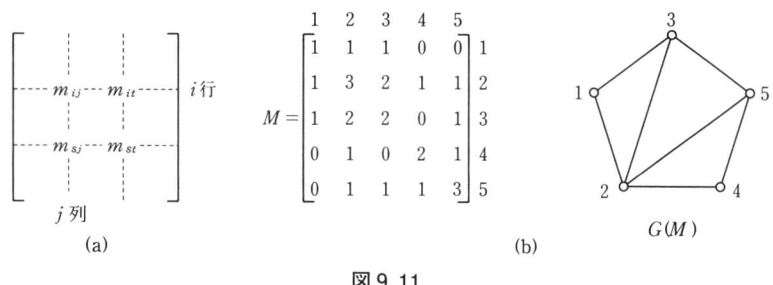

$G(M)$

図 9.11

このような選択が可能な行列は，どのような行列であろうか．この問題の分析を担当した山口君は，一般の場合を扱うのがやや難しいので，行列を対称行列に制限し，グラフ理論の立場から考えることにした．グラフに対応する行列としては，隣接行列等が考えられるが，逆に p 次の対称行列 M で対角成分 m_{ii} が非零であるものに対して，次のように対応するグラフ $G(M)$ を構成する．すなわち，点集合として $\{v_1, v_2, \cdots, v_p\}$ を持ち，点 v_i と v_j が隣接するのは，$i \neq j$ かつ $m_{ij} \neq 0$ のとき，かつそのときに限ることによりグラフ $G(M)$ を構成する．$G(M)$ 上では，"$m_{it} \neq 0, m_{si} \neq 0$" が点 v_t, v_s が点 v_i に隣接していることを意味し，"$m_{ts} \neq 0$" が点 v_t と点 v_s が辺で結ばれていることを意味しているので，成分 m_{ij} が性質 (9.1) を満たしているとき，点 v_i に隣接している点どうしはすべて辺で結ばれている．すなわち，点 v_i の近傍 $N(v_i)$ が完全部分グラフを形成している．したがって，行列 M に対して，零成分を非零成分に変化させることなくガウスの消去法を行えることは，$G(M)$ 上の点の順序付け $\sigma = [v_1, v_2, \cdots, v_p]$ で，点部分集合 $\{v_j \in N_{G(M)}(v_i) | j > i\}$ がすべて完全部分グラフを形成するようなものが存在することに対応する．このような順序付けを持つグラフの性質について考えるために 2, 3 の概念を導入する．点 $v \in V(G)$ に対して，v の近傍 $N_G(v) = \{u \in V(G) | 点 u は点 v に隣接している\}$ が完全部分グラフを形成するとき，v を**単体的頂点**という．また，グラフ G の点の順序付け $\sigma = [v_1, v_2, \cdots, v_p]$ が，"各点 v_i に対して $\{v_j \in N_G(v_i) | j > i\}$ が完全部分グラフを形成する" という条件を満たすとき，順序付け σ を**完全点消去スキーム**という．また，グラフ G の長さ 4 以上の閉路すべてに弦が存在するとき，すなわち，G が長さ 4 以上の閉路を誘導部分グラフとして含まないとき，グラフ G を**弦グラフ**（**3 角木グラフ**）という（図 9.12）．グラフ G に完全点消去スキームが存在するこ

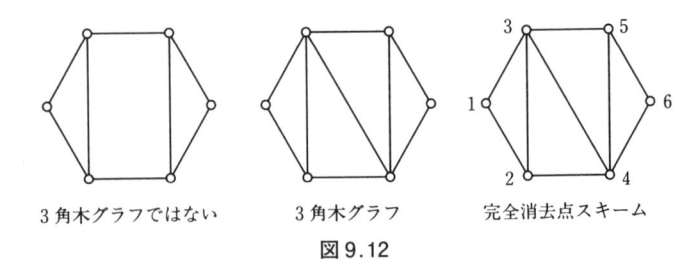

3角木グラフではない　　3角木グラフ　　完全消去点スキーム

図 9.12

とと，G が弦グラフであることが同値であることが知られているので，ガウスの消去法に関する問題をグラフ理論的に述べると次のようになる．

定理 9.10

M を対称行列で，対角成分がすべて零でない成分からなるものとする．このとき，M に対して，零成分を非零成分に変化させることなくガウスの消去法が実行できるならば，$G(M)$ に完全点消去スキームが存在する．すなわち，$G(M)$ は弦グラフである．

グラフ G が弦グラフであることと G が完全点消去スキームを持つことの同値性を示すために弦グラフのいくつかの性質について触れる．弦グラフの特徴付けとしては，次の結果が知られている．ここで，**極小な切断集合**とは，切断集合を構成する点集合の間で集合の包含関係を考えるとき，他の切断集合を含まない切断集合のことである（図 9.13）．

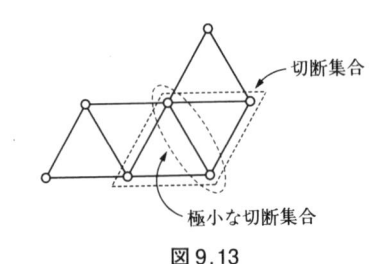

切断集合

極小な切断集合

図 9.13

9.2 弦グラフ

定理 9.11

任意のグラフ G に対して，以下の命題は同値である．
(1) G は弦グラフである．
(2) G の極小な切断集合はすべて完全部分グラフをなす．

[証明] (2)⇒(1) $C: u, w_0, v, w_1, w_2, \cdots, w_k, u (k \geq 1)$ をグラフ G の長さ 4 以上の閉路とし，u, v は非隣接点とする．このとき u, v が異なる成分に属するように分ける切断集合は，w_0 といずれかの $w_i (i \neq 0)$ を含む．したがって，u と v を分離する極小な切断集合にも w_0 といずれかの $w_i (i \neq 0)$ が含まれる．仮定より極小な切断集合では任意の 2 点が隣接しているので，辺 $\{w_0, w_i\}$ が G に存在することがいえ，閉路 C は弦 $\{w_0, w_i\}$ を持つ (図 9.14)．

図 9.14

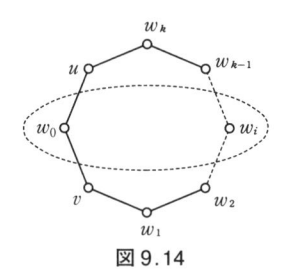

(1)⇒(2) S を G の極小な切断集合とし，K と H を $G - S$ の成分で，$u \in V(K)$, $v \in V(H)$ なるものとする．S の極小性より，S の点 w_i はすべて K 及び，H の点と隣接している．したがって，$w_1, w_2 \in S$ 対して，$u_i \in V(K) (i = 1, 2, \cdots, s)$, $v_i \in V(H) (i = 1, 2, \cdots, t)$ なる w_1 と w_2 を結ぶ最短道 $P_1: w_1, u_{1=u}, u_2, \cdots, u_s, w_2$, $P_2: w_2, v_{1=v}, v_2, \cdots, v_t, w_1$ が存在する．このとき，P_1 と P_2 を併せた $w_1, u_1, u_2, \cdots, u_s, w_2, v_1, v_2, \cdots, v_t, w_1$ は，長さ 4 以上の閉路となる．K, H が $G - S$ の異なる成分であるので，$\{u_i, v_j\}$ なる形の辺は G には存在しない．また，P_1 と P_2 の最短性より $\{u_i, u_j\}, \{v_i, v_j\} (j \neq i+1)$ なる形をした辺や，$\{w_1, u_i\}, \{u_j, w_2\}, \{w_2, v_k\}, \{v_l, w_1\} (i \neq 1, j \neq s, k \neq 1, l \neq t)$ なる形をした辺は存在しない．G が弦グラフであるので，閉路 C には弦が存在しなければならないが，存在しうる辺は $\{w_1, w_2\}$ だけである．したがって S の任意の 2 点が隣接しており，S は完全部分グラフとなる (図 9.15)． □

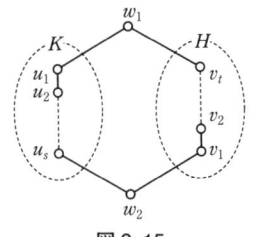

図9.15

グラフが弦グラフであることと，グラフが完全点消去スキームを持つことの同値性を示すために，次のG.A.ディラックの結果をまず示す．

───── **定理9.12 ディラックの補題** ─────

弦グラフGはすべて単体的頂点を持つ．また，Gが完全グラフでなければ，非隣接な単体的頂点を2個以上持つ．

[証明] 弦グラフGが完全グラフのときは，すべての点が単体的頂点であるので，定理は成立する．したがって，Gは完全グラフでないとする．Gが完全グラフでないので，非隣接点u, vが存在する．点u, vが異なる成分に属するように分ける極小な切断集合をSとし，K, Hを$G-S$の成分で，$u \in V(K)$，$v \in V(H)$なるものとする．$\langle V(K) \cup S \rangle_V$が弦グラフであるので帰納法の仮定より，$\langle V(K) \cup S \rangle_V$は完全グラフであるか，またはその中に非隣接な単体的頂点が2点以上存在する．定理9.11よりSは完全グラフを形成している．したがって，$\langle V(K) \cup S \rangle_V$の単体的頂点のうちの少なくとも1点は$K$に含まれていなければならない．更に，$K$の点$u$の近傍$N_G(u)$は，$S$が切断集合で，$K$が$G-S$の成分であるので，$G$において$V(K) \cup S$に含まれている．したがって，$K$に含まれている$\langle V(K) \cup S \rangle_V$の単体的頂点は，$G$の単体的頂点となる．同様にして，$H$にも$G$の単体的頂点が存在し，定理が成立することがいえる．□

このディラックの補題を用いて，次の結果を示す．

───── **定理9.13** ─────

任意のグラフGに対して，以下の命題は同値である．
 (1) Gは弦グラフである．
 (2) Gは完全点消去スキームを持つ．さらに任意の単体的頂点から完全点消去スキームは始めることができる．

[証明] (1)⇒(2) ディラックの補題より，弦グラフ G には単体的頂点 v が存在する．$G-v$ は G より位数の小さい弦グラフであるので，帰納法の仮定より，$G-v$ には完全点消去スキーム $\sigma = [v_1, v_2, \cdots, v_{p-1}]$ が存在する．v が単体的頂点であるので，$\sigma = [v, v_1, v_2, \cdots, v_{p-1}]$ は，G の完全点消去スキームとなる．
(2)⇒(1) C を長さが4以上の閉路とし，v を C 上の点のうちで，G の完全点消去スキーム σ において最初に現れる点とする．$N_G(v) \cap C$ の点すべてが完全点消去スキームで v より後に現れるので，$|N_G(v) \cap C| \geq 2$ であることに注意すると，$N_G(v) \cap C$ の2点が辺で結ばれていることになる．したがって，C に弦が存在し，G が弦グラフであることがわかる．□

弦グラフの特徴付けとしては，次のようなものも知られている．

系 9.14

任意のグラフ G に対して以下は同値である．
(1) G は弦グラフである．
(2) G の誘導部分グラフはすべて単体的頂点を持つ．

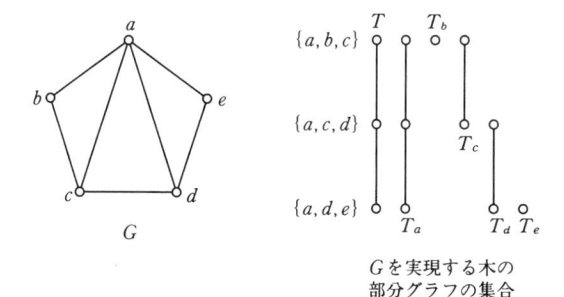

図 9.16

G を実現する木の部分グラフの集合

定理 9.15 ウォルター，ガビル

グラフ G に対して，次の命題は同値である．
(1) G は弦グラフである．
(2) G は木の連結な部分グラフ (部分木) の族に関する交差グラフである．

星グラフ $K_{1,n}$ の連結部分グラフ（部分星グラフ）に関する交差グラフは**分裂グラフ**といわれるグラフであり，道グラフ P_n の連結部分グラフ（部分道グ

ラフ）に関する交差グラフは区間グラフである．

これらの結果より，弦グラフが理想グラフであることが次のようにしていえる．

定理 9.16

S をグラフ G の切断集合とし，$G_1, G_2, \cdots, G_t$ を $G-S$ の成分とする．S が完全部分グラフであれば，
$$\chi(G) = \max_{1 \leq i \leq t} \{\chi(\langle V(G_i) \cup S \rangle_V)\}$$
$$\omega(G) = \max_{1 \leq i \leq t} \{\omega(\langle V(G_i) \cup S \rangle_V)\}$$
である．

[証明] $\langle V(G_i) \cup S \rangle_V$ は G の部分グラフであるので，$\chi(G) \geq \chi(\langle V(G_i) \cup S \rangle_V)$ となり，$\chi(G) \geq \max_{1 \leq i \leq t}\{\chi(\langle V(G_i) \cup S \rangle_V)\} = k$ である．S が完全部分グラフであるので，S の点の色はすべて異ならなければならず，S の彩色は一意的であるといえる．したがって，各々の $\langle V(G_i) \cup S \rangle_V$ の k-彩色を S で重ね合わせることができ，G の k-彩色が得られ，$\chi(G) = k$ を得る．

$\langle V(G_i) \cup S \rangle_V$ が G の部分グラフであることより $\omega(G) \geq \omega(\langle V(G_i) \cup S \rangle_V)$ であり，$\omega(G) \geq \max_{1 \leq i \leq t}\{\omega(\langle V(G_i) \cup S \rangle_V)\}$ である．G_i と G_j が $G-S$ の異なる成分であるので，G_i の点と G_j の点は隣接していない．したがって，G のクリーク A は G_i と G_j の点を共に含むことができない．このことより，A はいずれかの $\langle V(G_i) \cup S \rangle_V$ に，すべて含まれるといえる．A として特に最大クリークをとれば，$\omega(\langle V(G_i) \cup S \rangle_V) \leq |A| = \omega(G)$ となり，$\omega(G) = \max_{1 \leq i \leq t}\{\omega(\langle V(G_i) \cup S \rangle_V)\}$ となる．□

定理 9.17

弦グラフは理想グラフである．

[証明] G を弦グラフとする．G より位数の小さいグラフに対して，定理が成立しているとする．弦グラフの誘導部分グラフは，また弦グラフであるので $\chi(G) = \omega(G)$ が成立することを示せば十分である．一般性を失うことなく，G は連結であるとしてよい．G が完全グラフならば，G は理想グラフであるので，G は完全グラフでないとする．定理 9.11 より，G の極小な切断集合 S は完全部分グラフである．また，帰納法の仮定より，$G-S$ の各成分 $G_1, G_2,$

…, G_t に対して, $\chi(\langle V(G_i) \cup S \rangle_V) = \omega(\langle V(G_i) \cup S \rangle_V)$ が成立する. したがって, $\max_{1 \leq i \leq t}\{\chi(\langle V(G_i) \cup S \rangle_V)\} = \max_{1 \leq i \leq t}\{\omega(\langle V(G_i) \cup S \rangle_V)\}$ が成立し, 定理 9.16 より $\chi(G) = \omega(G)$ が成立する. 故に, G は理想グラフである. □

定理 9.13 は, 弦グラフの完全点消去スキームは単体的頂点を順次選択して行くことで得られることを意味している. 単体的頂点はその近傍がクリークとなっているので, 単体的頂点に塗ることができる色はクリークの大きさによって決まることがわかる. v を弦グラフ G の単体的頂点とし, $G-v$ が k-彩色されているとする. ここで $\chi(G-v) = \omega(G-v) = k$ とする.

$|N_G(v)| < k$ のとき, $N_G(v)$ の点につけられていない色が存在し, その色を v につければ, G の k-彩色が得られる. このとき, $\omega(G) = \omega(G-v) = \chi(G-v) = k$ であるので, $\chi(G) = k$ である. また, $|N_G(v)| = k$ のときは, v に新しい色 $k+1$ をつけ G の $k+1$ 彩色が得られる. $N_G(v) \cup \{v\}$ は G の大きさ $k+1$ のクリークであるので, $\omega(G) = k+1$ となり, $\chi(G) = k+1$ である. いずれの場合にも, G の最適な彩色が得られることがわかる.

---- アルゴリズム 9.18 ----

入力　弦グラフ G の完全点消去スキーム $\sigma = [v_1, v_2, \cdots, v_p]$
出力　G の最適な彩色
方法　完全点消去スキームの逆順に色をつけてゆく

1. $i = p$
2. $c = 1$
3. $\{v_j \in N_G(v_i) ; j > i\}$ の点に色 c を持つものが存在しないならば, v_i に色 c をつけ step 5 へ
4. c を $c+1$ に置き換えて step 3 へ戻る.
5. $i > 1$ ならば i を $i-1$ に置き換えて step 2 へ戻る. $i = 1$ ならば終了. □

演習問題 9.2

9.15 次頁左上のグラフ G に対して, $[a, f, b, c, e, d]$ は完全点消去スキームか.

9.16 次頁右上のグラフ H に対して,

(a) 単体的頂点を求めよ．　　　(b) 完全点消去スキームを求めよ．
(c) $\{b, c, g, e\}$ は極小な切断集合か．(d) 極小な切断集合を求めよ．

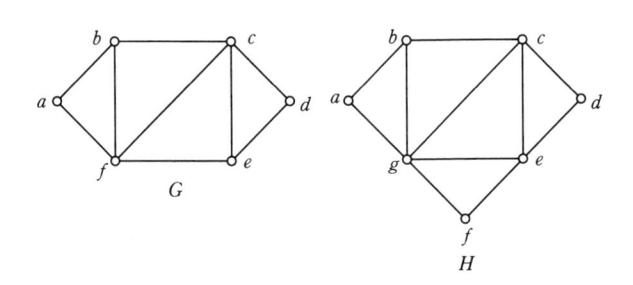

9.17 次のグラフのうち，弦グラフとなるものはどれとどれか．

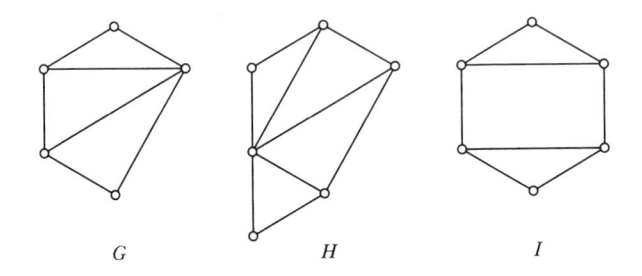

9.18 (a) $G, \overline{G}$ が共に弦グラフとなるグラフを挙げよ．
　　　(b) $G, \overline{G}$ が共に弦グラフではないグラフの例を示せ．
9.19 $K_n, K_{n,m}$ が弦グラフとなるための条件を求めよ．
9.20 2部グラフで弦グラフとなる例を示せ．
9.21[†] 弦グラフの誘導部分グラフはまた弦グラフであることを示せ．
9.22 次のグラフにアルゴリズム 9.18 を適用して彩色せよ．

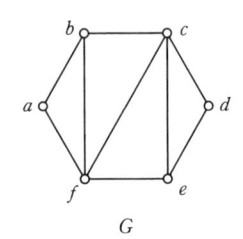

9.3 区間グラフ

　池野上君のチームは図 9.17 のような交差点に設置する信号のシステムの効率的な構築についての研究を行っている．各車線ごとに信号をつけ，衝突が起きないように全部で 7 個の信号の青，赤等の変化をコントロールしたい．一番簡単なのは，一度に青になっている車線を 1 つにすればよいのであるが，そのようにすると，b, d のように同時に青になっても問題がない車線においても待っていなければならなくなり，効率が悪くなってしまう．

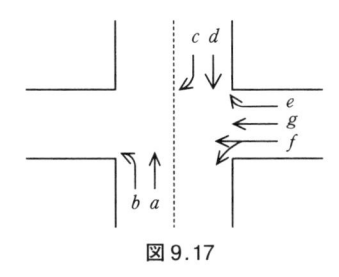

図 9.17

　この問題の解決のために彼らは次のようなグラフを構成した．すなわち，各車線に対応した点を持ち，2 つの車線を同時に青にしても問題がないとき，かつそのときに限り，対応する点同士を辺で結ぶことによって得られるグラフを構成したのである．このグラフは，通常，**適合グラフ**と呼ばれているものである．図 9.18 に図 9.17 の交差点に対応した適合グラフ G を示してある．

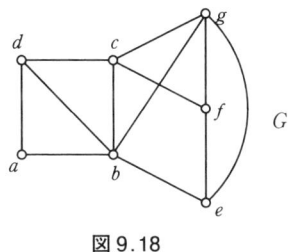

図 9.18

　問題は G の各点に対して，対応する点が隣接しているときは，それらの車線を同時に青にしてもよいという条件を満たす青の時間が設定できるか，ま

た，設定できるときは，どのようにすれば効率よく設定ができるかということになる．この問題を解析するために，2, 3 の概念を導入する．数直線上の区間の族 $\mathscr{I} = \{I_1, I_2, \cdots, I_p\}$ に対応した点 $v_1, v_2, \cdots, v_p$ を持ち，$I_i \cap I_j \neq \phi$ のときかつそのときに限り v_i と v_j を辺で結ぶことによって得られるグラフ G を**区間グラフ**といい，G の基になった区間の族 $\mathscr{I}$ を G の**区間表現**という．したがって先ほどの問題に対する池野上君の考えた解決策は，交差点に対応する適合グラフの全域部分グラフで区間グラフであるものを見つけ，次にそのグラフの区間表現を見つけることである．区間グラフは，遺物の配列問題，DNA の配列問題，心理学での識別問題等への応用が古くから知られており，応用面から見ても重要なグラフの族である．

区間グラフの特徴付けとしては，次のようなものが知られている．

定理 9.19 ギルモア，ホフマン

任意のグラフ G に対して，以下の命題は同値である．
(1) G は区間グラフである．
(2) G は C_4 を誘導部分グラフとして含まず，$\overline{G}$ は比較可能グラフである．
(3) G の極大クリーク全体の集合 $\mathscr{C} = \{A_1, A_2, \cdots, A_m\}$ を次の条件を満たすように一列に並べることができる．"任意の点 v に対して，v を含む極大クリークの番号は連続している．" この条件を満たす番号付けを "**1 の連続性**を満たす" という．

定理 9.19 の証明の前にまず次の定理を示す．

定理 9.20

G が C_4 を誘導部分グラフとして含まないとし，F を $\overline{G}$ の推移的向き付けとする．このとき，G の極大クリーク A_1, A_2 に対して，以下が成立する．
(1) $\overline{G}$ の辺で A_1 に一方の端点があり，A_2 に他方の端点があるものが存在する．
(2) A_1 と A_2 を結ぶ(1)の状態の $\overline{G}$ の辺はすべて F で同じ向きに向き付けられている．

[証明] (1) F に A_1 の点と A_2 の点を結ぶ辺が存在しないならば，G に A_1 の点と A_2 の点を結ぶ辺がすべて存在することになる．これは，$A_1 \cup A_2$ が G の

クリークであることを意味し，A_1 及び A_2 の極大性に反する．

(2) F において，$u_1 \to u_2$, $v_2 \to v_1$ で，$u_1, v_1 \in A_1$, $u_2, v_2 \in A_2$ なるものが存在するとして矛盾を導く（図 9.19）．

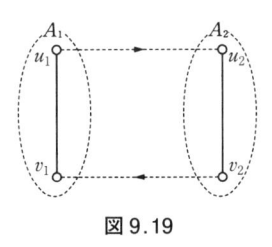

図 9.19

(i) $u_1 = v_1$ あるいは，$u_2 = v_2$ のときは，F の推移性より，$v_2 \to u_2$ あるいは $u_1 \to v_1$ が F に存在する．すなわち，$\{u_1, v_1\} \notin E(G)$ あるいは $\{u_2, v_2\} \notin E(G)$ となり，A_1 及び A_2 が G のクリークであることに反する．

(ii) $u_1 \neq v_1$，かつ $u_2 \neq v_2$ のときは，$\{u_1, v_1\}, \{u_2, v_2\} \in E(\overline{G})$ であるので，$\{u_1, v_2\}, \{v_1, u_2\} \notin E(\overline{G})$ とすると，G に弦を持たない閉路 u_1, v_1, u_2, v_2, u_1 が存在し，仮定に反する．したがって，$\{u_1, v_2\} \in E(\overline{G})$ あるいは，$\{v_1, u_2\} \in E(\overline{G})$ である．ここで，$\{u_1, v_2\} \in E(\overline{G})$ とする．F で $u_1 \to v_2$ のときは，F の推移性より $u_1 \to v_1$ となる．同様 $v_2 \to u_1$ のときは，$v_2 \to u_2$ となる．共に A_1 及び A_2 が G のクリークであることに反し，矛盾が導かれる．□

［定理 9.19 の証明］ (1)⇒(2) $C_k (k \geq 4)$ を G は誘導部分グラフとして含まないというやや強い命題を示す．G が弦を含まない長さ k の閉路 $C: v_1, v_2, \cdots, v_k, v_1$ を含んだとする．ここで，点 v_i の対応区間を I_i とすると，$\{v_i, v_{i+1}\} \in E(G)$ であるので，$I_i \cap I_{i+1} \neq \phi$ である．$p_i \in I_i \cap I_{i+1}$ とすると，$\{v_i, v_{i+2}\} \notin E(G)$，すなわち $I_i \cap I_{i+2} = \phi$ であるので，$p_i \notin I_{i+2}$ となる．したがって，$p_1, p_2, \cdots, p_{k-1}$ は単調数列，すなわち $p_1 < p_2 < \cdots < p_{k-1}$ あるいは $p_1 > p_2 > \cdots > p_{k-1}$ となる．これより，$I_1 \cap I_k = \phi$ となり，これは，$\{v_1, v_k\} \in E(G)$ に反する．故に，G は $C_k (k \geq 4)$ を誘導部分グラフとして含まない（図 9.20）．

また，$\{I_1, I_2, \cdots, I_p\}$ を G の区間表現とすると，$\{u, v\} \in E(\overline{G})$ のとき，$\{u, v\} \notin E(G)$ であるので，$I_u \cap I_v = \phi$ となる．ここで，$\overline{G}$ の向き付け F を "$u \to v \Leftrightarrow I_u < I_v$（すなわち，区間 I_u は区間 I_v の左側にある）" で定めると，$I_u < I_v$ かつ $I_v < I_w$ ならば $I_u < I_w$ であるので，F は $\overline{G}$ の推移的な向き付けとなり，$\overline{G}$ は比

較可能グラフである(図 9.21).

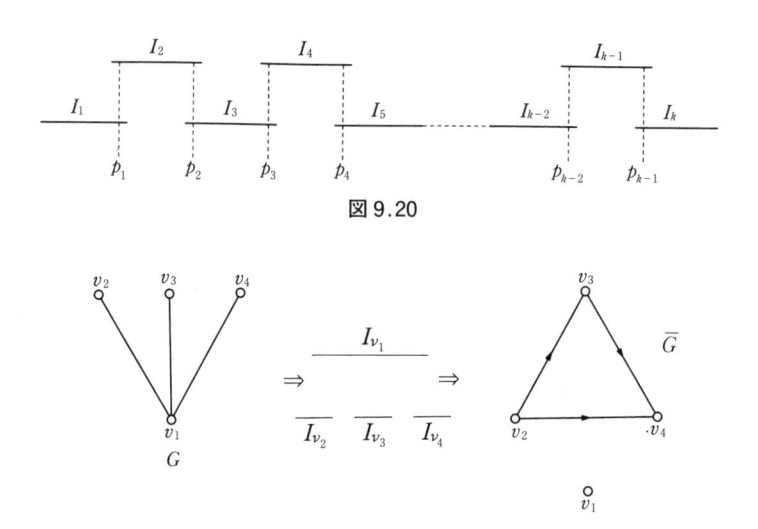

図 9.20

図 9.21

(2)⇒(3) 極大クリークの族 $\mathscr{C} = \{A_1, A_2, \cdots, A_m\}$ 上の関係を次のように定める. すなわち, $A_i \leq_F A_j$ であるのは, A_i から A_j へ向かう F の辺が存在するときかつこのときに限る. 定理 9.20(1) より, 任意の 2 つの極大クリークの間に関係 $\leq_F$ が定められることがわかる. また, 定理 9.20(2) より 2 つの極大クリーク間の $\overline{G}$ の辺の向きが同じであるので, 2 つの極大クリーク A_i, A_j の間に $A_i \leq_F A_j$ と $A_i \geq_F A_j$ が同時に生じないことがわかる. この関係が推移的であることが示せれば, $\mathscr{C}$ のクリークが 1 列に並べられることがわかる. $A_i \leq_F A_j$ かつ $A_j \leq_F A_l$ とすると, $v_i \to v_{j_1}, v_{j_2} \to v_l$ で $v_i \in A_i, v_{j_1}, v_{j_2} \in A_j$ かつ $v_l \in A_l$ なるものが存在する. いま, $\{v_{j_1}, v_l\} \notin E(G)$ あるいは $\{v_i, v_{j_2}\} \notin E(G)$ ならば, F の推移性より F において $v_i \to v_l$ となり, $A_i \leq_F A_l$ となる. したがって, $\{v_{j_1}, v_l\}, \{v_i, v_{j_2}\} \in E(G)$ の場合について考えればよい. このとき $\{v_i, v_{j_1}\}, \{v_{j_2}, v_l\} \notin E(G)$ であるので, G が弦を持たない 4-閉路を含まないことより, $\{v_i, v_l\} \notin E(G)$ となる (図 9.22). F の推移性より, $v_i \to v_l$ となり ($v_l \to v_i$ ならば $v_{j_2} \to v_l$ とあわせて $v_{j_2} \to v_i$ となり, $A_i \leq_F A_j$ に反する), $A_i \leq_F A_l$ となる. 以上よりクリーク間の関係 "$\leq_F$" は, 推移的であることがいえる.

9.3 区間グラフ

最後にこの順序付けが"1の連続性"を満たしていることを示す．$\mathscr{C} = \{A_1, A_2, \cdots, A_m\}$ を前記の関係の下で，"$i \leq j \Leftrightarrow A_i \leq_F A_j$" を満たすように1列に並べるとする．このとき，極大クリーク $A_i \leq_F A_j \leq_F A_l$ で $v \in A_i$, $v \notin A_j$, $v \in A_l$ なるものが存在するとする．$v \notin A_j$ で，A_j が極大クリークであるので，$\{v, u\} \notin E(G)$ なる点 $u \in A_j$ が存在する．$A_i \leq_F A_j$ より $v \to u$ となる．他方，$A_j \leq_F A_l$ より $u \to v$ となるので，矛盾が得られる．したがって，この順序付けは"1の連続性"を満たす．

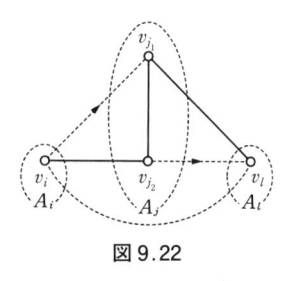

図 9.22

(3)⇒(1)　G の各点 v に対して，$I(v) = \{A_i \in \mathscr{C} | v \in A_i\}$ とする．このとき，$I(v)$ は"1の連続性"より，線形（1列）に並べられた $\mathscr{C} = \{A_1, A_2, \cdots, A_m\}$ 上の区間となる．また，点 u, v が隣接していることと，u, v を同時に含む極大クリークが存在することは同値であるので，$\{u, v\} \in E(G)$ と $I(u) \cap I(v) \neq \phi$ は同値になる．したがって，$\{I(v) | v \in V(G)\}$ が，G の区間表現となり，G が区間グラフであることになる（図9.23）．□

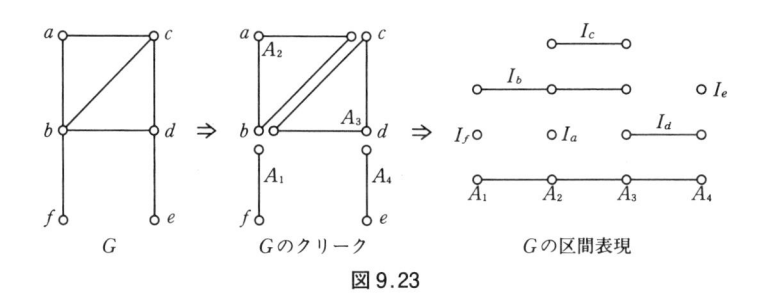

図 9.23

この他の区間グラフの特徴付けとしては，次のようなものもある．

定理 9.21

グラフ G が区間グラフであるのは，以下のグラフを誘導部分グラフとして含まないときかつそのときに限る．

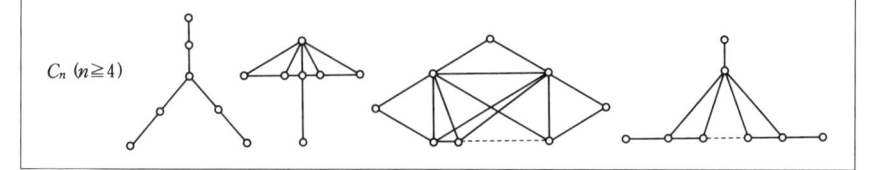

$C_n \ (n \geq 4)$

定理 9.22

グラフ G が区間グラフであるのは，G が弦グラフであり，星状 3 組を含まないときかつそのときに限る．ただし，$u, v, w \in V(G)$ が**星状 3 組**であるとは，u, v, w のどの 2 点に対しても，それらの 2 点を結ぶ道で，残りの 1 点の近傍を通らないものが存在することである．

定理 9.19 (1)$\Rightarrow$(2) の証明の部分で示したことを考えると次のことがいえる．

系 9.23

区間グラフならば弦グラフである．

また，弦グラフが理想グラフであることより，区間グラフも理想グラフであることがわかる．

定理 9.24

区間グラフは理想グラフである．

さて，最初の信号機の問題に戻るとすると，図 9.24 のグラフ G は C_4 を誘導部分グラフとして含んでいるので区間グラフではないが，グラフ H は，G の全域部分グラフでかつ区間グラフである．

定理 9.19 より，各車線に割り当てる青信号の時間が次のように構成できることに池野上君は気づいた．クリークの各点は互いに隣接しているので対応する車線を同時に青にしてよい．また，区間グラフには，"1 の連続性"を持つ極大クリークの列 $A_1, A_2, \cdots, A_m$ が存在する．各 A_i を 1 つの段階として，信号を変化させて行けばよい．すなわち，A_1 の段階では，A_1 に属している点に

9.3 区間グラフ

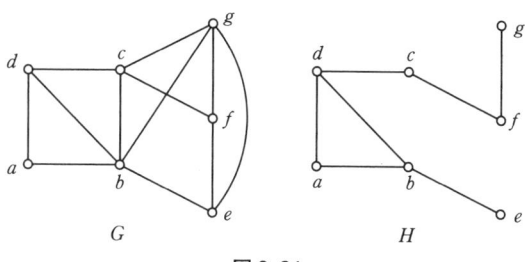

図9.24

対応している車線を青に，次に A_2 の段階で，A_2 に属している点に対応する車線を青にして行けばよいことになる．よい信号システムとしては，何を優先するかによって様々なものが考えられる．例えば，全体の待ち時間，すなわち，赤信号の時間の総和を最小にすることなどが考えられる．図9.24のグラフ H の例では，$A_1 = \{e, b\}$, $A_2 = \{a, d, b\}$, $A_3 = \{d, c\}$, $A_4 = \{c, f\}$, $A_5 = \{f, g\}$ のようなクリークの順序づけが考えられ，各クリークに対応する青信号の時間を各々 d_1, d_2, d_3, d_4, d_5 とする．このとき，車線 a は A_1, A_3, A_4, A_5 が青のとき待たされる，すなわち，a の車線の赤の時間は $d_1 + d_3 + d_4 + d_5$ となる．同様に b の車線の待ち時間は $d_3 + d_4 + d_5$ となり，全体の待ち時間は，

$$(d_1 + d_3 + d_4 + d_5) + (d_3 + d_4 + d_5) + (d_1 + d_2 + d_5) + (d_1 + d_4 + d_5)$$
$$+ (d_2 + d_3 + d_4 + d_5) + (d_1 + d_2 + d_3) + (d_1 + d_2 + d_3 + d_4)$$
$$= 5d_1 + 4d_2 + 5d_3 + 5d_4 + 5d_5$$

となる．いま，各車線の青信号の時間の下限を20秒とし，全体として140秒で1回のシステムが終わるとすると，ここでの問題は，

$$d_i \geq 0 \, (i = 1, 2, \cdots, 5), \quad d_2 \geq 20, \quad d_1 + d_2 \geq 20, \quad d_3 + d_4 \geq 20$$
$$d_2 + d_3 \geq 20, \quad d_1 \geq 20, \quad d_4 + d_5 \geq 20, \quad d_5 \geq 20, \quad d_1 + d_2 + d_3 + d_4 + d_5 = 140$$

なる条件の下で $5d_1 + 4d_2 + 5d_3 + 5d_4 + 5d_5$ の最小値を求めるという線形計画問題を解くことになる．ここでの最小値は

$$d_1 = 20, \quad d_2 = 80, \quad d_3 = 20, \quad d_4 = 0, \quad d_5 = 20$$

であることが比較的簡単にわかる．実際の最適解を求めるためには，まず交差点に対応する適合グラフの全域部分グラフで区間グラフとなるものをすべて見つけ，各区間グラフに対して，極大クリークの順序づけで"1の連続性"を満たすものをすべて求め，更に各々の場合に対して線形計画問題を解かなければ

ならないという，かなり煩雑な手順を踏まなければならない．

区間グラフには様々なバリエーションがある．たとえば，円周上の区間に関する交差グラフ（円弧グラフ），同一の長さの区間に関する交差グラフ，数直線の区間の集まりで他の区間を含む区間の存在しないものに関する交差グラフ等がある．

第9章の終わりに

交差グラフは，様々な問題のモデル化の手法として用いられており，多くの応用を持っている．特に，弦グラフは多くの場面で利用されており，最適化理論やアルゴリズム的側面からのアプローチもさかんに行われている．区間グラフは，遺物の配列問題，DNA の配列問題等その応用面の多彩さに特色がある．他のグラフの族と関連付けた考察も多く，区間グラフ性の観点からの研究も活発に行われている．

演習問題 9.3

9.23 次の区間表現に対応する区間グラフを描け．

$$
\begin{array}{ccc}
 & I_b & I_d \\
I_a & I_c & I_e \\
\multicolumn{3}{c}{I_f}
\end{array}
$$

9.24 区間グラフでない弦グラフを示せ．

9.25 補グラフが比較可能グラフであるが，自分自身は区間グラフでないものの例を示せ．

9.26[†] 定理 9.19 の (2)⇒(3) の証明において，クリーク間の関係が推移的ならば，クリークを線形（1列）に並べられることを示せ．

9.27 次頁のグラフ G の極大クリークをすべて求め "1 の連続性" を満たすように番号をつけよ．

9.3 区間グラフ

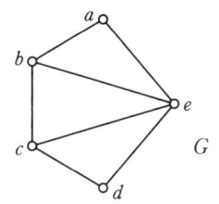

G

9.28 次の各グラフには，星状3組が存在するか．

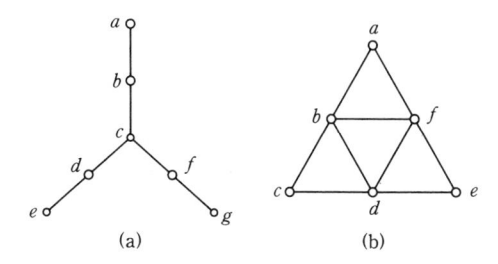

(a)　(b)

9.29 次のグラフに対応する信号のシステムを設計せよ．ただし，青信号の時間の下限は20秒であり，全体として120秒で1回のシステムが終了するとする．

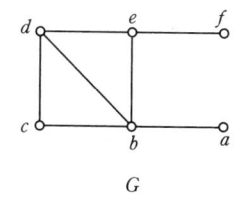

G

演習問題の略解

第1章

1.1 節

1.9 G が自己補グラフであるとすると，$|E(G)|=|E(\overline{G})|$ である．一方 G と $\overline{G}$ の辺をあわせると，完全グラフとなるので，
$$|E(G)|=|V(G)|(|V(G)|-1)/4$$
となることがわかり，$|V(G)|$ と $|V(G)|-1$ が連続した数であるので，$|V(G)|$ あるいは $|V(G)|-1$ が 4 の倍数である．したがって，$|V(G)|=4n$ あるいは $4n+1$ である．

1.2 節

1.14 u-v 道は歩道であるので，u-v 歩道が存在するとき，u-v 道が存在することを示せば十分である．u-v 歩道 W に重複する点が存在するとき，重複して現れる点の間の部分を W から除くことにより，W から u-v 道が構成できる．

1.15 u-v 道 P を u から進み，最初に出会った v-w 道 Q の点を x とすると，u から x まで P 上を進み，x から w まで Q 上を進めば u-w 道が得られる．

1.17 G が非連結だとすると $k(G)\geq 2$ であるので，定理 1.1 より
$$|E(G)|\leq 1/2\cdot(p-k(G)+1)(p-k(G))\leq 1/2\cdot(p-1)(p-2)$$
となり矛盾．したがって G は連結である．

1.18 G が連結だとすると $k(G)=1$ であるので，定理 1.1 より
$$|E(G)|\geq p-k(G)=p-1$$
となり矛盾．したがって G は非連結である．

1.19 G を 2 部グラフ，G の部集合を X, Y とし，$C:v_1\ v_2\cdots v_k\ v_1$ を G の閉路とする．$v_1\in X$ とすると $v_2\in Y$ であり，一般に $v_{2i+1}\in X$, $v_{2i}\in Y$ となる．したがって，k は偶数であり，C は偶閉路である．

1.3 節

1.31 (a) 任意の点 $v \in V(G)$ に対して，$\delta(G) \leq \deg_G v \leq \Delta(G)$ であるから $|V(G)| \cdot \delta(G) \leq \sum_{v \in V(G)} \deg_G v \leq |V(G)| \cdot \Delta(G)$ となる．したがって，$\delta(G) \leq \frac{1}{|V(G)|} \sum_{v \in V(G)} \deg_G v \leq \Delta(G)$，すなわち，$\delta(G) \leq \mathrm{ad}(G) \leq \Delta(G)$ が成り立つ．

(b) 定理 1.5 より $2q = \sum_{v \in V(G)} \deg_G v$ である．これと $p = |V(G)|$ を $\mathrm{ad}(G)$ の定義式に代入して $\mathrm{ad}(G) = \frac{2q}{p}$ を得る．

1.32 G の各点の次数が 2 であるので，閉路 C が存在するが，C 上にない辺が存在すれば，G が 2-正則より非連結になってしまう．

1.33 位数 p の連結グラフの各点の次数は $1 \sim p-1$ のいずれかであるので，同じ次数の点が存在する．

1.34 $p = 1$ のとき命題が成り立つことは明らかである．$p \geq 2$ の場合を考える．G が非連結であると仮定すると，位数が $\frac{p}{2}$ 以下の成分が存在する．その 1 つを H とすると，$\delta(H) \leq \Delta(H) \leq \frac{p}{2} - 1 < \frac{p-1}{2}$ が成り立つ．これは $\delta(H) \geq \delta(G) \geq \frac{p-1}{2}$ に反する．

1.35 (a) G にループがないので長さ 2 の v_i-v_j 歩道が長さ 2 の v_i-v_j 道になる．

(b) G にループ及び多重辺がないので，長さ 2 の v_i-v_i 歩道は同じ辺を 2 度連続して使用する場合のみ得られる．

(c) ループがないので長さ 3 の v_i-v_i 歩道は，長さ 3 の閉路，すなわち 3 角形となる．また 1 つの 3 角形は 6 回重複して数えられていることよりわかる．

第 2 章

2.1 節

2.4 G の奇点を $v_1, v_2, \cdots, v_k$ とする．G に辺 $\{v_1, v_2\}, \{v_3, v_4\}, \cdots, \{v_{2i-1}, v_{2i}\}, \cdots, \{v_{k-1}, v_k\}$ を加えて新しいグラフ H を構成すると H はオイラーグラフとなる．H のオイラー回路 C から辺 $\{v_1, v_2\}, \{v_3, v_4\}, \cdots, \{v_{2i-1}, v_{2i}\}, \cdots, \{v_{k-1}, v_k\}$ を除くと $k/2$ 個の小道が得られる．

2.6 G：重み 30．H：重み 38．

2.2 節

2.8 共にハミルトングラフではない．

□印のついた点の集合を S とすると，$k(G-S)=9>7=|S|$ となり，ハミルトングラフではない．

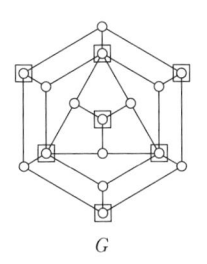

G

グラフ H にハミルトン閉路 C があるとする．u,v,w,z の次数を考えれば，これらの各点を通るハミルトン閉路 C 上にない接続辺が各々 $1,1,2,1$ の計 5 本ある．したがって，全体で C に使用できる辺が $15-5=10$ 本となり，C が 11 点を通る閉路であることに矛盾する．

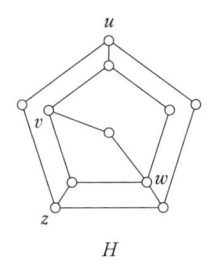

H

2.11

	オイラーグラフ	オイラーグラフではないが，オイラー小道を含む	オイラーグラフではなく，オイラー小道も含まない
ハミルトングラフ	◇	◇	◇
ハミルトン閉路は含まないがハミルトン道は含む	⋈	⋈	⋈
ハミルトン閉路もハミルトン道も含まない	△△	△△	Y

2.17 任意の非隣接点 u,v に対して $\deg_G u + \deg_G v \geq p$ であるので，G の閉包 $C(G)$ は完全グラフとなり，定理 2.14 より G がハミルトングラフである．

2.18 任意の非隣接点 u,v に対して $\deg_G u + \deg_G v \geq p/2 + p/2 \geq p$ であるので，G の閉包 $C(G)$ が完全グラフとなり，ハミルトングラフである．

第 3 章

3.1 節

3.3 u,v を辺 e で結んだとき 2 つの閉路 C, C' ができたとすると，$C-e$ 及び，$C'-e$ は T 上の 2 本の異なる u-v 道となり (3) の仮定に反する．

3.4 $T-e$ の成分を $T_1, T_2, \cdots, T_k (k \geq 3)$ とする．このとき $u_1 \in T_1, u_2 \in T_2, u_3 \in T_3$ の 3 点を 1 本の辺 e で結ぶことができないので，e を $T-e$ に戻してもグラフは連結にならない．

3.5 T の成分 $T_1, T_2, \cdots, T_k (k \geq 2)$ のサイズを加えれば結果の式を得られる．

3.7 (a) e が橋ならば $G-e$ が非連結となり，$G-e$ に全域木が存在しない．したがって，G の全域木はすべて辺 e を含む．e を含まない全域木 T が存在したとすると，G 上に e の両端点 u,v を結ぶ道で辺 e を含まないものが存在し，e は G の橋とならない．

(b) e を含む閉路 C が存在するならば，辺 $e = \{u, v\}$ を除いても u と v を結ぶ道が $G-e$ に存在し，$G-e$ は非連結にならない．$e = \{u, v\}$ が橋でなければ，$G-e$ に u, v を結ぶ道 P が存在する．したがって P と e をあわせると閉路ができる．

3.8 木は奇閉路を含まないので，演習問題 1.19 より 2 部グラフである．

3.9 木 T の位数 p に関する帰納法を用いる．$p=2$ のときは明らかに成立している．T を位数 $p+1$ の木で，次数 1 の点をちょうど 2 個持つものとする．u,v を T の次数 1 の点とし，w を u の隣接点とする．このとき，$T-u$ は位数 p の木で，u と v が T で隣接していないことより v は $T-u$ の次数 1 の点である．系 3.3 より，v 以外に次数 1 の点が $T-u$ に存在するが，T に次数 1 の点が u, v しかなかったので，v, w のみが $T-u$ の次数 1 の点である．したがって，帰納法の仮定より $T-u$ は道であり，T が道であることがいえる．

演習問題の略解　　　　　　　　　　219

3.2 節

3.14 $j=1$ のとき G_1 が有向閉路であるので成立する．$j \geq 2$ とする．w_1, w_2 を $G_1 \cup \cdots \cup G_{j-1}$ と G_j の共有点とし，G_j は w_1 から w_2 へ向き付けられているとする．v から w_1 まで $G_1 \cup \cdots \cup G_{j-1}$ の中の有向道（この存在は帰納法の仮定よりいえる）を利用し，w_1 から u まで G_j の有向道を利用すれば，求める有向道が得られる．

3.3 節

3.21 (a)

重み	4	5	6	7	18
ハフマンコード	000	001	010	011	1

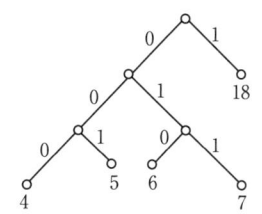

(b)

重み	4	5	5	6	8	12
ハフマンコード	010	011	100	101	00	11

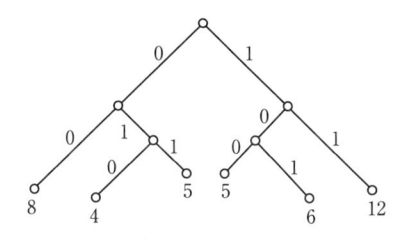

第 4 章

4.1 節

4.3 3角形を含まないので領域は4本以上の辺で囲まれている．したがって，$4r \leq 2q$ を得る．このことと，オイラーの公式より $q \leq 2p-4$ を得る．

4.4 $K_{3,3}$ が3角形を含まないので，$K_{3,3}$ が平面的グラフであるとし，系4.2(2)を用い，矛盾を導く．

4.9 $|E(K_n)| = n(n-1)/2$ であるので，
$$t(G) \geq \lfloor \frac{q+3p-7}{3p-6} \rfloor = \lfloor \frac{n(n-1)/2+3n-7}{3n-6} \rfloor = \lfloor \frac{1}{6}(n+7) \rfloor$$

4.10 3角形を含まない平面的グラフ G は，辺を $2p-4$ 本までしか含めないことに着目すると，定理4.6の証明と同様にして，$t(G) \geq \lceil \frac{q}{2p-4} \rceil$ が得られる．これを利用すればよい．

4.13 G を位数 p の外平面的グラフとする．$p \leq 3$ のときは明らかに成立しているので，$p \geq 4$ について考える．C を外平面的グラフ G の外領域の境界となっている閉路，e を C 上にない辺とする．このとき G を辺 e のみを共有する2つのグラフ G_1, G_2 に分け，帰納法を用いればよい．

4.2 節

4.19 G が r-正則グラフであるので，点 v の r 個の隣接点以外の $p-r$ 個の点に点 v と同じ色が彩色できる可能性がある．したがって，同色の点の個数の上限は $p-r$ である．これより $(p-r)\chi(G) \geq p$ が得られる．

4.20

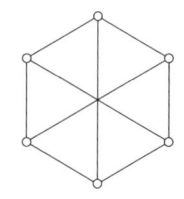

4.4 節

4.40 $\sigma(K_p) = 1$, $\sigma'(K_p) = \lfloor p/2 \rfloor$, $\sigma(K_{n,m}) = 2$ or 1 ($n=1$ or $m=1$ のとき), $\sigma'(K_{n,m}) = m$ ($n \geq m$)

4.41 Sを$|S|=\alpha(G)$なる独立集合とする．Sの最大性より，Sの点に隣接していない点は存在しない．したがって，SはGの支配集合となり，$\sigma(G)\leq|S|=\alpha(G)$が成立する．

4.42 Gが外平面的であるので，定理4.23よりGは3-彩色可能である．Gはいま極大な外平面的グラフであるので，Gの各点は3角形上にある．したがって，Gを3-彩色したとき，同色の集合はGの支配集合となっている．故に，$\sigma(G)\leq\lfloor|V(G)|/3\rfloor$が成立する．

4.5節

4.49 $\overline{K_{s,t,r}}=K_s\cup K_t\cup K_r$であり，定理4.41より$\overline{K_{s,t,r}}$は理想グラフである．定理4.39より理想グラフの補グラフもまた理想グラフであるので，$K_{s,t,r}$は理想グラフである．

4.50 木は2部グラフであるので，定理4.41(2)より，理想グラフである．

4.51 $C_{2n+1}(n\geq 2)$の誘導部分グラフ$H(\neq C_{2n+1})$が辺を持つとき，Hの連結成分は孤立点または道である．したがって，Hは2部グラフかつ最大クリークはK_2であり，$\chi(H)=\omega(H)=2$が成り立つ．Hが辺を持たないときは$\chi(H)=\omega(H)=1$が成り立つ．一方，$\chi(C_{2n+1})=3$, $\omega(C_{2n+1})=2$であるから，$\chi(C_{2n+1})\neq\omega(C_{2n+1})$である．したがって，$C_{2n+1}(n\geq 2)$は極小非理想グラフである．

4.6節

4.58 定理4.49(1)(3)．定理4.46を繰り返して用いると$P(G,k)$は完全グラフと空グラフの彩色多項式の和及び差として表される．このとき，Gと点数の同じグラフはN_pのみであり，$P(N_p,k)=k^p$, $P(K_p,k)=k(k-1)\cdots(k-p+1)$であるので，$k^p$の係数は1であり，定数項0である．

定理4.49(2)．Gのサイズqに関する帰納法で示す．$q=1$のとき$P(G,k)=k^{p-1}(k-1)=k^p-k^{p-1}$より成立．$P(G,k)=P(G-e,k)-P(G/e,k)$より，$P(G,k)$の$k^{p-1}$の係数$=P(G-e)$の$k^{p-1}$の係数$-P(G/e,k)$の$k^{p-1}$の係数となる．帰納法の仮定より$P(G-e,k)$の$k^{p-1}$の係数$=-(G-e$のサイズ$)=-(q-1)$．また定理4.49(1)より$P(G/e,k)$の$k^{p-1}$の係数$=1$である．したがって，$P(G,k)$の$k^{p-1}$の係数$=-(q-1)-1=-q$．

定理4.49(4)．Gの成分$G_1,\cdots,G_k$の彩色は各々独立に行えるので，

$$P(G,k) = \prod_{i=1}^{k} P(G_i, k)$$

4.59 G のサイズ q に関する帰納法で示す．帰納法の仮定より

$$P(G-e, k) = k^p - a_1 k^{p-1} + a_2 k^{p-2} \cdots$$
$$P(G/e, k) = k^{p-1} - b_1 k^{p-2} + b_2 k^{p-3} \cdots \quad (a_i, b_i \geqq 0)$$

となる．

$$\begin{aligned} P(G,k) &= P(G-e,k) - P(G/e,k) \\ &= k^p - (a_1+1)k^{p-1} + (a_2+b_1)k^{p-2} - (a_3+b_2)k^{p-3} + \cdots\cdots \end{aligned}$$

となり，符号が交代することがわかる．

4.60

とすると，$G-e = K_{2,s}$, $G/e = K_{1,s}$ となるので，

$$\begin{aligned} P(K_{2,s}, k) &= P(G,k) + P(G/e, k) \\ &= k(k-1)(k-2)^s + k(k-1)^s \end{aligned}$$

第 5 章

5.1 節

5.5 G を U, V を部集合に持つ k-正則2部グラフとする．G が k-正則グラフであるので，$k|U| = |E(G)| = k|V|$ となり，$|U| = |V|$ を得る．したがって U の点をすべて飽和するマッチングの存在がいえれば完全マッチングの存在がいえる．$S \subseteq U$ 及び $N(S)$ に接続する辺の集合を各々 $E_S, E_{N(S)}$ とすると，$E_S \subseteq E_{N(S)}$ であるので $k|S| = |E_S| \leqq |E_{N(S)}| = k|N(S)|$．したがって $|S| \leqq |N(S)|$ となり定理5.4より U の点をすべて飽和するマッチングが存在する．

5.2 節

5.20 G の位数が偶数であるので，G のハミルトン閉路 C は偶閉路となり，2色で

辺彩色でき，$G-C$ が互いに隣接しない辺であるので，1色で辺彩色できる．したがって $\chi'(G) \leq 3$．一方 $\Delta(G) = 3 \leq \chi'(G)$ であるので，$\chi'(G) = 3$ である．

5.21 $\chi'(G) = r$ とすると，r-正則であるので同色の辺集合はすべての点を端点として持っていなければならないが，位数が奇数なので，これは不可能である．
∴ $\chi'(G) = r+1$

5.22 木 T は2部グラフであるので，定理5.13より $\chi'(T) = \Delta(T)$．

5.23 オイラー回路をめぐる順に従って，各辺に赤色と青色を交互に塗って行けば，求める2辺着色が得られる．

第6章

6.1節

6.3 各弧は，始点において出次数として1回，終点において入次数として1回，各々数えられているので，成立する．

6.4 定理2.1の証明におけるオイラー回路をオイラー有向回路とし，各点への通過において，出次数と入次数を分けてカウントすれば，必要性が示せる．また，十分性は定理2.1と同様の帰納法を用いればよい．

6.5 位数 p の各点に接続している辺が $p-1$ 本であり，"$(p-1)-$出次数"が入次数であるので，定理6.4より成立する．

6.2節

6.10 H を比較可能グラフ G の誘導部分グラフとする．H の辺がすべて G にもあるので，G の推移的向き付けは，H の推移的向き付けともなる．

6.13 D を非閉路的有向グラフとし，D の最長有向道を $P: v_1, v_2, \cdots, v_s$ とおく．このとき，$\mathrm{id}_D v_1 = 0$ であることを示す．いま，$\mathrm{id}_D v_1 \geq 1$ と仮定すると $u \in V(D), uv_1 \in A(D)$ なる点 u が存在する．u が P 上の点で $u = v_j$ とすると，$u = v_j, v_1, v_2, \cdots, v_j$ は D の有向閉路となり D が非閉路的有向グラフであるという仮定に反する．u が P 上にない点であるとすると，P に u を加えた $P': u, v_1, v_2, \cdots, v_s$ は P より長い D の有向道となり，P が最長有向道であることに反する．よって，$\mathrm{id}_D v_1 = 0$ であり，v_1 は D のソースである．$\mathrm{od}_D v_s = 0$ であり，v_s が D のシンクであることも同様に示せる．

6.14 $V_i = D - \bigcup_{j=1}^{i-1} V_j$ の入次数 0 の点の集合であるので，V_i の任意の 2 点は隣接していない．したがって，V_i は独立集合である．

6.15 $i \geq j$ とすると，v が $D - \bigcup_{k=1}^{j-1} V_k$ において u が $D - \bigcup_{k=1}^{i-1} V_k$ の点であるので，入次数が 0 にならない．

6.16 $v \in V_i$ に対して，$(u, v) \in A(D)$ なる点 u が V_{i-1} に存在しないとすると v は $D - \bigcup_{j=1}^{i-2} V_j$ において入次数が 0 となってしまう．

6.17 彩色の定義より $U_1, U_2, \cdots, U_{\chi(G)}$ は $V(G)$ の直和分解となっている．したがって G_β は G の向き付けである．また，数の大小関係より非有向閉路的向き付けとなっている．

6.3 節

6.23 $\pi = [\pi_1, \pi_2, \cdots, \pi_n]$ において $[1, 2, \cdots, n]$ の位置関係と入れ換っていないものは，$\pi^r = [\pi_n, \cdots, \pi_2, \pi_1]$ においては $[1, 2, \cdots, n]$ と位置関係が入れ換っている．したがって，$G[\pi]$ において隣接していない 2 点は $G[\pi^r]$ においては隣接している．故に，$G[\pi^r]$ は $G[\pi]$ の補グラフである．

第 7 章

7.1 節

7.2 f' を最大流，K' を最小カットとすると
$$\mathrm{val}(f) \leq \mathrm{val}(f') \leq \mathrm{cap}(K') \leq \mathrm{cap}(K)$$
が成立する．いま
$$\mathrm{val}(f) = \mathrm{cap}(K)$$
であるので上の式はすべて等号で成立する．すなわち
$$\mathrm{val}(f) = \mathrm{val}(f'), \quad \mathrm{cap}(K) = \mathrm{cap}(K')$$
が成立する．したがって f は最大流であり，K は最小カットである．

7.4 定理 7.2 より
$$\mathrm{val}(f) = \sum_{a \in (S, \bar{S})} f(a) - \sum_{a \in (\bar{S}, S)} f(a)$$
となるが，仮定より
$$\sum_{a \in (S, \bar{S})} f(a) = \sum_{a \in (S, \bar{S})} c(a), \quad \sum_{a \in (\bar{S}, S)} f(a) = 0$$
であるので

$$\mathrm{val}(f) = \sum_{a \in (S, \overline{S})} c(a) = \mathrm{cap}((S, \overline{S}))$$

したがって系 7.4 より f は最大流であり，$(S, \overline{S})$ は最小カットである．

7.2節

7.9 道 P に含まれるシンク t に接続する辺を α とする．

$$\mathrm{val}(f') = \sum_{a \in i(t)} f'(a) - \sum_{a \in o(t)} f'(a)$$

であるので，α の向きで場合分けして考える．

(1) α が P と同じ向きの場合

$$\begin{aligned}\mathrm{val}(f') &= \sum_{a \in i(t)-\{\alpha\}} f'(a) + f'(\alpha) - \sum_{a \in o(t)} f'(a) \\ &= \sum_{a \in i(t)-\{\alpha\}} f(a) + \{f(\alpha) + \tau(P)\} - \sum_{a \in o(t)} f(a) \\ &= \sum_{a \in i(t)} f(a) - \sum_{a \in o(t)} f(a) + \tau(P) \\ &= \mathrm{val}(f) + \tau(P)\end{aligned}$$

(2) α が P と反対向きの場合

$$\begin{aligned}\mathrm{val}(f') &= \sum_{a \in i(t)} f'(a) - \sum_{a \in o(t)-\{\alpha\}} f'(a) - f'(\alpha) \\ &= \sum_{a \in i(t)} f(a) - \sum_{a \in o(t)-\{\alpha\}} f(a) - \{f(\alpha) - \tau(P)\} \\ &= \sum_{a \in i(t)} f(a) - \sum_{a \in o(t)} f(a) + \tau(P) \\ &= \mathrm{val}(f) + \tau(P)\end{aligned}$$

第8章

8.1節

8.8 $\kappa(G) \le \kappa_1(G)$ より成立する．

8.9 G が 3-正則であるので，G に切断点があることと橋があることは同値である．$\kappa_1(G) \le 3$ から，$\kappa(G) = 2$ であると仮定する．$S = \{u, v\}$ を大きさ 2 の切断集合とし，$G_1, G_2, \cdots$ を $G - \{u, v\}$ の成分とする．このとき，各 G_i と S を結ぶ辺を考えると大きさ 2 の辺切断集合が存在する．これらより $\kappa_1(G) = 2$ が得られる．

8.10 G を連結な k-正則 2 部グラフ，V_1, V_2 を G の部分集合とする．G が 2-辺連結でない，すなわち G が橋 e を含んでいるとする．H を $G-e$ の 1 つの成分とすると，辺 e は $V_1 \cap H$ あるいは $V_2 \cap H$ の 1 点とのみ G で接続している．いま辺 e が $V_1 \cap H$ の点 v_e と接続しているとする．このとき

$$\sum_{v \in V_1 \cap H} \deg_H v = k(|V_1 \cap H| - 1) + (k-1) = k|V_1 \cap H| - 1 \ne k|V_2 \cap H|$$

$$= \sum_{v \in V_2 \cap H} \deg_H v$$

となる．一方 H が 2 部グラフであるので，

$$\sum_{v \in V_1 \cap H} \deg_H v = \sum_{v \in V_2 \cap H} \deg_H v$$

となる．したがって矛盾が導かれた．

8.2 節

8.19 G が k-辺連結より，任意の $k-1$ 本の辺を G より除去しても G は非連結にならない．したがって，定理 8.9 より任意の 2 点が k 本以上の辺素な道で結ばれている．逆も同様に示せる．

8.20 G の 2 点が k 本の内素な道で結ばれているとすると，$G-v$ においては，$k-1$ 本以上の内素な道で結ばれている．したがって定理 8.10 より $(k-1)$-連結である．

8.21 8.20 と同様にして示せる．

8.22 (a) G を 2-連結グラフとし，2 辺を $e_1 = u_1v_1$, $e_2 = u_2v_2$ とする．定理 8.13 より内素な u_1-u_2 道 P_{u_1-u_2} と u_1-v_2 道 $P_{u_1v_2}$ が存在する．また，定理 8.13 より辺 u_1v_1 を含まない v_1-v_2 道 $P_{v_1v_2}$ が存在する．$P_{v_1v_2}$ の v_1 から見て最初の $P_{u_1u_2}$ あるいは $P_{u_1v_2}$ との共有点を w とする．w が $P_{u_1v_2}$ の点ならば，$P_{v_1v_2}$ の v_1 から w の部分，$P_{u_1v_2}$ の w から v_2 の部分，辺 $e_2=u_2v_2$, $P_{u_1u_2}$ と辺 $e_1=u_1v_1$ をあわせると辺 e_1, e_2 を含む閉路となる．w が $P_{u_1u_2}$ の点ならば，$P_{v_1v_2}$ の v_1 から w の部分，$P_{u_1u_2}$ の w から u_2 の部分，辺 $e_2=u_2v_2$, $P_{u_1v_2}$ と辺 $e_1=u_1v_1$ をあわせると辺 e_1, e_2 を含む閉路となる．

(b) 定理 8.13 を用いて示すことができる．

8.23 定理 8.12 を用いて示すことができる．

第 9 章

9.1 節

9.2 例えば，$\mathscr{F}=\{\{a\}, \{d\}, \{a,b\}, \{b,c\}, \{c,d\}\}$.

9.7 $S_1=\{1,3\}$, $S_2=\{2,4\}$, $S_3=\{1,3,5\}$, $S_4=\{4\}$, $S_5=\{4,5\}$ とおくと．
$Q_1=Q_3=\{S_1,S_3\}$, $Q_2=\{S_2\}$, $Q_4=\{S_2,S_4,S_5\}$, $Q_5=\{S_3,S_5\}$

9.8 最小の辺クリーク被覆は $\mathscr{C}=\{Q_1=\{a,b,c\}, Q_2=\{a,f\}, Q_3=\{c,d\}, Q_4=\{d,e,f\}\}$ であるから，

$\mathcal{F}(\mathcal{C}) = \{S_a = \{Q_1, Q_2\},\ S_b = \{Q_1\},\ S_c = \{Q_1, Q_3\},\ S_d = \{Q_3, Q_4\},\ S_e = \{Q_4\},$
$S_f = \{Q_2, Q_4\}\}$

9.12 星状4角形の交数は4, 星状5角形の交数は5.

9.13 4点集合 $S = \{a, b, c, d\}$ の部分集合族を考える. 星状4角形 G の次数2の4点は互いに隣接していないから, これらに対応する部分集合は共通点を持たない. したがって, 4つの部分集合 $\{a\}, \{b\}, \{c\}, \{d\}$ がそれぞれの点に対応するしかない. このとき, 次数4の各点に対応する部分集合も一意的に決まる.

9.14 例えば, $T = \{1, 2, \cdots, p-1\}$ とおくとき,
$\mathcal{F}_p = \{T \cup \{p, p+1\},\ T \cup \{p+1, p+2\},\ T \cup \{p+2, p+3\},\ T \cup \{p, p+3\}\}$

9.2節

9.21 H を弦グラフ G の誘導部分グラフとする. いま, H に弦を持たない長さ4以上の閉路 C が存在したとすると, C は G においても弦を持たないので, G が弦グラフであることに反する.

9.3節

9.26 クリークに対応して点をとり, クリーク A_i と A_j の間に $A_i \leq_F A_j$ の関係があるとき, A_i から A_j へ弧を描くことによりグラフ T を構成する. このとき, 任意の2つのクリーク間に関係があるので, 対応するグラフ T はトーナメントになる. 定理6.9よりトーナメントにはハミルトン有向道 P が存在する. 今, T が推移的トーナメントであるので, P の順序にしたがってクリークを並べれば, 線形に並べることができる.

9.28 (a)のグラフは $\{a, e, g\}$, (b)のグラフは $\{a, c, e\}$ が各々星状3組である.

9.29 G が区間グラフであるので, クリークを $A_1 = \{a, b\}$, $A_2 = \{b, c, d\}$, $A_3 = \{b, d, e\}$, $A_4 = \{e, f\}$ とするとこの順序は "1の連続性" の性質を満たしている. 各クリーク A_i に対応する青の時間 d_i を各々 $d_1 = 20$ 秒, $d_2 = 80$ 秒, $d_3 = 0$ 秒, $d_4 = 20$ 秒とすればよい.

参 考 文 献

グラフ理論をより一層理解したい読者には，以下の文献を奨める．本書の各章で扱った例や問題も，その原型をこれらの文献に負うことが多い．

(1)～(9)はグラフ理論全体の解説書である．

(1)　F. ハラリィ『グラフ理論』(池田貞雄訳，共立出版，1971)
(2)　C. ベルジュ『グラフの理論Ⅰ～Ⅲ』(伊理正夫他訳，サイエンス社，1975)
(3)　M. ベザット，G. チャートランド，L. レスニャック・ホスター『グラフとダイグラフの理論』(秋山仁，西関隆夫訳，共立出版，1981)
(4)　G. Chartrand, L. Lesniak "Graphs & Digraphs, Fourth Edition" (Chapman & Hall/CRC, 2005)
(5)　J. A. ボンディ，U.S.R. ムーティ『グラフ理論への入門』(立花俊一，奈良知恵，田澤新成訳，共立出版，1991)
(6)　秋山仁『グラフ理論最前線』(朝倉書店，1998)
(7)　R. ディーステル『グラフ理論』(根上生也，太田克弘 訳，シュプリンガー・フェアラーク東京，2000)
(8)　D.B. West "Introduction to Graph Theory, Second Edition" (Prentice Hall, 2001)
(9)　J.L. Gross, J. Yellen "Graph Theory and its Applications, Second Edition" (Chapman & Hall/CRC, 2006)

(10)～(18)は初心者向けの本であり，著者の興味にしたがってグラフ理論の導入がなされている．特に，(11)は本書で扱わなかった極値グラフ理論やランダムグラフに触れており，(14)，(15)は幾何学的側面からの入門書である．

(10)　浜田隆資，秋山仁『グラフ論要説』(槇書店，1982)
(11)　B. ボロバッシュ『グラフ理論入門』(斎藤伸自，西関隆夫訳，培風館，1983)

(12) R.J. ウィルソン『グラフ理論入門』(斎藤伸自, 西関隆夫訳, 近代科学社, 1985)
(13) 榎本彦衛『グラフ学入門』(日本評論社, 1988)
(14) N. ハーツフィールド, G. リンゲル『グラフ理論入門』(鈴木晋一訳, サイエンス社, 1992)
(15) 根上生也『離散構造』(共立出版, 1993)
(16) 加納幹雄『情報科学のためのグラフ理論』(朝倉書店, 2001)
(17) W.D. Wallis "A Beginner's Guide to Graph Theory" (Birkhäuser, 2000)
(18) L. Lovasz, J. Pelikan K. Vesztergombi "Discrete Mathematics, Elementary and Beyond" (Springer, 2000)

(19)は200年にわたるグラフ理論の研究の歴史について書かれた本である.
(19) N.L. ビッグス, E.K. ロイド, R.J. ウィルソン『グラフ理論への道』(一松信, 秋山仁, 恵羅博訳, 地人書館, 1986)

(20)〜(29)は1つの話題に焦点を絞って書かれた本である.
(20) 竹中淑子『線形代数的グラフ理論』(培風館, 1989)
(21) 前原濶, 根上生也『幾何学的グラフ理論』(朝倉書店, 1992)
(22) 秋山仁, R. グラハム『離散数学入門』(朝倉書店, 1993)
(23) 今井浩, 松永信介, D. エイビス『計算幾何学・離散幾何学』(朝倉書店, 1994)
(24) T.A. McKee and F.R. McMorris "Topics in Intersection Graph Theory" (SIAM, 1999)
(25) 斎藤明『「パーティー問題」に見える数学』(日本評論社, 2000)
(26) 根上生也『位相幾何学的グラフ理論入門』(横浜図書, 2001)
(27) A. Brandstädt, V.B. Le, J.P. Spinrad "Graph Classes, A Survey" (SIAM, 2004)
(28) J. Gross, T. Tucher, "Topological Graph Theory" (John Wiky & Sons, 1987)
(29) M. Kubale ed. "Graph Colorings" (AMS, 2004)

(30)〜(38)は, 広範な分野を網羅した演習書及び概説書で, これからグラフ理論の研究を始めようという者には, 格好のガイドとなるであろう.
(30) 榎本彦衛『情報数学入門』(新曜社, 1982)

(31) 惠羅博, 小川健次郎, 土屋守正, 松井泰子 『離散数学』（横浜図書, 2004）
(32) L. ロバース『組合せ論演習 1～4』（秋山仁, 榎本彦衛, 成嶋弘, 土屋守正他訳, 東海大学出版会, 1988）
(33) L.W. Beineke & R.J. Willson, Ed., "Selected Topics in Graph Theory 1～3"（Academic Press, 1978, 1983, 1988）
(34) F. Roberts "Applied Combinatorics"（Prentice Hall, 1984）
(35) 斉藤伸自, 西関隆夫, 千葉則茂『離散数学』（朝倉書店, 1989）
(36) リプシュッツ『離散数学』（成嶋弘 監訳, オーム社, 1995）
(37) C.L. リュー『離散数学入門』（成嶋弘, 秋山仁 訳, オーム社, 1995）
(38) 徳山豪『離散数学とその応用』（数理工学社, 2003）

(39)～(45)はアルゴリズム的側面からグラフを扱った本である．特に(39)はアルゴリズムに関する良書の1つである．

(39) A. Gibbons, "Algorithmic Graph Theory"（Cambridge University Press, 1985）
(40) M.C. Gloumbic, "Algorithmic Graph Theory and Perfect Graphs"（Academic Press, 1980）
(41) H.S. ウィルフ『アルゴリズムと計算量入門』（西関隆夫, 高橋敬 訳, 総研出版, 1988）
(42) J. Clark, D.A. Holton, "A First Look at Graph Theory"（World Scientific, 1991）
(43) R. Gould, "Graph Theory"（The Benjamin/Cummings Publishing Company, Inc, 1988）
(44) 浅野孝夫『情報の構造 上, 下』（日本評論社, 1994）
(45) E. クライツィグ『最適化とグラフ理論』（田村義保 訳, 培風館, 2003）

索　引

記　号

$\cong$　6
$\leq_m$　77
$A(G)$　24–26
$\mathrm{ad}(G)$　23
BFS 木　59, 60, 62
$\mathrm{cap}(K)$　159–161, 164, 165
$C(G)$　41, 42
$\mathrm{Cen}(G)$　16
C_n　8, 10, 27, 42, 99, 126
$\mathrm{color}(v)$　90
$d(u,v)$　15, 16
$d(v)$　22
$\deg_G v$　22, 72, 89, 90, 132
DFS 木　58, 60, 62
$\mathrm{diam}(G)$　15, 16
$e(v)$　16
f-飽和　163, 164, 170
f-非飽和　163, 164, 170
f-零　164
f-増大流　164
f の値　158, 162
f の総流量　158
$\overline{G}$　8, 99, 102
$G-e$　77
G/e　77
$G \cdot H$　94, 98
$i(G)$　191–194, 196
$i(v)$　157
$\mathrm{id}_D v$　137, 138

$k(G)$　13, 14, 172, 173
K_n　7, 10, 27, 36, 45, 80, 83, 125, 135, 178, 204
$K_{n,m}$　7, 10, 27, 36, 45, 79, 80, 125, 129, 178, 204
$K_{p_1,\cdots,p_n}$　7
k-彩色可能　82
k-染色的　82
k-辺彩色　127, 131
k-辺彩色可能　127
k-辺切断集合　173
k-辺染色的　127
k-辺着色　130, 131
$M(G)$　25, 27
M-交互道　116, 118, 120, 125
M-増大道　116, 118
m 分木　62, 63
N_n　7, 10
n-連結　175, 176
n-辺連結　175
n 部グラフ　7
$o(v)$　157
$\mathrm{od}_D v$　137, 138
P_n　7, 8, 10, 51, 190, 201
p-交差グラフ　194, 195
$P(G,k)$　107–111, 113
r-因子　123
$\mathrm{rad}(G)$　16
$t(G)$　74
u-v 有向道　56
$\mathrm{val}(f)$　158–160

$\langle V' \rangle$　6
W_n　8, 10, 27, 36, 99, 126, 178
$w(e)$　16
$w(u, v)$　16, 17

$\alpha(G)$　93, 94, 96 − 103, 105, 106, 176
$\alpha'(G)$　126
$\alpha^*(G)$　98
$\beta(G)$　97
$\beta'(G)$　126
$\delta(G)$　22 − 24, 27, 173, 174, 178
$\Delta(G)$　22 − 24, 62, 83, 85, 88, 128 − 130, 132, 133, 135
$\theta(G)$　97 − 99, 103, 107
$\theta_e(G)$　191, 192
$\kappa(G)$　172 − 176, 178, 179
$\kappa_1(G)$　173
$\nu(G)$　75, 82
$\sigma(G)$　100
$\sigma'(G)$　100
$\chi(G)$　82 − 84, 88, 89, 98, 99, 101 − 105, 107, 146, 147, 150, 202, 203
$\chi'(G)$　127 − 130, 132, 133, 136
$\omega(G)$　97 − 101, 103 − 106, 147, 202, 203

あ 行

厚さ　74, 79
安定集合　93
安定数　93

位数　4, 72, 75, 83, 85, 87, 102, 105, 111, 112
一意交差的　194, 196
1の連続性　209 − 212
入次数　137, 143, 145
色次数　90
因子　123

オイラー回路　30, 35 − 37, 44

オイラーグラフ　29 − 31, 34, 36, 44, 45
オイラー小道　30, 31, 34, 36, 45
オイラー有向回路　138
オイラー有向グラフ　138
横断　120
重み　16, 17, 20, 29, 30, 34, 35, 37, 43
重み付きグラフ　16, 17, 29, 34, 35, 43
親　62, 65, 67

か 行

外平面的　76, 80, 87, 88, 100
外領域　70
回路　12, 18, 30 − 32, 44, 137
片方向連結　138, 143
カット　159 − 161, 164, 165, 169, 170
完全グラフ　6, 7, 15, 200, 202
完全2部グラフ　7
完全n部グラフ　7
完全点消去スキーム　197, 198, 200, 201, 203, 204
完全マッチング　35

木　47, 48
基礎グラフ　138, 144
木表現　190
基本細分　73
キャタピラ　51
競合グラフ　190
兄弟　62, 65, 67
強連結　138, 141 − 143, 152
強連結な向き付け　138
極小禁止マイナー　78
極小な切断集合　198 − 200, 204
極小非理想グラフ　105 − 107
極大平面的グラフ　72, 75
距離　15, 16, 19, 29, 38, 167
禁止マイナー　77, 78
近傍　4, 42, 90, 111, 197, 200, 203, 210

索　引

空グラフ　7
区間グラフ　105, 187, 188, 190, 202, 205,
　　206, 209 – 212
区間表現　207, 209, 212
グラフ　1, 4
クリーク　97
クリークグラフ　190
クリーク数　97, 98, 101, 153
クリーク被覆　97 – 99, 106
クリーク被覆数　97, 98

弦グラフ　197 – 204
ケンペ鎖　86, 91

弧　137, 139, 142, 143, 156, 157
子　62, 64, 67
交グラフ　187
交互道　116, 118, 120, 122
交差グラフ　187
交差数　75
交数　191, 192, 196
弧集合　137, 156
個別代表系　120, 121, 125
小道　12, 18, 30, 138
孤立点　22, 27, 30, 117, 118, 193

さ 行

最近傍法　42
最小カット　160, 161, 164, 165, 169, 170
最小次数　22, 24, 27, 173
最小全域木　47, 48, 52, 53, 55
サイズ　4, 180
最大次数　22, 27, 128, 129
最大マッチング　116 – 119, 121, 125, 134
最大流　158, 160, 161, 164, 165, 169, 170
最適な k-辺着色　131
細分　73
3角化グラフ　72
3角木グラフ　197

3角形分割　72
残余容量　165, 166, 168
残余容量ネットワーク　165 – 168, 170

自己補グラフ　8, 10
次数　21, 22, 24, 27
子孫　62, 67
始点　12, 34, 46, 59, 60, 137, 159, 164
支配集合　100
支配数　100
姉妹　62
弱連結　138, 143
シャノン容量　98
車輪　8
集合表現　187
修正流　164, 170
終点　12, 17, 18, 137, 157, 159, 164, 183
縮約　77, 181, 184
巡回セールスマン　37, 42, 43
除去　14, 49, 77, 108, 131, 172, 175, 182
シンク　137, 148, 156, 158, 161

推移的な向き付け　144, 147, 150, 207
水準　62

正規積　94, 98
正則グラフ　23, 88, 123, 124, 135
正則 m 分木　62, 63
成分　13, 22
積　94
接続行列　25, 27
接続する　4, 25, 92, 112
切断集合　107, 109, 110, 172, 173, 198, 202
切断点　13
0-流れ　165
全域木　48, 51 – 53
全域部分グラフ　6, 14, 39, 48, 75, 117, 118
染色数　82 – 85, 87
染色多項式　109 – 112

染色的一意性 113
染色的同値 113
先祖 62, 68

総コード長 65-67
疎行列 196
ソース 137, 145, 146, 148, 156, 158, 161, 162, 170

た 行

ダイグラフ 137, 144
多重グラフ 5
多重辺 5, 9, 24, 77
単純グラフ 5, 6, 9, 14, 15, 24, 27, 77
単体的頂点 197, 200, 201, 203, 204
端点 4, 6, 7, 36, 82, 96, 193, 206

置換グラフ 148, 150, 151, 153, 189
父 62
着色 108, 127
中心 16, 19
中心点 16
頂点 4
直径 16, 19

底グラフ 138, 156-158, 165
適合グラフ 205, 211
出次数 137, 139, 140, 143
点 4, 155-159, 161, 164, 167
点切断集合 172
点連結度 172

同一化 33
同型 5, 9, 10, 113
同相 73, 74, 77, 79
到達可能 13, 138
得点 139
得点列 139, 140
独立集合 44, 93-99, 106, 146

独立数 93, 94, 97-99
閉じている 12, 77, 78
トーナメント 139-141

な 行

内素 180-183, 185
内点 62-64, 66, 156, 157
内領域 70
流れ 153, 157, 158, 160, 162, 164-167, 170

二重化 34-36
2分木 62-68
2部グラフ 7, 10, 19, 55, 82, 104, 119-122, 129, 130, 134, 179, 204

根 61-66
根付き木 61, 62, 65
ネットワーク 59, 153, 156-162, 164-167, 169, 170

は 行

葉 155
箱グラフ 189
橋 13, 19, 32
ハフマンコード 65, 67, 68
ハフマン木 65-68
ハミルトングラフ 38, 39, 41, 42, 44
ハミルトン閉路 38-40, 42-45
ハミルトン道 38, 40, 44, 45
ハミルトン有向グラフ 140
ハミルトン有向閉路 140
ハミルトン有向道 140
林 48
半径 15, 16, 19

比較可能グラフ 105, 137, 144, 147, 148, 151
被覆 95-97, 99, 190-193

索　引

被覆数　95, 97, 99, 191
非連結グラフ　13
広さ優先探索　59

深さ　62
深さ優先探索　57
符号語　61, 64, 66
部集合　7
部分木グラフ　189
部分グラフ　6, 8, 10, 13, 14, 16, 23, 24, 48,
　　51, 56, 57, 73, 75, 79, 86, 89, 97, 101-104,
　　117, 118, 123, 133, 147, 148, 152, 189,
　　197, 199, 201, 202, 204, 206, 207, 210,
　　211
プレフィクスコード　61, 63-65, 68
ブロック　176, 178
分離する　180-184, 199
分裂　33
分裂グラフ　201

平均次数　23, 27
閉包　41, 42, 45
平面グラフ　70-72, 76, 78, 79, 85
平面的　71-73, 75, 76, 78
閉路　8, 12, 71, 82, 83, 86, 103
辺　24
辺クリーク被覆　190-196
辺クリーク被覆数　191
辺彩色　115, 127-134
辺支配集合　100
辺支配数　100
辺切断集合　172, 174, 178
辺染色数　127
辺素　180, 182, 184
辺着色　130-133, 135
辺独立集合　126
辺独立数　126
辺被覆　126
辺被覆数　126

辺誘導部分グラフ　6, 10
辺連結度　172, 173, 178

飽和されている　116, 117, 120
補グラフ　8, 10, 103, 153, 212
星グラフ　7, 201
保存条件　157, 161
歩道　12, 13, 18, 19, 24-26
歩道 P の長さ　12

ま　行

マイナー　77
マッチング　34, 44, 116

道　8, 12, 15
道表現　190

向き付け　56, 60, 144, 146, 150, 207
無限面　70
無向グラフ　137, 144, 153
息子　62

面　47, 48

森　48

や　行

有限面　70
有向回路　138
有向グラフ　137-139, 141, 144, 165
有向小道　138
有向底グラフ　156-158, 165, 167
有向道　138, 162, 165-167
有向閉路　56, 138-140, 142, 143
有向歩道　138
誘導部分グラフ　6, 8, 23, 147, 148, 197
優美なラベル付け　51

容量　156, 159

容量関数　156
容量制限　157, 161, 163

ら　行

離心数　15, 19
理想グラフ　98, 102-107, 202, 203, 210
流量関数　157
領域　70, 71
隣接行列　24-26, 197

隣接する　4, 24, 57, 59, 81
隣接リスト　25, 26
ループ　5, 9, 22, 24, 77

レベルネットワーク　167-170
連結　13, 138, 156
連結グラフ　13, 36, 172
連結成分　13
連結度　59, 113, 172

〈著者略歴〉

惠羅　博（えら・ひろし）
　　1972 年　東京都立大学理学部数学科卒業
　　1980 年　東海大学大学院理学研究科数学専攻博士課程修了
　　現　在　文教大学情報学部教授
　　　　　　理学博士　専門：グラフ理論

土屋守正（つちや・もりまさ）
　　1981 年　東海大学理学部情報数理学科卒業
　　1986 年　東海大学大学院理学研究科数学専攻博士課程修了
　　1986 年　東海大学理学部情報数理学科講師
　　1992 年　東海大学理学部情報数理学科助教授
　　1993 年　マサチューセッツ工科大学（MIT）客員研究員
　　現　在　東海大学理学部情報数理学科教授
　　　　　　理学博士　専門：グラフ理論

シリーズ／情報科学の数学

増補改訂版　グラフ理論
―――――――――――――――――――――
1996 年 2 月 9 日　　初版 第 1 刷
2006 年 3 月 31 日　　初版 第 7 刷
2010 年 2 月 25 日　　増補改訂版 第 1 刷
2022 年 4 月 1 日　　増補改訂版 第 4 刷

　　　　　　　　　著　者　惠羅　博
　　　　　　　　　　　　　土屋守正
　　　　　　　　　発行者　飯塚尚彦
　　　　　　　　　発行所　産業図書株式会社
　　　　　　　　　　　　　〒102-0072 東京都千代田区飯田橋 2-11-3
　　　　　　　　　　　　　電話　03(3261)7821(代)
　　　　　　　　　　　　　FAX　03(3239)2178
　　　　　　　　　　　　　http://www.san-to.co.jp
　　　　　　　　　装　幀　菅　雅彦

© Hiroshi Era　　　　　2010　　　　　印刷・製本　平河工業社
　Morimasa Tsuchiya
ISBN978-4-7828-5355-9 C3355